STEN ODENWALD

DER TRAUM VOM ALL

EINE ZEITREISE DURCH DIE LETZTEN 73000 JAHRE

Aus dem Englischen von
Hans-Peter Remmler

HANSER

Titel der Originalausgabe:
Space Exploration. A History in 100 Objects.
New York, The Experiment 2019

1. Auflage 2022

ISBN 978-3-446-27481-5
Copyright © 2019 by Sten Odenwald
Foreword copyright © 2019 by John Mather
Vermittelt durch Agentur Brauer, München
Alle Rechte der deutschen Ausgabe:
© 2022 Carl Hanser Verlag GmbH & Co. KG, München
Umschlag: Anzinger und Rasp, München
Motive aus dem Innenteil: Sputnik, Das Astrolabium,
Die Himmelsscheibe von Nebra, Der Laser Geodynamics Satellite (LAGEOS);
Nachweise ab S. 216 ff.
Satz: Sandra Hacke, Dachau
Druck und Bindung: PNB Print Ltd., Silakrogs

MIX
Papier | Fördert
gute Waldnutzung
FSC
www.fsc.org
FSC® C084698

Für meine Frau Susan und
meine Töchter Emily und Stacia

INHALT

VORWORT

JOHN MATHER

Der Traum vom All – Eine Zeitreise durch die letzten 73 000 Jahre präsentiert eine Fülle faszinierender Geschichten, die Sie sich im Prinzip in jeder beliebigen Reihenfolge zu Gemüte führen können. Wenn Sie allerdings die ganze Bandbreite des menschlichen Einfallsreichtums mit Blick auf unser Verständnis des Weltraums auf sich wirken lassen möchten, dann halten Sie sich wohl doch am besten an die Reihenfolge. Sten Odenwald wird Sie auf jeder Seite überraschen – beginnend mit dem allerersten Eintrag über ein scheinbar schlichtes, viele Tausend Jahre altes Stück Stein; so bescheiden es aussehen mag, ebnete es doch den Weg für all die bedeutenden Erfindungen, Entdeckungen und Errungenschaften, die folgen.

Jeder einzelne Aufsatz in dieser brillanten Sammlung verschiedenster Objekte ist ein pures Lesevergnügen. Zusammen erzählen sie eine atemberaubende Geschichte. Sie beginnt mit den frühen Menschen, die ihre Kalender aufschreiben, ihre Felder bestellen, und dann – nur einige Tausend Jahre später – haben sie sich auf dem ganzen Planeten ausgebreitet und sind erfüllt von grenzenlosem Forschergeist; sie bauen Teleskope und gehen den Geheimnissen des Universums auf den Grund. Odenwald beschreibt nicht einfach nur die Objekte. Er verknüpft die Geschichte unserer Spezies mit unserem wachsenden Wissen über diese Objekte. Sie werden hier das Handwerkszeug der astronomischen Zunft kennenlernen: Sternendiagramme und Himmelskataloge, Rechner und Karten, Teleskope und Satelliten und Roboter, die das Sonnensystem erkunden. Sie werden ganz simple, alltägliche Gegenstände zu sehen bekommen, die uns außerhalb des Spezialgebiets der Weltraumfahrt bestens vertraut sind – etwa den O-Ring aus Gummi, den Sie an jedem Gartenschlauch und jeder Sauerstoffflasche finden können, der zufällig aber auch als Dichtung zwischen den einzelnen Segmenten der Treibstofftanks von Trägerraketen zum Einsatz kommt. Eingang in dieses Buch fand er, weil er Ursache der vielleicht schlimmsten Tragödie in der Geschichte der Weltraumforschung war: der Katastrophe des Spaceshuttles *Challenger*.

Die Lektüre dieses Buchs vermittelt das Ausmaß der Beschleunigung, die der menschliche Einfallsreichtum erfahren hat: Zwischen der Erfindung der ersten beiden Meilensteine in diesem Buch liegen über 30 000 Jahre, zwischen den aktuellsten zwei Objekten dieser Sammlung nur wenige Monate: Beide datieren aus dem Jahr 2022. Die Botschaft ist eindeutig: Der Mensch kann alles erreichen, wenn er nur seinen Verstand (und die nötigen Mittel) dafür einsetzt. So gewaltig die vor uns liegenden Herausforderungen auch sein mögen: Angesichts dieser 100 Objekte drängt sich die Frage auf: *Gibt es überhaupt Grenzen für das, was wir erreichen können?*

John Mather

▶ John Mather erhielt 2006 den Physiknobelpreis für die Vermessung des Urknalls. Er ist leitender Projektforscher am James-Webb-Weltraumteleskop, dem Nachfolger des Hubble-Weltraumteleskops.

EINFÜHRUNG

Der Kosmos ist vor allem eines: riesengroß, und seine Geschichte ist lang – unsere derzeit beste Schätzung seines Alters liegt bei knapp 14 Milliarden Jahren. Verglichen mit den wahrlich unfassbaren Dimensionen des Universums ist unsere kurze Geschichte der Erforschung und des Verstehens des Weltraums bestenfalls bescheiden, wenn nicht ganz und gar unbedeutend. Die überwältigende Mehrheit dessen, was »da draußen« ist, bleibt uns gänzlich verborgen.

Das konnte uns aber nicht daran hindern, die Augen offen zu halten. Unsere Entdeckung der Natur des Universums und seiner Evolution ist wohl eine der spektakulärsten Geschichten menschlicher Errungenschaften. Archäologische Funde beweisen, dass die Neugier uns Menschen seit vielen Zehntausend Jahren – wenn nicht länger – dazu getrieben hat, Bereiche jenseits unserer physisch greifbaren Welt zu erträumen und auch, nicht weniger wichtig, unsere Entdeckungen aufzuzeichnen. Diese Aufzeichnungen enthüllen wir nun anhand der Artefakte, die frühere Zivilisationen hinterlassen haben. Antike Mondkalender, Sternenuhren, Kristalllinsen und andere prähistorische Objekte kommen einem vielleicht nicht als Erstes in den Sinn, wenn man an die Geschichte der Erforschung des Weltraums denkt, aber ohne sie gäbe es schlicht keine Geschichte des Weltraums.

Kurz gesagt: Dies hier ist kein gewöhnliches Buch über den Weltraum. Die 100 Objekte in diesem Buch sind keine Hitparade der größten Spektakel, die allen bereits vertraut sind. Hier geht es vielmehr um das einfache Handwerkszeug und die bahnbrechenden Technologien, die den Lauf der Geschichte des Weltraums verändert, es aber in vielen Fällen zu keinem allgemeinen Bekanntheitsgrad gebracht haben.

Die 100 bedeutendsten Objekte der Weltraumgeschichte auszuwählen ist natürlich eine unlösbare Aufgabe; nicht allein, weil man mühelos Tausende Seiten mit bemerkenswerten Objekten füllen könnte, über die Bescheid zu wissen sich lohnte, sondern weil jede Art von Ranking der relativen Bedeutung solcher Objekte zwangsläufig subjektiv sein muss. Ich bin jedoch Wissenschaftler, und so habe ich mich für die Hilfsmittel und Gerätschaften entschieden, die in ihrer Gesamtheit für die im Bereich der Weltraumtechnologie wichtigsten wissenschaftlichen Entdeckungen stehen – und dem Einfallsreichtum des menschlichen Geistes Denkmäler setzen. Sie zeigen, wie Physik und Ingenieurskunst unsere größten Fortschritte beim Begreifen der Funktionsweise unseres Universums auf den Weg gebracht haben.

Jeder weiß von Neil Armstrongs ersten Schritten auf dem Mond – ohne Raumanzug hätte er in seiner Mondlandefähre bleiben müssen. Wir alle kennen das legendäre Foto von der *aufgehenden Erde:* das Bild von unserer Welt, aus der Ferne aufgenommen, das unsere ganze Perspektive veränderte – ohne Hasselblad-Kamera hätte es das Foto nie gegeben.

Und so geht es immer weiter. Diese 100 Objekte haben das Gesicht der Weltraumforschung verändert, und dennoch ist es durchaus möglich, dass viele – wenn nicht die meisten – von ihnen Meilenstein-Objekte sind, von denen Sie noch nie gehört haben. Sie zeigen, dass wir in unserer Mission der immer tieferen Erkundung immer fernerer Regionen des Universums enorme Fortschritte gemacht haben – und hinter jeder neuen Entdeckung steht ein Objekt, das unsere Achtung vor dem Weltraum ebenso erweitert wie unsere Wertschätzung der grenzenlosen Vorstellungskraft und Findigkeit, die uns Menschen innewohnt.

Sten Odenwald

1

Die Ockerzeichnung von Blombos

Der erste Schritt zum Verständnis des Weltraums

71 000 v. Chr.

Der erste Schritt auf unserer Reise zu einem tieferen Verständnis des Kosmos beginnt lange bevor wir die Fähigkeit entwickelten, in den Weltraum aufzubrechen. Die Unermesslichkeit des Universums geht so weit über unsere greifbare Welt hinaus, dass wir, um sie auch nur ansatzweise zu erfassen, erst einmal lernen mussten, die uns umgebende Welt in Symbole und Abstraktionen zu übersetzen. Und da das, was wir über den Kosmos schließlich erfahren sollten, deutlich überstieg, was ein Mensch allein mit seinem Gehirn – oder innerhalb eines Menschenlebens – würde erfassen können, mussten wir das Gelernte aufzeichnen und an die nächste Forschergeneration weitergeben. Wir können nicht wissen, was unsere Vorfahren begriffen, bevor sie eine Sprache erfanden, die ausreichte, um die vielen Wunder des Weltalls zu beschreiben. Immerhin jedoch können wir Hinweise darauf finden, dass unsere Ahnen auf einem Pfad unterwegs waren, der sie am Ende zumindest zu einem quantitativen Verständnis unserer Welt führte.

1991 fand der Archäologe Christopher Henshilwood (heute an der Universität von Bergen tätig) mit seinem Team in der südafrikanischen Blombos-Höhle – rund 300 Kilometer östlich von Kapstadt gelegen – Spuren urzeitlicher Bewohner dieser Höhle. Die Funde, die auf die Spezies *Homo sapiens* zur Steinzeit schließen ließen, reichten 100 000 Jahre vor unserer

Zeitrechnung zurück. Die Höhle war mehrmals bewohnt gewesen, und jede Gruppe von Bewohnern hatte Schalen, Speerspitzen und einige aus Knochen gefertigte Werkzeuge hinterlassen. Der bemerkenswerteste Fund wurde allerdings erst zwei Jahrzehnte später entdeckt, als ein wissenschaftlicher Mitarbeiter beim Reinigen der Artefakte auf eine kleine Steinscheibe stieß, knapp vier Zentimeter lang und etwas über einen Zentimeter breit, auf der auffällige rote Linien zu erkennen waren. Henshilwoods Team bestimmte das Alter der Linien schließlich auf ca. 73 000 Jahre. Die Zeichnung war laut den Wissenschaftlern mit einer Art Stift aus Ocker, einem in der Natur vorkommenden Pigment, aufgebracht worden.

Was diese Linien für die Menschen, die sie zeichneten, letztlich bedeuteten, lässt sich unmöglich sagen. Allerdings wirken die kreuz und quer verlaufenden Striche durchaus beabsichtigt, sodass viele Archäologen sie als gewollte visuelle Darstellung interpretierten. Damit wäre der Stein die erste bekannte Zeichnung von Menschenhand.

Was auch immer die Linien darstellen sollten, die Bedeutung dieser einfachen Zeichnung ist unbestreitbar. Sie verschafft uns einen unmittelbaren Blick auf die Ursprünge unserer Verwendung von Symbolen, die geschriebener Sprache ebenso den Weg bereiten sollten wie der Mathematik. Und so bilden diese Linien in gewisser Weise eine Art Urknall des menschlichen Geistes ab, den Ausgangspunkt, auf den eine regelrechte Explosion des Wissens folgte. Irgendwann wandten sich unsere Abstraktionen den Sternen zu: Manche Experten sind der Ansicht, die spektakulären Tierzeichnungen in der berühmten Höhle von Lascaux in Frankreich – die vor 20 000 Jahren bewohnt war – würden auch Figuren und Punktemuster enthalten, die Sternbilder unserer heutigen Tierkreiszeichen darstellen, also des Bands der Sternmuster, durch das die Sonne und die Planeten Jahr für Jahr auf ihren Bahnen ziehen. Wenn das stimmt, waren unsere frühen Vorfahren schon damals aufmerksame Himmelsbeobachter.

2

Die Knochenplatte von Abri Blanchard

Ein antiker Mondphasenkalender

30 000 v. Chr.

Unsere prähistorischen Vorfahren führten ein reichlich prekäres Leben. Vor 30 000 Jahren, als die Jäger und Sammler sich der nächsten Mahlzeit niemals sicher sein konnten, verbrachten sie vermutlich viel Zeit damit, die Wanderungen der Tiere zu beobachten, die ihre wichtigste Nahrungsquelle darstellten. Tiere halten sich an Bewegungsmuster in Abhängigkeit von den Jahreszeiten und im Einklang mit systematischen Veränderungen der örtlichen Witterungs- und Temperaturverhältnisse. Auch die essbaren Pflanzen und Beeren folgten dem Rhythmus der Vegetationsperioden.

Aber was hat das alles mit der Erforschung des Weltraums zu tun? Möglicherweise waren es ja die Unwägbarkeiten der Nahrungsmittelversorgung, die unsere Vorfahren nötigten, eine rudimentäre Naturwissenschaft zu entwickeln, da sie ein Hilfsmittel zur Erstellung verlässlicher Vorhersagen darstellt. Zweifellos inspizierten unsere Ahnen die Welt um sie herum auf der Suche nach wiederkehrenden Mustern,

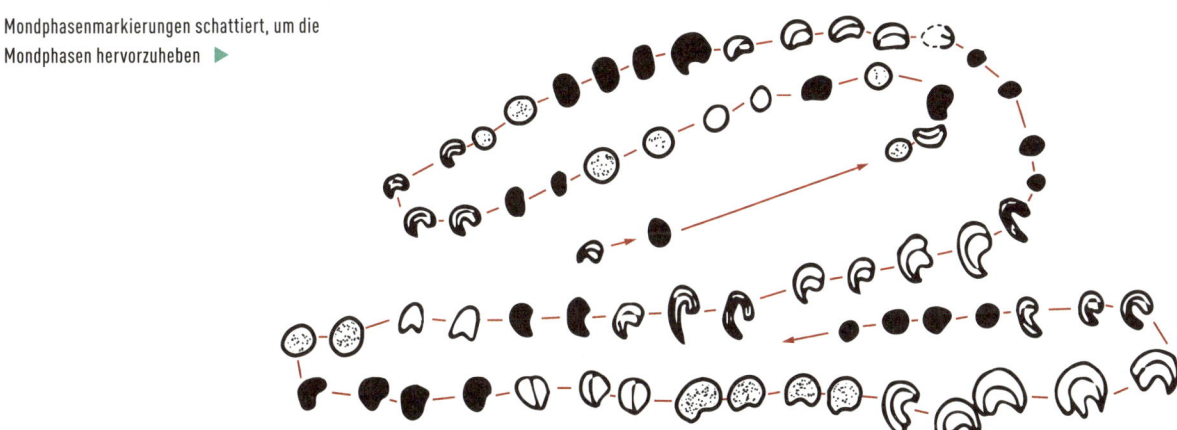

anhand welcher sie die zyklischen natürlichen Abfolgen antizipieren konnten.

Die vielleicht reichhaltigsten und verlässlichsten Muster entdeckten sie wohl direkt über ihren Köpfen: Die Gestalt des Mondes schien sich im Verlauf von (ungefähr) 29 Tagen zyklisch zu verändern, bevor alles wieder von vorne begann. Die Sonne ging auf der einen Seite des Horizonts auf (im Osten) und auf der anderen unter (im Westen), niemals andersherum. Es gab auch Sterne am Himmel, deren Konstellationen sich von Monat zu Monat immer weiter in Richtung Westen verschoben, die Sternbilder als solche blieben jedoch unverändert. Was wir heute Orion nennen, sah schon immer wie Orion aus; das Sternbild Skorpion sah immer aus wie Skorpion. Und der ganze Himmel schien sich jede Nacht um einen Fixpunkt zu drehen, wobei er verlässlich anhand des Nordsterns die Richtung wies, gleichsam ein Leuchtfeuer für Menschen, die sich im Winter in wärmeres Klima und im Sommer in kühlere Zonen begeben wollten.

Wir können natürlich nicht wissen, wie unsere Vorfahren die Bewegung der Himmelsobjekte deuteten, aber wir können heute mit viel mehr Sicherheit sagen, dass sie schon anno 30 000 vor unserer Zeitrechnung genau darauf achteten, da uns eindeutige archäologische Beweise vorliegen – zahlreiche Darstellungen aus dieser Zeit von Mondformen und von Zählsystemen für den 29-tägigen Mondzyklus wurden gefunden, auf Tiergeweihen und anderen Trägermaterialien. Das vielleicht erstaunlichste Artefakt ist die Knochenplatte von Abri Blanchard, benannt nach dem Fundort, der Blanchard-Höhle im Südwesten Frankreichs. In ein flaches Knochenfragment sind mehrere Einkerbungen eingeritzt, die vermuten lassen, dass die Kerben nach und nach größer und kleiner werden, zwischen wachsenden Formen und vollständigen Kreisen. Manche Experten interpretieren die Formen sogar als separate Siebenergruppen, vom Neumond zum Halbmond, vom Halb- zum Vollmond und dann wieder vom Vollmond zum Halbmond und zurück zum Neumond. Das ist allerdings lediglich eine Theorie. Dennoch liefert uns diese Knochenplatte einen überzeugenden Beleg dafür, dass es unseren Vorfahren wichtig war, eine permanente Aufzeichnung eines vorhersagbaren natürlichen Zyklus anzufertigen – das ist genau die Art von Denken, die die Bühne bereitet für künftige Entdeckungen und Fortschritte in der Naturwissenschaft.

3

Die ägyptische Sternenuhr

Die ersten Schritte zur Quantifizierung des Himmels

2100 v. Chr.

Die alten Ägypter besaßen Geschick bei der Zeitmessung, und sie hinterließen eine Vielzahl von Objekten, von denen jedes einzelne als bedeutender Meilenstein in der Entwicklung unseres Verständnisses der Sterne und der Sonne gelten könnte. Obelisken, manche davon 4000 Jahre alt, zeigen den Verlauf der Zeit anhand ihrer Schatten, und von dort ist es nur noch ein kleiner technischer Schritt bis zur ersten bekannten Sonnenuhr – diese stammt aus dem 13. Jahrhundert vor unserer Zeitrechnung und wurde im Tal der Könige bei Luxor gefunden.

Aber es wäre beinahe unfair, der Sonnenuhr zu viel Bedeutung zuzumessen, wo doch die alten Ägypter schon um das Jahr 2100 v. Chr. mit ihren Dekaden (Monatswochen) ein technologisch weit eindrucksvolleres Zeitmessungssystem entwickelt hatten. Dabei handelte es sich um eine Abfolge von 36 Sternbildern, die zum Messen der Stunden des Tages und der Tage im Jahr dienten. Eine neue Dekade wurde alle zehn Tage jeweils unmittelbar vor Sonnenaufgang

sichtbar, zur Vervollständigung des Kalenderjahres schoben sie dann noch fünf zusätzliche Feiertage ein. Das Jahr begann mit dem Erscheinen der ersten Dekade, dem Aufgehen des Sternbilds Sirius (*Sopdet* bei den Ägyptern). Dies kündigte die überragend wichtige, lebensspendende Nilschwemme an. In der Nacht ging im Einklang mit der Erdrotation alle 40 Minuten eine neue Dekade auf, die eine dekadische Stunde definierte. Die älteste erhalten gebliebene Aufzeichnung dieses dekadischen Kalendersystems datiert in etwa aus dem Jahr 2100 v. Chr., das System dürfte eher noch älter sein.

Irgendwann während der 10. pharaonischen Dynastie (ca. 2160 – 2040 v. Chr.) begannen die Ägypter, Sargdeckel mit Abbildungen dekadischer Sternenuhren zu schmücken. Dabei legten sie wenig Wert auf detaillierte Beschreibungen der Gestalt einzelner Dekan-Sternbilder. Stattdessen stellten sie sie oft in Form einer einfachen Liste von Stern-Hieroglyphen in 36 Spalten dar, offenkundig je eine Spalte für jeden hellen Stern in der Dekade. Das Bild oben zeigt einen Sargdeckel aus der Zeit der 11. Dynastie, von der Grabstätte des Idy, eines hohen Beamten aus Asyut,

einer Stadt am Nil in Zentralägypten. Fast über die gesamte Länge der mittleren Leiste sind sauber aufgereiht die Dekaden zu erkennen.

Die Sternenuhr ist ein weiterer Beleg für das anhaltende Interesse antiker Völker an Objekten und Erscheinungen am Himmel, und sie repräsentiert einen enormen Fortschritt in unserer Fähigkeit, deren Zyklen zu verfolgen und vorherzusagen. Überdies stellen die Sarg-Dekaden den ersten dokumentierten Versuch dar, unsere Himmelsbeobachtungen zu quantifizieren – in den kommenden Jahrtausenden sollte dies zur Grundlage für die moderne Astronomie und Astrophysik werden.

Die erste bekannte Sonnenuhr, ca. aus dem 13. Jahrhundert v. Chr., die im ägyptischen Luxor im Tal der Könige gefunden wurde ▶

Die Himmelsscheibe von Nebra

Ein kompaktes Planetarium

1600 v. Chr.

Die Himmelsscheibe von Nebra, ein bronzenes Medaillon von etwa 32 Zentimeter Durchmesser und einem Gewicht von knapp über zwei Kilogramm, ist von so einzigartiger Gestalt, dass man sie anfangs für eine Fälschung hielt. Gefunden wurde sie 1999 von zwei Amateur-Schatzsuchern in einem Wald in der Nähe der Stadt Nebra in Sachsen-Anhalt. Sie wurde zunächst illegal vom Fundort entfernt und an einen Händler in Köln verkauft. Nach polizeilichen Maßnahmen kam sie 2002 in die Hände eines staatlichen Archäologen und befindet sich heute im Landesmuseum für Vorgeschichte Sachsen-Anhalt in Halle (Saale).

Eine sorgfältige Untersuchung der Patina der grünen Korrosionsschicht zeigte, dass die Scheibe keineswegs eine Fälschung war, sondern ein frühzeitliches Artefakt. Die Radiokarbondatierung eines Stücks Birkenrinde in unmittelbarer Nähe der Ausgrabungsstätte ließ darauf schließen, dass die Scheibe zwischen 1600 und 1560 v. Chr. vergraben wurde. Technisch betrachtet könnte die Himmelsscheibe von Nebra aber auch Jahrzehnte, wenn nicht Jahrhunderte vor ihrer Vergrabung hergestellt worden sein. Natürlich ist sie ein verblüffendes Kunstwerk, aber eine Reihe entscheidender Details, die wohl über das Kunsthandwerk der Bronzezeit hinausgehen, zeichnen sie auch als Meilenstein in der Geschichte der Weltraumforschung aus.

Die Scheibe wurde akribisch gefertigt und spiegelt sorgfältige – und bemerkenswert präzise – Himmels-

beobachtungen wider. Zunächst wurden eine kreisförmige Platte als Abbild des Vollmonds oder der Sonne, ein Halbmond und Punkte für verschiedene Sterne angebracht, wobei die sieben Sterne der Plejaden einen Haufen bilden – der am leichtesten mit bloßem Auge zu erkennende Sternenhaufen am Himmel. Dann bilden zwei Bogen die gegenüberliegenden Seiten der Scheibe – beide umschließen einen Winkel von 82 Grad. Das entspricht auf dem Breitengrad des Fundorts ziemlich genau dem Winkel zwischen den Orten des Sonnenuntergangs am Horizont zur Zeit der Sommer- und der Wintersonnenwende.

Es ist allgemein bekannt, dass gewaltige Monumente wie etwa Stonehenge sorgfältig in Ausrichtung zu Himmelsmerkmalen errichtet wurden und dass deshalb unsere Vorfahren vor vielen Tausend Jahren die Bewegungen von Sonne und Mond präzise aufgezeichnet haben müssen. Die Scheibe von Nebra ist allerdings das erste Beispiel für ein tragbares Objekt zur Nachverfolgung der Sonnenwenden. Das lässt darauf schließen, dass schon in der Bronzezeit Kenntnisse über die Bewegungen der Gestirne am Himmel ein wichtiger Teil des Alltags waren – möglicherweise als Orientierungshilfe für die Landwirtschaft.

Die Scheibe ist auch, schon wegen ihres äußeren Erscheinungsbilds, ein Meilenstein in der Geschichte der Weltraumforschung. Sie ist das erste Beispiel einer realistischen Himmelsdarstellung mit Sonne, Mond und Sternen.

5

Die Venustafeln des Ammi-Saduqa

Ein Grundlagentext der modernen Astronomie

1500 v. Chr.

Die Venustafel des Ammi-Saduqa, Tafel 63 der babylonischen Serie über die Himmelsbeobachtung, *Enuma Anu Enlil*, zeichnet in Keilschrift (eines der ersten und ältesten Schriftsysteme der Welt) die Zeiten des Aufgehens der Venus sowie deren erste und letzte Sichtbarkeit am Horizont über einen Zeitraum von ca. 21 Jahren auf. In Jahr 1 heißt es beispielsweise: »Die Venus geht am 15. Shabatu unter [der elfte Monat im babylonischen Kalender] und drei Tage später, am 18. Shabatu wieder auf.« Die Tafel befindet sich im British Museum und ist ca. 18 Zentimeter hoch, 10 Zentimeter breit und 2,5 Zentimeter dick. Es handelt sich um eine von zahlreichen Keilschrifttafeln aus der Bibliothek des Königs Assurbanipal und eines von über 30 000 Objekten, die in Ninive im heutigen Irak in den 1850er-Jahren ausgegraben wurden.

Ammi-Saduqa aus der ersten Herrscherdynastie in Babylon war der vierte König, der nach Hammurabi in Babylon herrschte und über 21 Jahre eine friedvolle Regentschaft führte. In der Mythologie der Baby-lonier spielte der Planet Venus eine bedeutende Rolle. Er wurde mit Ishtar in Verbindung gebracht, der Göttin der Liebe, Sexualität, des Krieges, der Fruchtbarkeit und politischen Macht. Die Vorhersage des Auf- und Untergehens des Planeten war entscheidend für Weissagungen (Omen) im Auftrag des Königs, wodurch der sorgfältigen Beobachtung der Venus und genauer Aufzeichnung allergrößte Bedeutung zukam.

Die Venustafel ist ein außergewöhnlicher Grundlagentext der Astronomie: Mit ihren Vorhersagen der Zeit des Auf- und Untergangs der Venus über einen Zeitraum von mehr als zwei Jahrzehnten stellt sie den ersten bekannten Beleg für das Verständnis des Menschen dafür dar, dass sich Erscheinungen am Himmel in regelmäßigen Intervallen wiederholen können. Für solche Prognosen bedurfte es der Mathematik – auch dies war eine Premiere. Ohne diese beiden bahnbrechenden Leistungen gäbe es schlicht keine moderne Astronomie.

6

Die Sternendiagramme von Senenmut

Eine detaillierte Himmelszeichnung

1483 v. Chr.

Angesichts der Urbanisierung und der Omnipräsenz künstlichen Lichts gibt es kaum noch Orte auf der Erde, die nicht massiv von Lichtverschmutzung betroffen sind. Das Ergebnis ist ein Himmel, an dem kaum noch Details auszumachen sind. Für die Sterngucker unter uns gibt es heute nicht annähernd so viel zu sehen wie einst. So betrachtet stellen die antiken Sternkarten des ägyptischen Baumeisters und hohen Beamten Senenmut so etwas wie den Höhepunkt des Einflusses dar, den das Himmelsgeschehen auf den Alltag der Menschen hatte. Die detaillierten Schilderungen zeigen, welch umfassende Bedeutung Planeten und Gestirne für die alten Ägypter besaßen.

Senenmut trat zur Zeit des Pharaos Thutmosis II. in den Dienst des Hofes und setzte seine Karriere unter anderem als oberster Vermögensverwalter unter der Pharaonin Hatschepsut fort. Er gilt als Erbauer von Hatschepsuts großartigem Totentempel in Deir al-Bahari, ca. 1479 bis ca. 1458 v. Chr. Die Decke dieser unvollendeten Grabstätte zeigt zahlreiche kunstvolle Zeichnungen des Himmels und gilt als eine Art Gesamtüberblick über das, was die Ägypter über den Himmel wussten, sowie das Kalendersystem zur Zeit der 18. Dynastie. Die eindrucksvollsten Darstellungen finden sich an den beiden Deckenmalereien, die detaillierte Sternenkonstellationen zeigen. Die drei nahezu senkrecht übereinanderliegenden Sterne in der oberen Zeichnung stellen den Gürtel des Orion

dar (den die Ägypter *Osiris* nannten). Osiris selbst ist auf einem Boot unmittelbar unter dieser Sterngruppe dargestellt. Seine Schwester und Ehefrau Isis (Sirius) in der Spalte gleich links davon sehen wir mit einer Krone aus zwei Federn dargestellt. Zwischen Isis und der Spalte mit den zwei Schildkröten sind die Gestalten von Horus, dem Sohn von Osiris und Isis, die für die Planeten Jupiter und Saturn stehen, zu erkennen. Ganz links befindet sich eine Darstellung des heiligen Vogels Benu, der die Venus trägt.

Zwischen den beiden Darstellungen stehen fünf Zeilen mit einem Gebet für Senenmut. Unter den Hieroglyphenzeilen ist die zweite Darstellung mit ihren zwölf Kreisen zu finden. Wegen ihrer markanten geometrischen Formen ist es eine der meistfotografierten Malereien aus dieser Periode. Die Kreise stehen für die zwölf Monate des Mondjahres. Jeder einzelne ist in 24 Sektoren unterteilt, wohl einer für jeden Tag. Die senkrecht ausgerichtete Zeichnung in der Mitte beschreibt die Zirkumpolarsternbilder, beginnend mit der oberen Gestalt, dem Stier (Sternbild Großer Wagen oder Ursa Major) – man erkennt die Sterne im Schwanz des Tieres. Der Stier blickt in Richtung des falkenköpfigen Gottes Anu, der einen Speer in der Hand hält, welcher vermutlich Cygnus (den Schwan) repräsentieren soll. Unten sehen wir eine komplexere Zeichnung eines Mannes, der mit einem Krokodil kämpft, gekennzeichnet durch einige Sterne in den Sternbildern Drache und Kleiner Wagen. Die Figur des Nilpferds, Isis-Dyamut, ist rechts mit einem Krokodil auf dem Rücken dargestellt. Diese Abbildung soll vermutlich die Sterne in den Sternbildern Bärenhüter (Bootes), Leier, Herkules und Drache darstellen.

Die Zeichnungen sind eine Art Stein von Rosette der ägyptischen Astronomie. Ohne sie wüssten wir kaum etwas darüber, wie die Ägypter ihr astronomisches Universum sahen, wie der eine Bereich – die Sterne und Planeten – mit den anderen in Beziehung stand und wie ihr Verständnis von Zeit mit ihren Göttern verwoben war, die ihrem Glauben nach über jeden Aspekt des Alltagslebens herrschten.

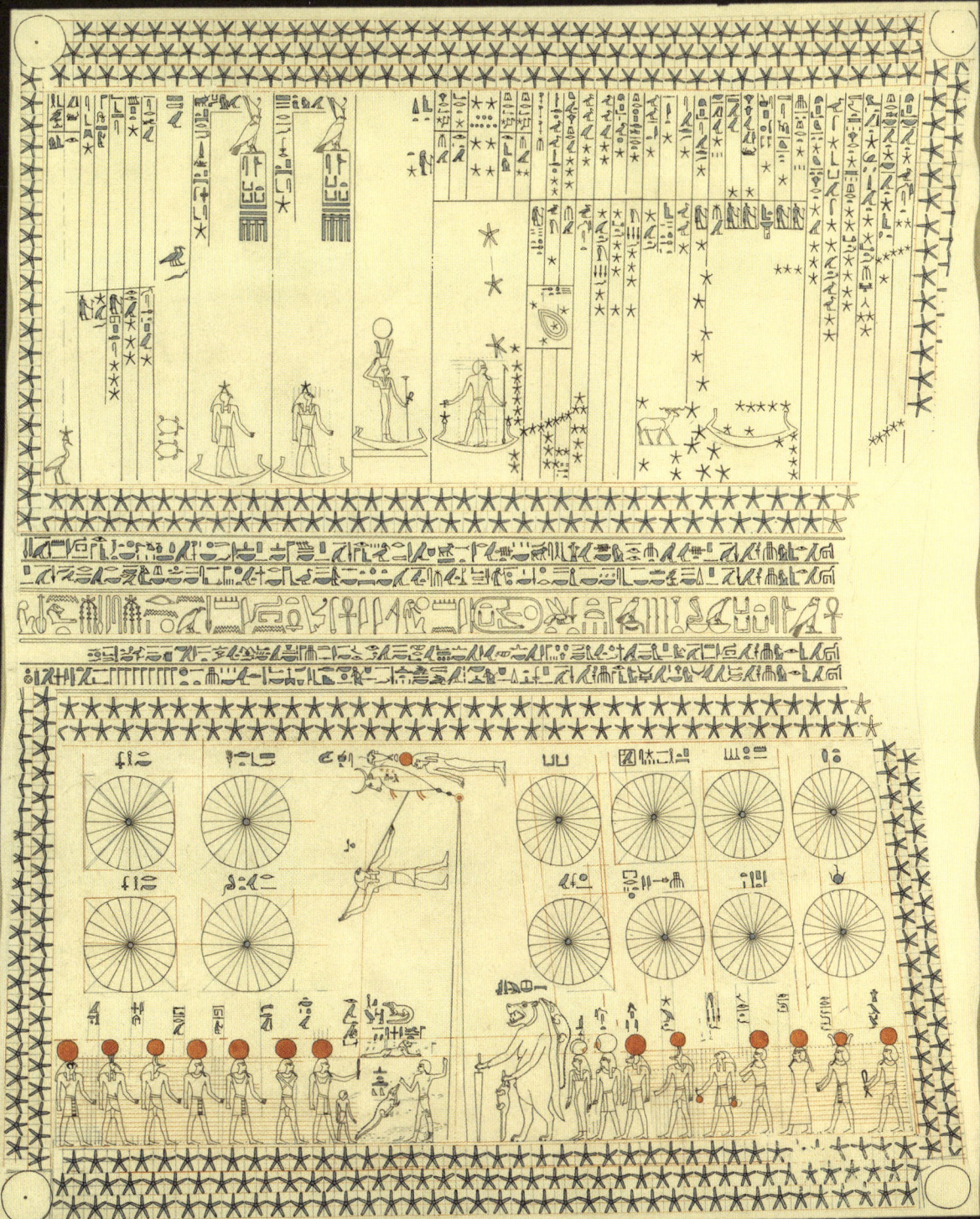

7

Das Merchet

Die Verbindung aus Astronomie und Konstruktion

1400 v. Chr.

Je weiter wir in die Vergangenheit blicken, desto weniger wissen wir über unsere Vorfahren; im Lauf der Zeit gehen viele der Gegenstände, die sie uns hinterließen, durch Verschleiß, Verwitterung oder Zerstörung für immer verloren. Frühere Kulturen haben uns vor allem ihre Monumente hinterlassen, die von vornherein für die Ewigkeit erbaut wurden. Und aus den Monumenten der alten Ägypter können wir schließen, dass sie eine bestimmte Art von Messinstrumenten nutzten, mit denen sie gerade Linien und exakte Winkel erzeugen konnten. Die dreieckigen Außenflächen ihrer Pyramiden beispielsweise haben eine Neigung von exakt 52 Grad. Dieser Neigungswinkel ist der sogenannte *Seked*. Die Präzision dieses Winkels lässt vermuten, dass beim Bau ein dreieckiges Instrument oder Gestell verwendet wurde. Allerdings bestanden diese Instrumente üblicherweise aus Holz und Schnüren, aus vergänglichem Material also. Deshalb ist kaum etwas davon erhalten geblieben.

Zum Glück sind zumindest einige Belegstücke erhalten, die aus antiken Grabstätten geborgen wurden.

Zu den einfachsten Objekten gehören das Winkel-holz, das Senklot und die Setzwaage aus dem Grab des Kunsthandwerkers und Baumeisters Sennedjem aus der Zeit der 19. Dynastie in Deir el-Medina. Die Gegenstände befinden sich heute im Ägyptischen Museum in Kairo. Sie dienten zur Konstruktion exakt rechtwinkliger Ecken an Mauerwerk sowie zur Nivellierung einer Grundfläche bei der Vorbereitung des Baus von Grabstätten oder Denkmälern. Zugleich sind sie Vorläufer späterer Instrumente, die zur immer präziseren Vermessung der Position von Sternen am Himmel dienten.

Eines der erstaunlichsten dieser Werkzeuge ist das Merchet – der Name bedeutet »Instrument des Wissens«. Es besteht aus einer Holzleiste und einem mit einem Gewicht versehenen Lot, das senkrecht hängend bis zum Grund reichte und zur Bestimmung der Achsen und der astronomisch präzisen Ausrichtung von Gebäuden diente.

Wichtiger für unseren Kontext ist die Nutzung dieses Werkzeugs zur Zeitmessung in der Nacht. Dazu wurden zwei Merchets gleichzeitig verwendet: Eines wurde auf den Polarstern ausgerichtet, das andere an einem von Nord nach Süd verlaufenden Meridian, d. h. dem Kreis der »Himmelslänge«, der den nördlichen und südlichen Himmelspol miteinander verbindet und dabei exakt durch den Zenit des Beobachters verläuft. Durch Beobachten der Bewegung der Sterne auf der Nord-Süd-Achse lässt sich so der Ablauf von Stunden verfolgen. Antike Texte zeigen auch, dass zusammen mit dem Merchet ein optisches Hilfsmittel verwendet wurde, um den Norden zu bestimmen und den Himmel kartieren zu können. Das war ein Meilenstein in unserem Verständnis des Weltraums, weil es die Genauigkeit astronomischer Messungen deutlich erhöhte.

Das hier abgebildete Merchet befindet sich im Louvre und zeigt Pharao Amenhotep III., wie er Maat, die Göttin von Ordnung, Wahrheit und Gerechtigkeit, dem Sonnengott darbietet. Es stammt aus dem Jahr 1400 v. Chr.

8

Die Linse von Nimrud

Der erste Schritt auf dem Weg zum modernen Teleskop

750 v. Chr.

Das Fernrohr ist die vielleicht wichtigste Erfindung in der Geschichte der Astronomie, das in uns Assoziationen von den komplexen Instrumenten hervorruft, die wir heute verwenden. Dabei haben sich die Grundelemente eines Linsenteleskops seit Jahrtausenden eigentlich nicht verändert.

Dazu zählt natürlich der zentrale Baustein, nämlich die Linse. Die ältesten bekannten Linsen wurden aus polierten Kristallen gefertigt, in der Regel aus Quarz. Und die älteste Linse der Welt ist die Linse von Nimrud. Sie wird auf die Zeit von 750 bis 710 v. Chr. datiert. Der englische Archäologe Austen Henry Layard fand sie im Jahr 1850 in der antiken assyrischen Stadt Nimrud im heutigen Irak. Es handelt sich um eine kleine Kristallscheibe mit ca. 12 mm Durchmesser und 2,5 mm Stärke. Sie ist so geschliffen, dass sie eine Brennweite von 110 Millimetern besitzt. Die Optik entspricht einer dreifachen Vergrößerung. Es ist nicht ganz klar, wie die Linse genutzt wurde, aber sie wurde eindeutig handwerklich hergestellt und bearbeitet und könnte dazu gedient haben, durch Bündelung des Sonnenlichts Feuer zu entzünden, vielleicht aber auch nur als eine Art Schmuckstück oder Amulett, wie manche Archäologen vermuten. Allerdings fand man auf anderen Artefakten in der Nähe sehr kleine Inschriften, und diese könnten, so lautet eine Theorie, mithilfe dieser Linse als Lupe hergestellt worden sein.

Die Vergrößerungswirkung hält sich in Grenzen, aber wenn die vorherrschende Theorie zutrifft, handelt es sich tatsächlich um einen Meilenstein der Optik. Eine Linse bricht das Licht, d.h., sie lenkt die Lichtstrahlen durch ihre gewölbte Oberfläche so um, dass die Lichtquelle entweder weiter entfernt oder, wie im Fall einer konvexen Linse wie derjenigen aus Nimrud, näher erscheint, als sie in Wirklichkeit ist. Genau diese Eigenschaften machen sich Teleskope zunutze: Licht aus dem Weltraum wird durch eine Linse so gebrochen, dass weit entfernte Objekte viel detailgenauer sichtbar werden, fast als hätten wir sie direkt vor Augen.

9

Die griechische Armillarsphäre

Die erste Vorrichtung zur Berechnung des Himmels

300 v. Chr.

Antonio Santuccis Armillarsphäre ▶

Die Armillarsphäre (Armilla, Ringkugel) ist eine drehbare, kugelförmige Schale. Sie besteht aus Ringen, die gewöhnlich auf einer der Polneigung der Erde von 23,5 Grad entsprechenden Achse geneigt sind. Über den Umfang der Armillarsphäre verlaufen Ringe oder Bänder, die den Himmelsäquator (der in den Raum projizierte Erdäquator), die Ekliptik (die Ebene der Bahn, der die Sonne, der Mond und die anderen Planeten des Sonnensystems folgen) sowie den von Norden nach Süden verlaufenden Meridian darstellen. Weitere Kreise für den südlichen und nördlichen Wendekreis sowie den südlichen und nördlichen Polarkreis kamen bei späteren Modellen noch hinzu. Im Zentrum der Schale befindet sich normalerweise eine kleine Kugel, die die Erde darstellt.

Die frühesten Armillarsphären werden den Griechen zugeschrieben. Der Astronom Hipparchos benannte Eratosthenes (ca. 276 bis 194 v. Chr.) als Erfinder. In China erfand unabhängig davon der Astronom Zhang Heng (78 bis 139 n. Chr.) ein entsprechendes Gerät. Bis zum 3. Jahrhundert unserer Zeitrechnung war die Armillarsphäre damit in Ost und West zum Werkzeug der Astronomen geworden, die sie für Berechnungen über die Bahnen der Sonne, des Mondes und der Planeten am Himmel nutzten. Üblicherweise waren sie an der Erdachse ausgerichtet, damit durch Drehen der Kugel die Lage der verschiedenen Bänder

am jeweils örtlichen Himmel gezeigt werden konnte. Manche hatten sogar einen Uhrwerk- oder Federmechanismus, der dafür sorgte, dass sie der täglichen Drehung des Himmels folgten. Im Lauf der Zeit wurden die Armillarsphären zu beliebten Hilfsmitteln für die Lehre, und Künstler bildeten sie gerne in Porträts ihrer Gönner ab, um deren überlegene intellektuelle Stellung anzudeuten.

Auch wenn wir wissen, dass diese mechanischen Instrumente seit dem 2. Jahrhundert breite Anwendung fanden, haben nur ganz wenige dieser Objekte das Mittelalter überdauert und sind bis zur Renaissance erhalten geblieben. Eine der ältesten erhaltenen Armillarsphären ist das überaus detailreiche, von Antonio Santucci 1582 gebaute Exemplar. Es befindet sich heute im Kloster El Escorial bei Madrid. Es sind auch noch ältere Gemälde von Armillarsphären erhalten, so etwa das von Justus van Gent aus dem Jahr 1476, das Ptolemäus mit einem solchen Instrument in der Hand zeigt.

Justus van Gents Ptolemäus-Porträt mit einem Modell einer Armillarsphäre ▶

10

Die Dioptra

Ein Meilenstein der Vermessung exakter Sternenpositionen

200 v. Chr.

Eine der bahnbrechendsten Ideen in der Geschichte der Astronomie war der Gedanke, dass die Position von Sternen gemessen werden konnte – und sollte. Das Anfertigen von Landkarten durch Vermessen des Geländes ist eine uralte Fertigkeit, die schon auf die Zeit von vor über 10 000 Jahren zurückgeht. Zur Vermessung des Himmels mussten die ehemaligen Landvermesser ihre Ins-

trumente nur himmelwärts richten. Das früheste diesbezügliche Beispiel haben wir mit dem Merchet der Ägypter bereits kennengelernt. Die Griechen gingen noch einen Schritt weiter und begannen, Messungen vorzunehmen. Die ersten Hinweise darauf deuten auf griechische Astronomen hin, die ein Instrument namens *Dioptra* zur Messung der Position von Sternen verwendeten. Euklid (ca. 300 v. Chr.) und Geminus (ca. 70 v. Chr.) erwähnen dieses Gerät in ihren Werken über die Astronomie. Leider liegen uns heute in erhal-

Nachbildung der Dioptra des Heron von Alexandria ▶

ten gebliebenen Handschriften nurmehr Beschreibungen dieses Instruments vor. Heron von Alexandria (ca. 10 bis 70 n.Chr.) verfasste ein ganzes Buch über den Bau und die Verwendung einer Dioptra für die Vermessung. Es wurde vielfach versucht, dieses Gerät nach seiner Methode nachzubauen, und heute steht fest, dass es auch zur Anfertigung akkurater Atlanten und Karten von Sternen eingesetzt worden sein könnte.

Herons Dioptra bestand aus einem Stativ mit einer darauf befestigten kreisförmigen, drehbaren Scheibe. Durch eine Kombination aus Stellschrauben, Wasserwaagen und einer an der Scheibe angebrachten Sichtröhre konnte ein Objekt am Himmel anvisiert werden. Drehte man die Scheibe weiter und nahm ein anderes Objekt ins Visier, konnte man anschließend den genauen Winkel zwischen diesen Objekten ermitteln. Mit dem Gerät ließ sich auch der Höhenwinkel eines Sterns bezogen auf den Horizont feststellen.

Die Dioptra wurde schließlich durch den Theodolit abgelöst. Dieser wurde erstmals in einem Vermessungslehrbuch mit dem Titel *A Geometric Practise, named Pantometria* aus dem Jahr 1571 erwähnt. Nach der Erfindung des Fernrohrs wurde die ursprüngliche Sichtröhre durch ein kleines Teleskop ersetzt, das an einem zweiachsigen, beweglichen Rahmen befestigt war. Die senkrechte Achse bewegte sich auf einem

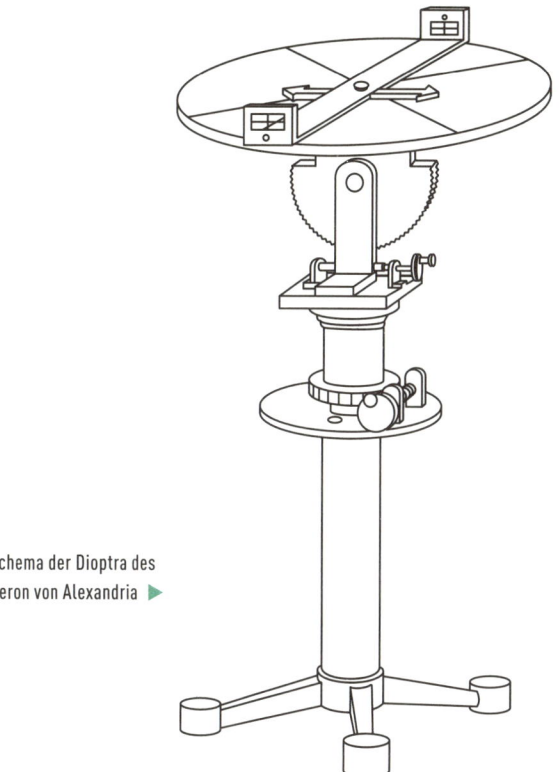

Schema der Dioptra des Heron von Alexandria ▶

mit Gradeinteilung versehenen Halbkreis, mit dem Messungen auf Bruchteile eines Winkelgrads möglich waren.

Die grundlegende Technik ist jedoch die gleiche: ein Gerät für die genaue Betrachtung des Himmels, befestigt an einer Vorrichtung, mit der der Winkelabstand zwischen den beobachteten Objekten gemessen werden kann.

Die Dioptra und die später folgenden Instrumente waren von entscheidender Bedeutung für das Anlegen präziser Sternkarten, und sie blieben in Gebrauch, bis sie durch Technologien des 20. Jahrhunderts abgelöst wurden. Sie stellen einen Meilenstein in unserer Kartierung des Himmels dar. Schätzungen und Peilungen nach Augenmaß hatten endgültig ausgedient und machten sorgfältiger Messung Platz, dem Grundpfeiler praktisch aller Technologien, Erfindungen und Entdeckungen im Zusammenhang mit dem Weltraum, die noch folgen sollten.

Ein 1851 gebauter Theodolit ▶

11

Der Mechanismus von Antikythera

Ein tragbarer Himmelsrechner

200 v. Chr.

Rekonstruktion des
gesamten Mechanismus ▶

Im Jahr 1901 fand man auf einem antiken Schiffswrack vor der Küste der griechischen Insel Antikythera ein eigenartiges Artefakt. Ein Jahr später entdeckte der Archäologe Valerios Stais, dass es ein Zahnrad enthielt. Das Zahnrad war Teil eines Einzelstücks aus Bronze, versetzt mit Holz aus den Überbleibseln eines Kastens mit Abmessungen von lediglich ca. 33 × 18 × 9 Zentimeter. Stais nahm zunächst an, es handle sich um ein Navigationsinstrument für die Seefahrt, die meisten Wissenschaftler hielten es allerdings für zu ausgefeilt für die geschätzte Datierung des Schiffswracks auf die Zeit von etwa 60 bis 205 v. Chr. Bis in die zweite Hälfte des 20. Jahrhunderts wurde das Instrument nicht weiter untersucht. Dann setzten der Wissenschaftshistoriker Derek J. de Sola Price und der Physiker Charalampos Karalakos Bildgebungstechnik auf Röntgenbasis ein und entdeckten dabei nicht weniger als 37 Zahnräder.

Aus den Übersetzungsverhältnissen der Getriebeteile und dem, was vom Rahmen des Geräts erhalten geblieben war, schlossen die Wissenschaftler, dass es sich höchstwahrscheinlich um eine analoge Rechenmaschine handelte, die dazu diente, die Bewegungen von Sonne und Mond, Mondphasen und Sonnenfinsternisse sowie die Daten für die antiken Olympischen Spiele und noch weiterer Ereignisse vorauszurechnen. Wenn man an der Frontplatte das korrekte Sonnendatum einstellte, wurde auf der hinteren Scheibe

mit einer Präzision bis auf ca. eine Woche der korrekte Mondmonat angezeigt. Zwar gibt es keine Zahnradelemente oder Kombinationen, die einem der Planetenbewegungszyklen entsprechen, aber es gibt Hinweise auf die fünf damals bekannten Planeten. Es könnte also durchaus sein, dass die Komponenten des Räderwerks, die der Planetenberechnung dienten, einfach verloren gegangen sind.

Seit 2005 erforschen Wissenschaftler des internationalen Antikythera Mechanism Research Project eingehend, wie das Instrument aufgebaut ist, welche Anwendungsmöglichkeiten es hatte und wo, wann und von wem es angefertigt wurde. Immerhin wissen wir jetzt schon genug, um dieses erstaunliche Gerät als eine der großartigsten und bedeutungsvollsten Erfindungen aller Zeiten würdigen zu können, und das keineswegs nur wegen seiner komplexen Möglichkeiten der Vorhersage von Ereignissen. Es gilt heute als der erste analoge Computer der Welt – ohne seine bahnbrechende Technik sähe unser modernes Leben möglicherweise ganz anders aus.

Ein erhaltenes Fragment des komplexen Mechanismus mit Zahnrädern und Zifferblättern ▶

12

Die Sternkarte des Hipparchos

Eine Urform der Himmelskarte

129 v. Chr.

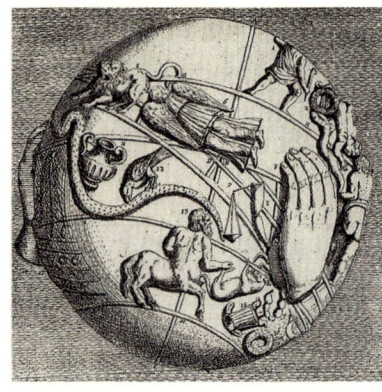

Eine Gravur auf dem
Atlas Farnese ▶

Hipparchos war einer der bedeutendsten Astronomen der Antike. Er entdeckte das Phänomen der Präzession der Äquinoktien, d. h. der Verschiebung der Erdachse über einen Zeitraum von ca. 26 000 Jahren. Bei diesem Vorgang verschiebt sich auch unser Blickwinkel auf den Sternenhimmel entsprechend. Er verfasste mindestens 14 viel zitierte Bücher über Astronomie und Mathematik. Leider ist davon nur ein einziges erhalten, nämlich sein *Kommentar zu den Phänomenen des Eudoxos und Aratos*. Alles andere, insbesondere sein Himmelsatlas, sind für die Nachwelt verloren.

Die Sternkarte des Hipparchos soll 850 helle Sterne umfasst haben. Fertiggestellt wurde sie in seinen letzten Lebensjahren, vielleicht um 129 v. Chr. Seine astronomischen Forschungen fanden später Eingang in die Sternkarte, die Ptolemäus in seinem *Almagest* präsentierte, jenem bedeutsamen Werk der antiken Astronomie, das etwa um das Jahr 150 n. Chr. das geozentrische Himmelsmodell etablierte.

Ptolemäus bemerkt in seinem 1020 Sterne umfassenden Himmelskatalog, dass sich die Längengrade seit der Zeit des Hipparchos um 2 Grad und 40 Minuten verschoben hätten, was exakt der Präzession der Erdrotationsachse seit jener Zeit entspricht. Das deutet stark darauf hin, dass Ptolemäus größtenteils mit der Sternkarte des Hipparchos gearbeitet und einfach 2 Grad 40 Minuten zu den Längengraden hinzugefügt

hat. Ein Grund mehr, in der verloren gegangenen Sternkarte des Hipparchos ein bedeutendes Werk zu sehen: Es bildete die Grundlage für Ptolemäus' eigenen Atlas.

Dann verkündete im Jahr 2005 der Astronom Bradley Schaefer von der Louisiana State University zum großen Erstaunen der Fachwelt, dass die Sternkarte des Hipparchos – oder jedenfalls eine Abbildung davon – quasi vor aller Augen verborgen war: Eine römische Skulptur aus dem 2. Jahrhundert, der zu den Farnesischen Sammlungen gehörende *Atlas Farnese* im Archäologischen Nationalmuseum zu Neapel, stellt Atlas dar, wie er eine Himmelskugel auf den Schultern trägt. Dieser Globus zeigt in Form eines Reliefs 41 Sternbilder auf einem aus Kreisen bestehenden Raster. Die Kreise stellen den Äquator sowie den nördlichen und den südlichen Wendekreis dar. Durch sorgfältiges Studium der Lage dieser Konstellationen vermochte Schaefer zu zeigen, dass der Bildhauer für deren akkurate Nachbildung eine Sternkarte und eine Beschreibung der Sternbilder aus der Zeit von ca. 125 v. Chr. genutzt haben musste – also in etwa die Zeit, in der Hipparchos seinen Katalog erstellt hatte. Damit hatten wir hier also eine künstlerische Darstellung von Hipparchos' lange verschollenem Werk, das Atlas seit rund 2000 Jahren auf seinen Schultern trug.

13

Das Astrolabium

Zeitmessung mithilfe der Sterne

375 n. Chr.

Astrolabien waren die Smartphones der Antike – multifunktionale Apparate, die ihrem Benutzer neben der Zeit und dem genauen Standort noch weitere Dinge verraten konnten. Es sind Messgeräte, bestehend aus einer runden und drehbaren Sternkarte, die jeweils die Sterne zeigte, die sich an der geografischen Breite, für die das Astrolabium konzipiert war, beobachten ließen. Sie besaßen außerdem bewegliche Kreise und Zeiger, die die hellsten Sterne und die Ekliptik anzeigten. Hinzu kam noch eine Visiereinrichtung, sodass das Astrolabium auch als Diopter zur Messung der Höhe von Sternen über dem Horizont verwendet werden konnte.

Der zeitliche Verlauf der Entwicklung des Astrolabiums ist unklar – das Gerät nutzt mathematische Prinzipien, die sich über mehrere Jahrhunderte entwickelten. Die erste Quelle, die das Astrolabium unmittelbar erwähnt, ist jedoch eine Schrift des Theon von Alexandria »Über das kleine Astrolabium« aus der Zeit um 375 n. Chr. Diese Schrift setzte den Standard für nachfolgende Werke über das Werkzeug. Wie auch immer das Astrolabium entstanden ist: Es diente zunächst in erster Linie zur Messung der Höhe von Sternen bezogen auf den Horizont sowie zur Bestimmung der geografischen Breite eines Betrachters durch Anpeilen des Polarsterns. Um das Jahr 800 hielten Astrolabien Einzug in die islamische Welt, wo sie schon bald entscheidend weiterentwickelt und verbessert wurden. Es kamen Winkelgradeinteilungen und Kreise zur Bestimmung des Azimuts hinzu. Damit wurden sie zu unschätzbar wertvollen Hilfsmitteln für die Navigation und, noch wichtiger, für die

Möglichkeit, jederzeit bestimmen zu können, in welcher Richtung Mekka liegt.

Astrolabien waren in mancherlei Hinsicht dem modernen Rechenschieber oder Taschenrechner vergleichbar, und sie umgaben ihre Benutzer mit einer Art Mystik. Immerhin konnten sie ihnen auf der gesamten Nordhalbkugel den Breitengrad des jeweiligen Standorts verraten. Sie mussten dazu lediglich den Polarstern anvisieren – ein enormes Potenzial, konzentriert in einem einzigen Werkzeug. Und wer seinen Breitengrad vorab kannte, konnte auf dieser Grundlage auch die örtliche Zeit bestimmen. Dazu wurden einfach einige wichtige Sterne anvisiert und das praktische, auf der Scheibe des Astrolabiums angebrachte Gitternetz zurate gezogen. Sogar Ptolemäus nutzte die Instrumente für astronomische Beobachtungen, die in sein berühmtes

▲
Ein Astrolabium aus der
Zeit um 1400 n. Chr.

Tetrabiblos einflossen, eine Schrift über Astrologie. Über die Jahrhunderte verfassten zahlreiche Autoren detaillierte Abhandlungen über Bau und Verwendung von Astrolabien sowie über die Grundlagen von deren Bedienung. Diese dynamischen Geräte sind für sich schon kleine Wunderwerke und stellen einen weiteren Meilenstein des Fortschritts hin zu immer präziseren astronomischen Vorhersagen dar.

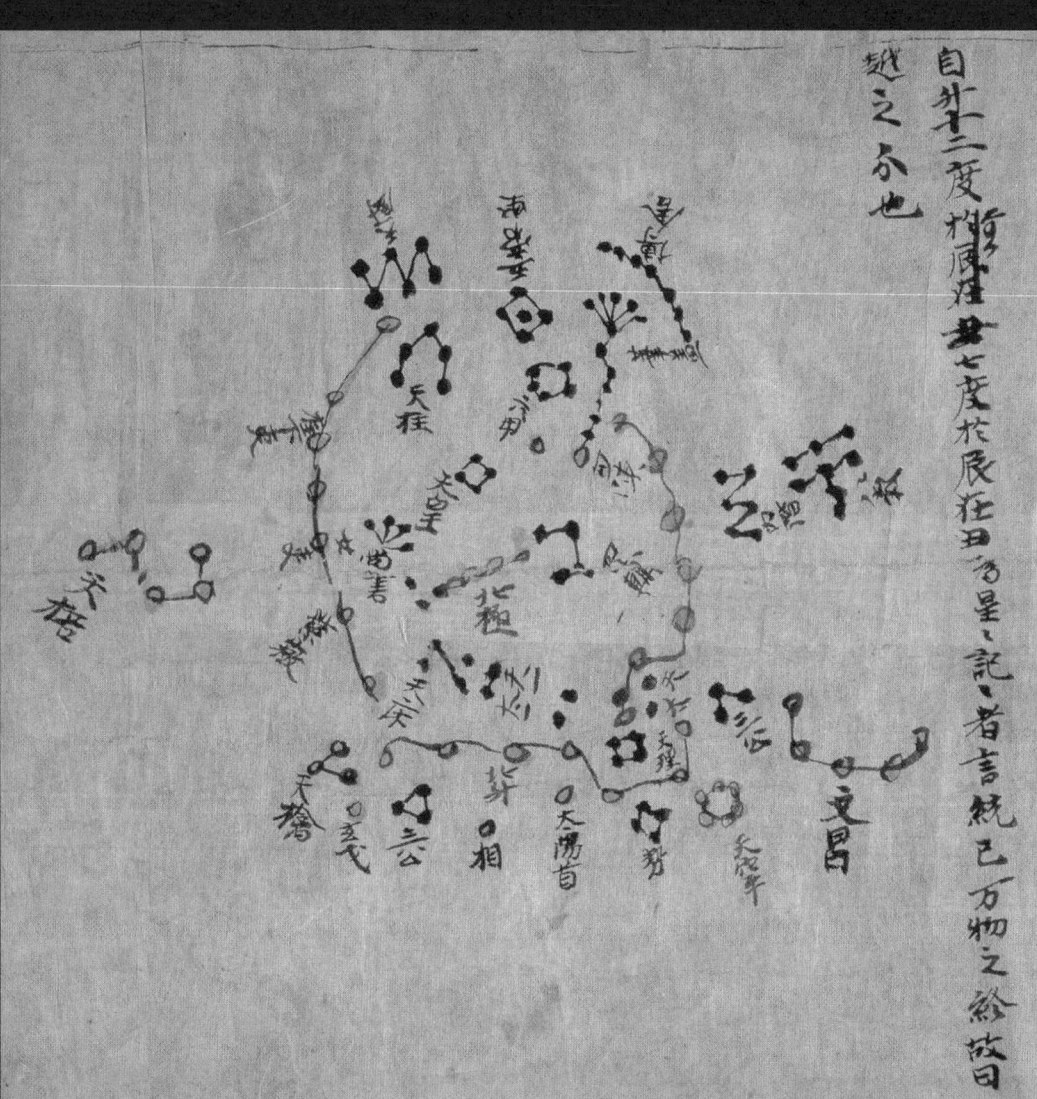

Ein Ausschnitt aus der Dunhuang-Sternkarte

14

Die Dunhuang-Sternkarte

Der erste vollständige Sternatlas

700 n. Chr.

Die Mogao-Grotten, auch Tausend-Buddha-Höhlen genannt, sind ein aus 492 einzelnen Höhlen bestehendes Höhlensystem unweit der Stadt Dunhuang in der chinesischen Provinz Gansu. Vom 4. bis zum 15. Jahrhundert legten dort buddhistische Mönche ein weitverzweigtes Netz aus Höhlen entlang der Seidenstraße an, die ihnen als Schreine dienten. Nach dem Ende der Yuan-Dynastie im Jahr 1368 erlebte die Region einen Niedergang und blieb bis gegen Ende des 19. Jahrhunderts verlassen. Damals begann das archäologische Interesse an diesem Ort an der Seidenstraße zu wachsen. Der taoistische Mönch Wang Yuanlu begann mit der Ausgrabung und Restaurierung der Stätte, und am 25. Juni 1900 stieß er auf eine kleine Höhle, die mit Tausenden Manuskripten gefüllt war. Da Chinas Regierung kaum Interesse an den Funden zeigte, nahmen Archäologen aus dem Ausland Tausende dieser Dokumente mit. Heute sind sie über diverse Archive in London und anderswo auf der Welt verstreut. Eines dieser Dokumente war eine Pergamentrolle, die der ungarisch-britische Archäologe Aurel Stein 1907 erwarb. Sie ist rund 25 cm breit und fast vier Meter lang und befindet sich heute in der British Library.

Es sollten noch mehrere Jahrzehnte vergehen, bis jemand die Bedeutung der Schrift erkannte – in der Literatur zur Astronomie wird sie erstmals 1959 erwähnt, in *Science and Civilisation in China* von Joseph Needham (dt. *Wissenschaft und Zivilisation in China*,

Teil 1, Frankfurt 1984). Chinesische Historiker und Astronomen untersuchen die Manuskripte zwar schon seit den 1960er-Jahren, allerdings hatten sie keinen Zugang zum Original der Schriftrolle und mussten auf veröffentlichte Fotografien zurückgreifen. Erst im Jahr 2009 wurde die Sternkarte von dem französischen Astrophysiker Jean-Marc Bonnet-Bidaud einer detaillierten Analyse unterzogen.

Die Dunhuang-Sternkarte gilt allgemein als der erste bekannte vollständige Sternatlas, der noch existiert. Er stammt aus der Zeit vor der Tang-Dynastie, etwa um das Jahr 618 n. Chr. Wir wissen, dass es noch andere Karten und Verzeichnisse von Sternen in der Antike gab, aber keines dieser Dokumente ist erhalten geblieben. Dieser Atlas, vermutlich angefertigt vom Astronomen Li Chunfeng, zeigt die Positionen von 1339 Sternen, zu Gruppen zusammengefasst in 257 Konstellationen und Asterismen (das sind gängige Gruppen von Sternen, die jedoch kleiner sind als Konstellationen oder Sternbilder). Der Atlas basiert auf Daten, die drei Astronomen beisteuerten: Wu Xian, Gan De und Shi Shen, deren jeweilige Beiträge in der Karte farblich gekennzeichnet sind. Er besteht aus 13 einzelnen Sternkarten. Die hellsten Sterne sind bis auf eine Abweichung von wenigen Grad auf den Karten präzise platziert. Die hier abgebildete dreizehnte Karte zeigt die nördlichen zirkumpolaren Sternbilder, Karte 6 benennt den hellen Stern Laoren (der chinesische Name für Canopus), einen südlichen Stern. Das lässt darauf schließen, dass die chinesischen Astronomen auch den Südhimmel erforscht hatten. Karte 5 umfasst die leicht zu erkennenden Sterngruppen von Shen (Sternbild Orion).

Mit erstaunlicher Genauigkeit deckt sich diese Sternkarte mit heutigen Darstellungen. Die Sterne wurden nicht aus ästhetischen Gründen willkürlich platziert, sondern folgen einem festgelegten mathematischen Plan. Viele der in diesem Buch bereits beschriebenen Objekte haben ihren Teil zu dieser Errungenschaft beigetragen: der akkuraten und ausführlichen Erfassung und Kartierung des Sternenhimmels.

15

Al-Chwarizmis Algebra-Lehrbuch

Erschließen eines riesigen Potenzials zur Berechnung des Universums

820 n. Chr.

Seiten aus
Al-Chwarizmis
Algebrabuch ▶

Die Algebra kann man sich auch als Brücke vorstellen zwischen der abstrakten, darstellenden Bildsprache, mit der wir es in diesem Buch bisher überwiegend zu tun hatten, und der unerbittlichen Präzision der Mathematik, die vor uns liegt. Das Wort *Algebra* selbst geht zurück auf das arabische *al-jabr*, das wörtlich übersetzt »Zusammenfügen zerbrochener Teile« bedeutet. Es entstammt dem Titel des Buchs *Ilm al-jabr wa'l-mukabala*, das der persische Mathematiker und Astronom Al-Chwarizmi um das Jahr 820 n. Chr. niederschrieb. Al-Chwarizmi entwickelte darin zwar nicht das gesamte Gebiet der Algebra, führte aber zumindest viele der von den Denkern des Altertums beigesteuerten Bestandteile erstmals in einem Werk zusammen. Ein Schlüsselelement der Algebra ist das Ersetzen von Zahlen durch Buchstaben, vor allem das x als Platzhalter für eine unbekannte Größe. Allerdings dauerte es bis in die Zeit Descartes', bis diese Art der Nutzung allgemeine Verbreitung fand. In seinem Werk *La Géometrie* aus dem Jahr 1637 verwendete er Buchstaben wie a, b und c zur Darstellung bekannter Größen und die Buchstaben am Ende des Alphabets für unbekannte Größen, darunter auch das x – die erste dokumentierte Anwendung dieser Praxis.

Im Kern ist die Algebra ein System von Symbolen, die zwar für unbekannte Zahlenwerte stehen, die sich aber dennoch den grundlegenden Rechenoperationen der Addition, Subtraktion, Multiplikation und Division unterordnen. Die größte Stärke der Algebra ist nicht etwa ihr Nutzen beim Finden spezifischer Antworten auf einzelne Probleme, sondern vielmehr die Art und Weise ihrer Nutzung als Kurzschrift zur Beschreibung eines Verfahrens, eines sogenannten *Algorithmus*, zur Lösung für eine ganze *Kategorie* von Problemen, unabhängig davon, wie die konkreten Zahlen in einer bestimmten Situation lauten.

Um nun den konkreten Bezug zum Weltraum herzustellen: Das Universum ist alles andere als statisch – beispielsweise befinden sich alle Himmelskörper (Sterne, Planeten, Meteoriten, Monde und andere) im Verhältnis zueinander konstant in Bewegung. Bei so vielen sich stets verändernden Variablen wäre es überaus zeitraubend und ineffizient, Berechnungen immer nur auf der Basis einzelner Datensätze anzustellen und diese dann bei jeder Veränderung der Daten mühsam wieder von Neuem durchführen zu müssen. Die Algebra ist der Schlüssel zur Erschließung des Potenzials von Technik und Physik, denn sie ermöglicht es uns, Bewegungen und Kräfte in ihrem natürlichen, dynamischen und sich stets verändernden Zustand zu berechnen. So bereitet sie den Weg für das atemberaubende Tempo technologischen Fortschritts, den wir heutzutage für völlig selbstverständlich halten.

أعلم أن المربعات (١) خمسة اجناس فنها مستوية الاضلاع قائمة الزوايا والثانية
قائمة الزوايا مختلفة الأضلاع طولها ا كثر من عرضها . والثالثة تسمى المعينة وهى
التى استوت اضلاعها واختلفت زواياها . والرابعة المشبهة بالمعينة وهى التى طولها
وعرضها مختلفان وزواياها مختلفة غير أن الطولين متساويان والعرضين
متساويان أيضاً . والخامسة المختلفة الاضلاع والزوايا . فا كان من المربعات
مستوية الاضلاع قائمة الزوايا أو مختلفة الاضلاع قائمة الزوايا فان تكسيرها

أن تضرب الطول فى العرض فا
بلغ فهو التكسير . ومثال ذلك
أرض مربعة من كل جانب خمسة
أذرع تكسيرها خمسة وعشرون
ذراعاً وهذه صورتها . والثانية
أرض مربعة طولها ثمانية أذرع

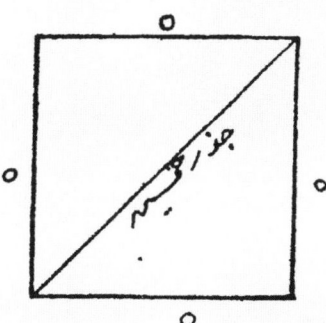

ثمانية أذرع والعرضان ستة
ستة . فتكسيرها أن تضرب
ستة فى ثمانية فيكون ثمانية
وأربعـــين ذراعاً وذلك
تكسيرها وهذه صورتها .
وأما المعيـــنة المستوية
الأضلاع التى كل جانب منها

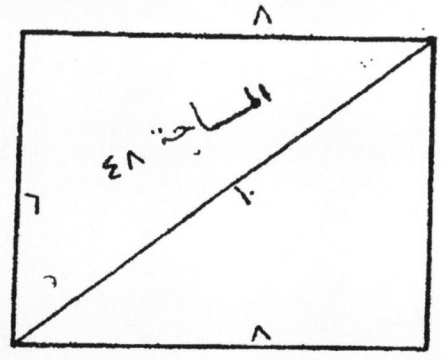

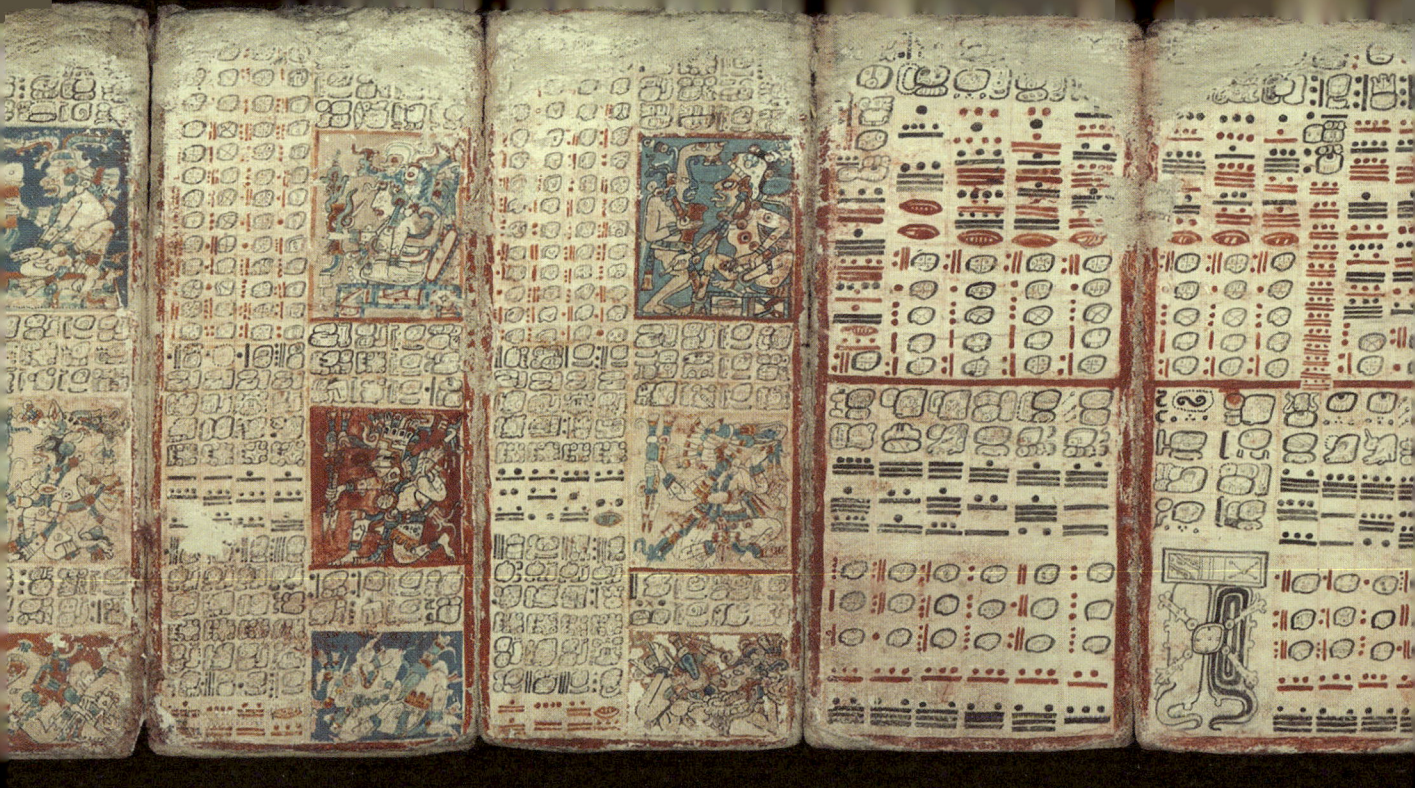

16

Der Dresdner Maya-Codex

Ein Blick in die Präzisionsastronomie der Maya

1200 bis 1300

Unsere Kenntnisse über die Wissenschaft der Astronomie in der »Alten Welt« Europas sind dank zahlloser Monumente, Schriften, Bücher und Inschriften, die über die Kontinente verstreut sind, breit und umfassend. Verglichen damit ist unser Wissen über die diversen Zivilisationen, die auf dem amerikanischen Kontinent entstanden und wieder untergegangen sind, einigermaßen dürftig. In Gegenden mit besonders intensiver menschlicher Aktivität verstellt uns heute dichter, undurchdringlicher Dschungel den Blick. Viel tragischer ist jedoch, dass die gegebenenfalls vorhandenen schriftlichen Dokumente der zahlreichen Maya- und Inka-Kulturen von den Eroberern des 16. Jahrhunderts und der aggressiven Missionierung in deren Gefolge praktisch komplett zerstört wurden.

Der Dresdner Maya-Codex stellt mithin einen Sonderfall dar: Es ist das einzige erhalten gebliebene schriftliche Dokument aus dem Reich der Maya und wird ungefähr auf das 14. Jahrhundert datiert. Johann

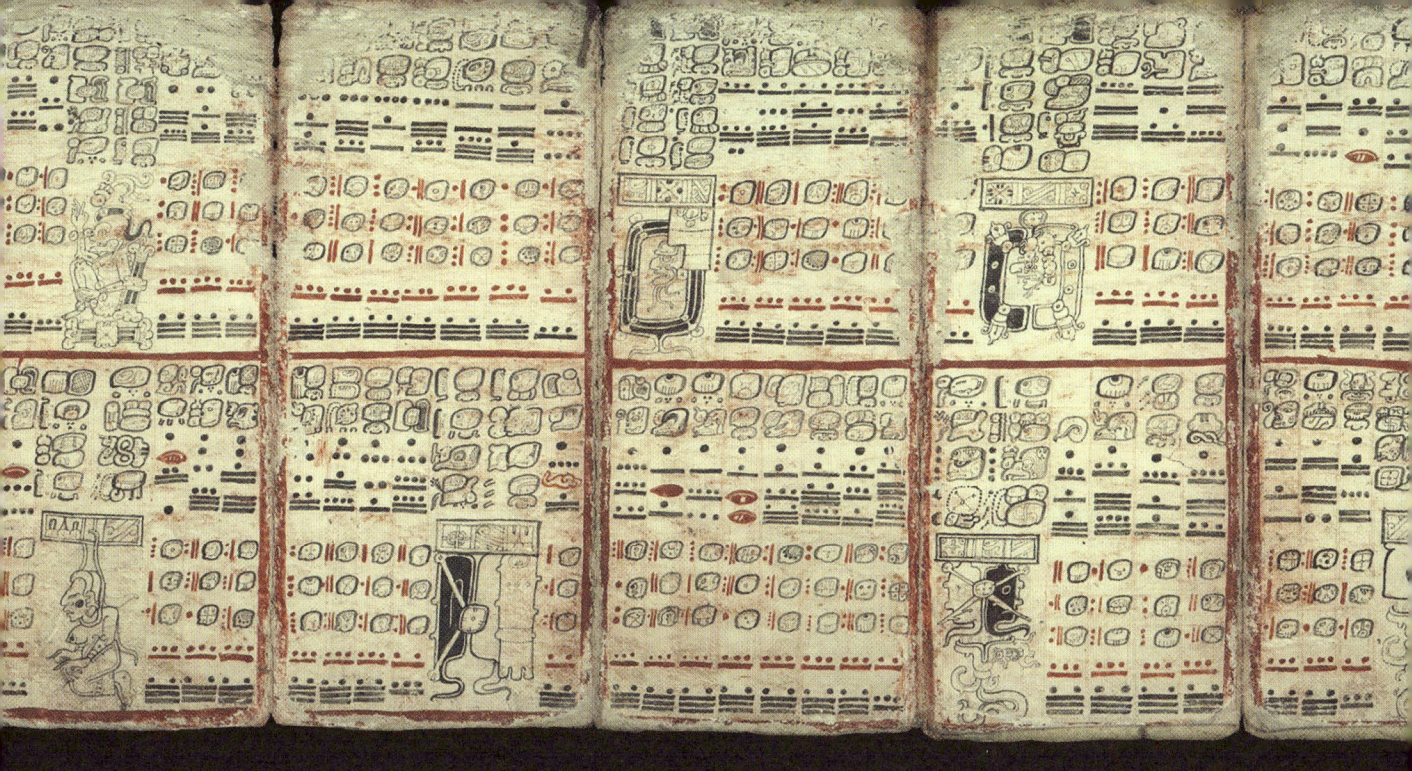

Christian Götze, der Direktor der Königlichen Bibliothek zu Dresden, erwarb das Stück 1739 von einem
privaten Besitzer in Wien. Archäologische Untersuchungen der einzigartigen Symbole in dem 87 Seiten
umfassenden Codex lassen darauf schließen, dass das
Werk möglicherweise in der Nähe von Chichén Itzá
auf der Halbinsel Yucatán verfasst wurde. Es existieren außerdem Belege dafür, dass die dortigen Bewohner schon im Jahr 1200 ein ausgefeiltes Wissen über
astronomische Zusammenhänge besaßen.

Der Codex enthält astronomische Tabellen über die
Venus und den Mond, darunter auch Angaben zu
Mond- und Sonnenfinsternissen. Die Venustabellen
beschreiben die Bewegung der Venus über 65 syno-
dische Perioden dieses Planeten (jeweils 584 Tage pro
Periode), den die Maya besonders aufmerksam beobachteten. Die Venus stand in Verbindung zu dem Gott
Kukulkan, und ihr Erscheinen am Himmel diente auch
als Grundlage für die Planung von Kriegszügen. Zusätzlich zu den Tabellen mit Zeitplänen für bestimmte

Rituale und astrologischen Informationen umfasst
der Codex auch einen rituellen Zyklus von 260 Tagen,
den sogenannten *Tzolkin-Kalender*. Dabei handelt es
sich um einen nicht astronomischen Zyklus aus dem
Produkt von 13 Monaten zu je 20 Tagen. Für die Maya
waren die religiösen Feiertage von größter Bedeutung.
Da jedoch das Sonnenjahr, das sogenannte *Haab*,
365,25 Tage umfasst, mussten sie für diese immer größer werdende Differenz einen Ausgleich schaffen, genau wie wir alle vier Jahre einen zusätzlichen Tag im
Februar haben. Grundlage für diese Korrektur waren
die Bewegungen und Sichtungen der Venus.

Ganz gleich, wo wir uns auf der Erde aufhalten:
Der Weltraum befindet sich immer über unseren
Häuptern. Dieser Codex bietet uns einen einzigartigen Blick auf das Verständnis der Astronomie in der
westlichen Hemisphäre bis zu diesem Zeitpunkt.

◀ Der dolchförmige
Lichtstreifen zur Zeit der
Sommersonnenwende

17

Der Sonnendolch vom Chaco Canyon

Eine Hommage an die Himmelsbewegungen
aus einer Spirale und Licht

1300

Es gibt zahlreiche Orte in den Wüstenregionen im Südwesten der USA, an denen uralte Felszeichnungen und -einritzungen an abgelegenen Felsen und Höhlenwänden zu finden sind. Der vielleicht eindrucksvollste davon ist der Sonnendolch, »Sun Dagger«, von Fajada Butte im Chaco Canyon im US-Bundesstaat New Mexico. Entdeckt hat ihn Anna Sofaer, eine ortsansässige Künstlerin, bei einer Erkundung der Gegend im Jahr 1977. Unter einem alten Felssturz befand sich eine eigenartige, spiralförmige Petroglyphe, zufällig angeleuchtet durch einen schmalen Streifen Sonnenlicht, der zwischen zwei großen Felsen hindurchfiel, die die Wand teilweise verdeckten. Dieser einzigartige Lichtstreifen wurde schon bald als der »Chaco Canyon Sun Dagger« bekannt, er ist ausschließlich zur Zeit der Sommersonnenwende zu sehen. Zur Wintersonnenwende hingegen rahmen die spiralförmige Felseinritzung zwei gegenüberliegende Lichtstreifen. Solche Lichtstreifen fallen auch auf die Mitte einer kleineren Spiral-Petroglyphe ganz in der Nähe. 1989 stellte man jedoch fest, dass die Sandsteinblöcke sich verschoben hatten, sodass der Sonnendolch, der offenbar schon seit dem Jahr 950 existiert hatte, als sich die Anasazi in dieser Region ansiedelten, nicht mehr zu sehen war.

◀ Die Petroglyphe im Chaco Canyon mit den dolchartigen
Lichtstreifen zur Wintersonnenwende

Allein die spiralförmige Felszeichnung weist noch auf dieses außergewöhnliche Schauspiel hin. Wäre Ann Sofaer nicht zufällig 1977 auf die Stelle gestoßen, hätten wir niemals von der Existenz und der Funktion dieses Phänomens erfahren und darin nicht mehr gesehen als eine weitere Felszeichnung an einem entlegenen und ungewöhnlichen Ort.

Derweil finden sich noch mehr solcher dolchförmigen Lichtgebilde, die Sonnenwenden und/oder Tagundnachtgleichen markieren, an weiteren Orten im Südwesten der USA und in Mexiko: am Hovenweep National Monument zwischen Colorado und Utah, in den Burro Flats in Südkalifornien sowie in La Rumorosa auf der Halbinsel Baja California.

Die relative Unbekanntheit des Sonnendolchs vom Chaco Canyon erinnert uns daran, dass Neugier und Interesse am Himmel und an der zeitlichen Verteilung der Jahreszeiten bei Zivilisationen, die sich auf mündliche Überlieferung stützten und nicht auf eine geschriebene Sprache, wesentlich schwieriger zu dokumentieren sind. Die indigenen Stämme Nordamerikas hinterließen Zeugnisse ihres profunden astronomischen Wissens und seiner praktischen Anwendung in der Landwirtschaft lediglich in den seltenen Monumenten und Felszeichnungen, die über die meist wenig bereisten Gegenden der Great Plains im Norden und der Wüsten im Südwesten verstreut sind.

18

Das Astrarium des Giovanni de Dondi

Eine verblüffend komplexe Rechenmaschine aus dem Spätmittelalter

1364

Im Jahr 1364 vollendete der Physiker und Hobbyastronom Giovanni de Dondi die 16 Jahre während Arbeit an einem Meisterwerk der Technik: eine Uhr, die zugleich die Bewegungen der Planeten anzeigte. Es war ein raffinierter und komplexer Mechanismus mit 107 Zahnrädern und Ritzeln in einem Gehäuse aus Messing. In vielerlei Hinsicht ähnelte das Astrarium (Planetarium) dem Antikythera-Mechanismus, den Meister des Handwerks im alten Griechenland über 1400 Jahre zuvor geschaffen hatten. Es traf im 14. Jahrhundert auf so große Bewunderung, dass es sogar als achtes Weltwunder galt.

Leider hat das Original von de Dondi die Jahrhunderte nicht überdauert, aber immerhin blieben seine Pläne erhalten. So kann jeder, der bereit ist, die entsprechende Zeit zu investieren, Nachbauten auf der Basis seiner exakten Vorgaben und Berechnungen anfertigen. In den Jahrhunderten danach wurde vielfach versucht, an dieses Niveau der Handwerkskunst heranzukommen, aber nur wenige der Faksimiles funktionierten einwandfrei – dazu genügten schon winzige feinmechanische Ungenauigkeiten bei der Fertigung des Getriebes.

Einer der ersten funktionsfähigen Nachbauten aus moderner Zeit gelang in den Jahren 1961 bis 1963 dem Mailänder Uhrmacher Luigi Pippa. 1985 wurde das Meisterstück dem Internationalen Uhrenmuseum im schweizerischen La-Chaux-de-Fonds überlassen.

Ein Nachbau des Astrariums ▶

Funktionsfähige Kopien befinden sich außerdem u. a. im Pariser Observatorium, im Londoner Science Museum sowie in der Smithsonian Institution in Washington, D. C.

Als astronomische Uhr stellt sie eine Art physikalische Gesamtschau über die periodischen Bewegungen der Planeten dar. So gab das Astrarium beispielsweise für jeden Tag die Zeit des Sonnenaufgangs und Sonnenuntergangs (auf dem Breitengrad von Padua) an. Es sagte auch den sogenannten *Sonntagsbuchstaben* voraus (anhand dieses Buchstabensystems lässt sich der Wochentag eines bestimmten Datums ermitteln) sowie die Daten von Namenstagen und festen katholischen Feiertagen.

In de Dondis Astrarium vereinigte sich die pure Mathematik, die erforderlich ist, um die wahrgenommene Bewegung der Sonne, des Mondes und der wichtigsten Planeten vorherzusagen, in einem einzigen genialen Instrument, das auch wissenschaftliche Laien mühelos verstehen konnten.

19

Das Medizinrad von Bighorn

Ein Sternenmonument amerikanischer Ureinwohner in Wyoming

1400

In knapp 3000 Meter Höhe in den Bighorn Mountains nahe Lovell (Wyoming) befindet sich ein altes Monument amerikanischer Ureinwohner: ein Ring aus Steinen mit einem Durchmesser von rund 24 Metern. In der Mitte befindet sich ein Steinhaufen oder *Cairn*, von dem aus 28 mit Steinen ausgelegte Speichen zum äußeren Rand des Kreises verlaufen. Für manche indigenen Stämme ist die 28 eine heilige Zahl, da der Mond 28 Tage für eine Umrundung der Erde benötigt.

Im Jahr 1974 verglich der Archäoastronom Jack Eddy die Anordnung der Steinhaufen und Speichen mit astronomischen Objekten und Ereignissen, die vom Standort des Medizinrads von Wyoming aus während der schneefreien Monate um die Zeit der Sommersonnenwende zu erkennen waren. Wenn man von einem der Steinhaufen aus in Richtung eines anderen schaut, richtet sich der Blick auf bestimmte Punkte am fernen Horizont. Diese Punkte markieren den Sonnenaufgang oder -untergang am Tag der Sommersonnenwende sowie die Positionen, an denen bestimmte auffällige Sterne – Aldebaran, Rigel, Sirius und, wie später vom Astronomen Jack Robinson entdeckt, Fomalhaut – heliakisch aufgehen, d.h. ihr erstes Erscheinen am Morgenhimmel kurz vor dem Son-

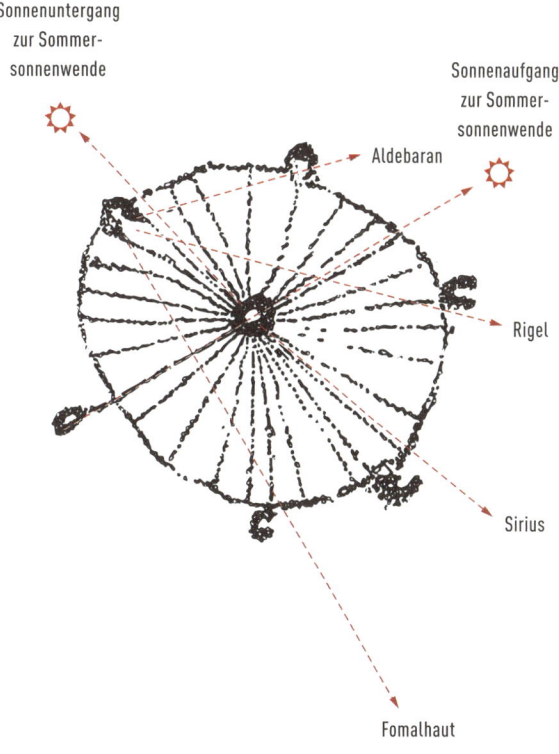

Sonnenuntergang
zur Sommer-
sonnenwende

Sonnenaufgang
zur Sommer-
sonnenwende

Aldebaran

Rigel

Sirius

Fomalhaut

nenaufgang haben. Somit scheint es, dass diese Sterne von dieser Stelle aus gesehen für die Ureinwohner Amerikas die Sommersonnenwende markierten.

Das Medizinrad befindet sich im Stammesgebiet der Crow, in einer Region, die ihnen von einem Häuptling überlassen wurde, den Historiker etwa auf die Zeit zwischen 1400 und 1600 datieren. Dies deckt sich mit dem Präzessionsalter der Ausrichtungen, vor allem der des Sterns Aldebaran zwischen 1050 und 1450. Wir können also davon ausgehen, dass das Medizinrad ca. um das Jahr 1400 angelegt wurde.

Das Medizinrad von Bighorn ist ein erstaunlicher Beleg für die vielfältigen Arten, in denen Menschen dazu inspiriert wurden, die Bewegung der Sterne aufzuzeichnen und vorherzusagen. Seine Ausrichtung an den jeweiligen Positionen der Sonnenwenden bleibt bis heute präzise.

Druckschrift von 1492
mit der Nachricht über
den Meteoriten

20

Der Meteorit
von Ensisheim

Ein Felsbrocken aus
dem All

1492

In der Antike und noch bis vor relativ kurzer Zeit konnte sich niemand vorstellen, dass es Felsbrocken vom Himmel regnen könnte – es sei denn, sie wurden von feindlicher Artillerie mithilfe von Schleudern oder Katapulten abgeschossen. Es waren zwar sehr wohl Meteoritenschauer zu beobachten, aber nur selten landete einer dieser himmlischen Besucher in der Nähe des Beobachters eines solchen Ereignisses. Chinesische Aufzeichnungen belegen jedoch, dass Gesteinsbrocken nicht nur vom Himmel fallen, sondern auch tödliche Folgen haben und beträchtlichen Schaden anrichten konnten. Diese Erkenntnis gelangte im französischen Städtchen Ensisheim während eines spektakulären Ereignisses wenige Minuten vor der Mittagsstunde am 7. November 1492 ins Bewusstsein der westlichen Welt. Ein Junge, der in einem Weizenfeld in der Nähe seine Arbeit tat, wurde Zeuge, wie ein 127 Kilogramm schwerer Meteorit auf dem Erdboden einschlug und einen rund einen Meter tiefen Krater hinterließ. Tatsächlich wurden der leuchtende Feuerball und die Detonation beim Einschlag noch in über 160 Kilometer Entfernung vom Ort des Geschehens

wahrgenommen. Dieses Ereignis war, gelinde gesagt, eine mittlere Sensation.

Die *ursprüngliche* Masse des Meteoriten betrug in der Tat 127 Kilogramm, allerdings schlugen die Leute aus dem Dorf fast 50 Kilo von dem Stein als Andenken ab. Später wurde der »Donnerstein von Ensisheim« ins Städtchen transportiert und in der Gemeindekirche mit eisernen Ketten befestigt, damit er sich nicht in der Nacht selbstständig machen und durch den Ort geistern konnte.

Der Stein ist der älteste Meteorit, dessen Erscheinen am Himmel und Einschlag auf der Erde von einem Zeugen mit exakten Datums- und Zeitangaben identifiziert werden konnte und von dem noch heute Stücke erhalten sind. Es war außerdem der erste Meteorit, über dessen Einschlag in Gestalt mehrerer Flugblätter und Holzschnitte berichtet wurde – die Erfindung der Druckerpresse in den 1450er-Jahren lag noch nicht sehr lange zurück. So wurde es zu einem Medienereignis von beachtlicher Breitenwirkung, das drei größere Städte in der Gegend um Ensisheim einbezog.

◀ Fragment des Meteoriten

21

De Revolutionibus

Kopernikus verändert den Mittelpunkt des Universums

1564

De Revolutionibus Orbium Coelestium (*Über die Umschwünge der himmlischen Kreise*) ist das Hauptwerk des Astronomen Nikolaus Kopernikus, in dem er seine heliozentrische Theorie darlegt. Er begann im Jahr 1515 mit der Arbeit an dem Werk und stellte es 1531 fertig. Veröffentlicht wurde es allerdings erst in seinem Todesjahr 1543. Das kopernikanische Modell des Sonnensystems war im Grunde das ptolemäische Modell, nur dass bei Kopernikus die Sonne der stationäre Mittelpunkt war und die Erde sich um ihre eigene Achse sowie um die Sonne drehte. Diese dualen Bewegungen lassen auf der Erdoberfläche die Wahrnehmung entstehen, die Sonne und die Planeten würden sich um die Erde drehen. Kopernikus' *De Rev*, wie es bisweilen abgekürzt wird, lieferte eine umfassende mathematische Abhandlung über die Funktionsweise dieser »Koordinatentransformation«, allerdings wurde sein heliozentrisches Modell nie als Werk aufgenommen, das eine klärende Vereinfachung gegenüber dem ptolemäischen Modell darstellt, wie er es eigentlich erhofft hatte.

Das Problem war, dass Kopernikus wie andere vor ihm davon ausging, die Planeten wären auf exakten Kreisbahnen und mit gleichmäßiger Geschwindigkeit unterwegs. Wie Johannes Kepler 50 Jahre später bewies, sind diese Kreisbahnen in Wirklichkeit aber Ellipsen, und auch die Geschwindigkeit, mit der die Planeten ihre Bahnen ziehen, ist nicht konstant. Ko-

pernikus' fehlerhaftes Verständnis zwang ihn zur Übernahme der etablierten ptolemäischen Vorstellung, die Planeten würden sich auf einer kreisförmigen Hauptbahn bewegen, dem *Deferenten*, zugleich aber eine kleinere Bahn, den *Epizykel*, beschreiben, um die variablen Geschwindigkeiten der Planeten zu erklären, die seinen Vorhersagen zuwiderliefen. Aus dem unzutreffenden heliozentrischen Modell gingen die *Prutenischen* oder *Preußischen Tafeln* hervor, eine neue *Ephemeride* (tagesgenaue Auflistung der Positionen eines Objekts auf einer Kreisbahn) der vorhergesagten Position der Planeten am Himmel, die Erasmus Reinhold 1551 veröffentlichte. Diese wurden wiederum abgelöst von Keplers genaueren *Rudolfinischen Tafeln* aus dem Jahr 1627, die auf elliptischen Planetenbahnen beruhen und ohne Epizykel auskommen.

Es ist kaum möglich, moderne astronomische Lehrbücher zu lesen, ohne an der einen oder anderen Stelle einer Würdigung der Verdienste von *De Rev* zu begegnen. Auch wenn das Werk anfangs keine Akzeptanz fand, was zum großen Teil dem Widerstand der Kirche zuzuschreiben ist, prägte es doch das Denken aller führenden Geister jener Zeit. Owen Gingerich, ein emeritierter Astronomieprofessor an der Harvard University, beschäftigte sich 30 Jahre lang mit der weltweiten Erfassung aller noch erhaltenen Exemplare von *De Rev*. Er kam letztendlich auf 276 Exemplare der ersten und 325 Exemplare der zweiten Ausgabe. Alle bedeutenden Mathematiker und Astronomen des 17. Jahrhunderts besaßen ein eigenes Exemplar. Überdies hatten viele von ihnen das Buch mit Randnotizen ergänzt, die Gingerich Hinweise darauf gaben, welche Abschnitte von *De Rev* der wissenschaftlichen Leserschaft die meisten Denkanstöße lieferten – ganz offenkundig waren es die Abschnitte über die Planetenbewegung. Nach Angaben Gingerichs hat nur die Erstausgabe von Gutenbergs Bibel (ca. 1454) eine vergleichbar detaillierte wissenschaftliche Erforschung und Katalogisierung erfahren.

net, in quo terram cum orbe lunari tanquam epicyclo contineri diximus. Quinto loco Venus nono mense reducitur. Sextum denicq; locum Mercurius tenet, octuaginta dierum spacio circu currens. In medio uero omnium residet Sol. Quis enim in hoc

pulcherrimo templo lampadem hanc in alio uel meliori loco po neret, quàm unde totum simul possit illuminare? Siquidem non inepte quidam lucernam mundi, alij mentem, alij rectorem uo cant. Trimegistus uisibilem Deum, Sophoclis Electra intuentem omnia. Ita profecto tanquam in solio re gali Sol residens circum agentem gubernat Astrorum familiam. Tellus quoq; minime fraudatur lunari ministerio, sed ut Aristoteles de animalibus ait, maximã Luna cũ terra cognationẽ habet. Concipit interea à Sole terra, & impregnatur annuo partu. Inuenimus igitur sub hac

hac ordinatione admirandam mundi symmetriam, ac certũ har moniæ nexum motus & magnitudinis orbium: qualis alio mo do reperiri non potest. Hic enim licet animaduertere, nõ segni ter contemplanti, cur maior in Ioue progressus & regressus ap pareat, quàm in Saturno, & minor quàm in Marte: ac rursus ma ior in Venere quàm in Mercurio. Quodcq; frequentior appare at in Saturno talis reciprocatio, quàm in Ioue: rarior adhuc in Marte, & in Venere, quàm in Mercurio. Præterea quòd Satur nus, Iupiter, & Mars acronycti propinquiores sint terræ, quàm circa eorũ occultationem & apparitionem. Maxime uero Mars pernox factus magnitudine Iouem æquare uidetur, colore dun taxat rutilo discretus: illic autem uix inter secundæ magnitudi nis stellas inuenitur, sedula obseruatione sectantibus cognitus. Quæ omnia ex eadem causa procedunt, quæ in telluris est mo tu. Quòd autem nihil eorum apparet in fixis, immensam illorũ arguit celsitudinem, quæ faciat etiam annui motus orbem siue eius imaginem ab oculis euanescere. Quoniã omne uisibile lon gitudine distantiæ habet aliquam, ultra quam non amplius spectatur, ut demonstratur in Opticis. Quòd enim à supremo errantium Saturno ad fixarum sphæram adhuc plurimum in tersit, scintillantia illorum lumina demõstrant. Quo indicio ma xime discernuntur à planetis, quodcq; inter mota & non mota, maximam oportebat esse differentiam. Tanta nimirum est diui na hæc Opt. Max. fabrica.

Detriplici motu telluris demonstratio.   Cap. XI.

Vm igitur mobilitati terrenę tot tantącq; errantium syderum consentiant testimonia, iam ipsum motum in summa exponemus, quatenus apparentia per ip sum tanquã hypotesim demonstrentur, quẽ triplicẽ omnino oportet admittere. Primum quem diximus à Græcis uocari, diei noctiscq; circuitum proprium, circa axem telluris, ab occasu in ortum uergentem, prout in diuersum mun dus terri putatur, æquinoctialem circulum describendo, quem nonnulli æquidialem dicunt, imitantem significationem Græco

c ij   rum,

22

Tychos Mauerquadrant

Und dessen weitere Werkzeuge
der Präzisionsastronomie

1590

Seit Hipparchos und Ptolemäus wurden über viele Jahrhunderte hinweg nur selten exakte Messungen der Positionen von Sternen am Himmel vorgenommen, und nur wenige davon sind bis heute erhalten geblieben – der *Almagest* des Ptolemäus und die Sternentafeln der Astronomen der Han-Dynastie sind die wenigen Ausnahmen. Die Genauigkeit dieser Sternentafeln war nur so verlässlich wie die recht primitiven Diopter und Theodoliten, die zur betreffenden Zeit eben zur Verfügung standen. Dieses Maß an Präzision genügte Ptolemäus zur Erstellung der ersten modernen Ephemeride über die Planetenpositionen. Sie überdauerten, bis Kopernikus im Jahr 1543 sein heliozentrisches Modell des Sonnensystems veröffentlichte. All dies veränderte sich durch die Hände des Tycho Brahe: Er baute 1576 äußerst präzise Messinstrumente in seinem eigenen Observatorium im Schloss Uraniborg auf der dänischen Insel Hven.

Tycho erkannte, dass sich die Präzision der kleinen, tragbaren Instrumente, mit denen die Astronomen der Antike gearbeitet hatten, stark verbessern ließ, indem man sie einfach deutlich vergrößerte. Eine Analyse der vielen Tausend Sternvermessungen in Tychos Aufzeichnungen lässt darauf schließen, dass er mit den meisten seiner Instrumente eine Genauigkeit von ca. einer halben Bogenminute erzielte – damit waren die Ergebnisse um das Zehnfache genauer als die Mes-

sungen, die in den Sterntafeln der Antike verzeichnet waren. Ein berühmtes Beispiel war sein Mauerquadrant (der so heißt, weil er an einer Mauer befestigt wurde), ein Viertelkreis, den er zur Bestimmung des Höhenwinkels von Gestirnen verwendete.

Der Umfang der so gewonnenen Daten war so enorm, dass Tycho im Jahr 1600 den jungen Johannes Kepler anstellte und damit beauftragte, zusammenzustellen, was später als die *Rudolfinischen Tafeln* bekannt werden sollte, die 1627 veröffentlicht wurden. Aber auch die Planeten waren Gegenstand von Tychos Präzisionsmessungen. Tychos Ziel war es gewesen, damit sein eigenes Modell des Sonnensystems zu beweisen, bei dem es sich um eine Mischform aus dem ptolemäischen und dem kopernikanischen Modell handelte. Dazu sollte es jedoch nicht mehr kommen. Tycho starb, ein Jahr nachdem er Kepler in Dienst gestellt hatte, und so blieb es Kepler vorbehalten, die Erforschung der Planeten fortzuführen.

Die hohe Qualität von Tychos Planetendaten ermöglichte es Kepler, eine Reihe von Gesetzmäßigkeiten in den Planetenbewegungen zu entdecken, die heute als die drei Keplerschen Gesetze bekannt sind. Überdies führten Tychos Daten zu seinen Marssichtungen auch zu einer ersten dramatischen Veränderung unseres Wissens über Planetenbahnen. Die Daten verrieten eine elliptische Bahn um die Sonne – dies besagt das erste Keplersche Gesetz. Darauf aufbauend und kombiniert mit seinen anderen beiden Gesetzen entwickelte Kepler eine noch präzisere Zusammenstellung der Planetenbewegungen, die *Rudolfinischen Tafeln*. Die Tabellen waren genau genug, um einen Transit des Merkur vor der Sonne vorherzusagen, den Pierre Gassendi 1631 beobachtete, sowie einen Transit der Venus, beobachtet von Jeremiah Horrocks anno 1639. Tychos phänomenale Messtechniken bildeten die Grundlage für astronomische Vorhersagen über das gesamte 17. Jahrhundert. Erst im Jahr 1690 übertrafen der Sternkatalog des Johannes Hevelius und der *Catalogus Britannicus* aus dem Jahr 1725 von John Flamsteed Tychos bahnbrechende Messungen.

◀ Stich aus dem Buch *Astronomiae Instauratae Mechanica* mit Darstellungen des Mauerquadranten und anderer Werkzeuge

23

Galileis Fernrohr

Der Beginn der modernen Astronomie

1609

In seiner Schrift *Sidereus Nuncius* zeigte Galileo detaillierte Zeichnungen der verschiedenen Mondphasen. Die starke Vergrößerung seines Fernrohrs lieferte den Beweis für die felsige Beschaffenheit des Mondes. ▶

Millionen Jahre lang konnten die Menschen den Nachthimmel nur mit bloßen Augen erforschen. Diese natürlichen optischen Geräte haben einen Sensor (die Netzhaut), der in der Lage ist, Millionen von Farben und die Ankunft einzelner Lichtphotonen zu erkennen. Auch die Auflösung unserer Augen ist beeindruckend; sie können etwa so gut sehen wie eine 576-Megapixel-Kamera. Doch die Erfindung des Fernrohrs sollte die Sternenbeobachtung für immer verändern. Die Vergrößerung des Durchmessers der natürlichen Linse des Auges ist biologisch unmöglich, 1608 fand der niederländische Brillenmacher Hans Lippershey jedoch einen Weg, den Effekt optisch zu simulieren. Er verwendete eine konvexe »Objektivlinse« und eine konkave Augenlinse, um das erste optische Instrument mit drei Stärken zu schaffen und damit »Dinge in der Ferne so zu sehen, als wären sie in der Nähe«, wie er es ausdrückte. Die Nachricht von seinem holländischen Perspektivglas, wie es genannt wurde, verbreitete sich in Europa und inspirierte den Briten Thomas Harriot im Sommer 1609 zum Bau eines Fernrohrs mit sechsfacher Vergrößerung. Diese Nachricht erreichte auch den Italiener Galileo Galilei, der sich daranmachte, die Linsen seines eigenen primitiven Geräts so lange zu schleifen und zu polieren, bis er eine Vergrößerung von etwa 21 erreichte. Mit seinem Gerät war er 1609 der Erste, der tatsächlich Details am Nachthimmel erkennen konnte. Seine Teleskope waren insofern einzigartig, als sie die Bilder korrekt ausgerichtet und nicht auf dem Kopf stehend zeigten, wie es bei einfachen optischen Instrumenten üblich war. Mit seinem überlegenen Instrument gründete er ein Nebengeschäft mit der Herstellung und dem Verkauf seiner »Galileischen Teleskope« an Seefahrer. Galilei fertigte mithilfe seines Fernrohrs 70 Skizzen von Monddetails, Venusphasen, Sonnenflecken, Sternhaufen und Jupitersatelliten an, die er in seinem bahnbrechenden Buch *Sidereus Nuncius* von 1610 veröffentlichte. Es wurde von manchen mit Neugierde, von anderen mit Spott aufgenommen, und Galileis Äußerungen über das, was er sah, führten schließlich zu seinem Hausarrest durch den Vatikan im Jahr 1633 wegen Ketzerei. Die römisch-katholische Kirche war nicht erfreut über seine Behauptungen, dass die Jupitersatelliten in der Umlaufbahn das heliozentrische Modell von Kopernikus als richtig bestätigten und nicht die vom Vatikan favorisierte geozentrische Sichtweise. Die makellose Sonnenscheibe sei nicht nur von Zeit zu Zeit von sich bewegenden Flecken gezeichnet, erklärte Galilei, sondern der Jupiter sei auch ein unabhängiger Körper im Sonnensystem, um den andere Objekte kreisen. Dies widersprach der orthodoxen Ansicht, dass alles in der Schöpfung um die Erde kreise. Trotz des Versuchs der Kirche, seine Ideen zu unterdrücken, war Galileis Ansicht schon bald weithin akzeptiert. Dank seines Fernrohrs sollte das Verständnis des Menschen von seinem Platz im Kosmos nie mehr dasselbe sein.

TVBVM OPTICVM VIDES GALILAEII INVENTVM, ET OPVS, QVO SOLIS MACVLAS,
ET EXTIMOS IVNAE MONTES, ET IOVIS SATELLITES, ET NOVAM QVASI
RERVM VNIVERSITATÊ PRIMVS DISPEXIT. A. MDCIX.

24

Der Rechenschieber

Die Proto-Rechnertechnologie des Raumfahrtprogramms der 1960er-Jahre

1622

John Napier, ein schottischer Gutsbesitzer, Mathematiker und Astronom, erfand den Logarithmus, eine mathematische Funktion zur Durchführung von Berechnungen unter Einbeziehung von Multiplikation und Division, und er präsentierte diese Funktion bemerkenswert detailliert in seinem Buch *Mirifici Logarithmorum Canonis Descriptio*, das 1614 veröffentlicht wurde. Bald darauf entwarf der englische Geistliche Edmund Gunter ein Lineal, das mithilfe zweier Skalen für trigonometrische Berechnungen unter Verwendung von Logarithmen genutzt werden konnte. Den letzten Schritt bei der Entwicklung des Rechenschiebers vollzog der englische Geistliche und Mathematiker William Oughtred. 1632 konstruierte er ein Instrument, das aus zwei aneinander entlanggleitenden Skalen bestand, mit dem Multiplikationen und Divisionen durchgeführt werden konnten.

Die Nutzung des Rechenschiebers oder Rechenstabs war im 19. Jahrhundert in den Ingenieurwissenschaften allgemein verbreitet, und ein Rechenschieber gehörte in der öffentlichen Wahrnehmung ebenso selbstverständlich zum Bild eines Ingenieurs wie das Stethoskop zu dem des Arztes. Dieses spezielle technische Wunderwerk mag heute nur noch den älteren Semestern etwas sagen, aber es hatte sehr wohl seinen glanzvollen und bedeutenden Auftritt im Rampenlicht der Öffentlichkeit: Das gesamte US-Raumfahrtpro-

gramm bis zur letzten Mondlandung stützte sich auf Heerscharen von Ingenieuren und Wissenschaftlern, die sich dieser manuellen Rechenmaschinen bedienten, um technische Probleme zu lösen und uns buchstäblich zum Mond und wieder zurück zu bringen.

Den Rechenschieber gab es in verschiedenen Größen, von nur 15 Zentimeter langen Miniaturen bis hin zu großen runden Geräten, hergestellt aus verschiedenen Materialien wie Holz und Kunststoff. Basierend auf der Addition und Subtraktion von Logarithmen anstelle der Multiplikation und Division ganzer Zahlen gab es über ein Dutzend verschiedener linearer Skalen, unterteilt in Dezimalwerte und in trigonometrische Funktionen. Damit waren komplexe Rechenvorgänge mit sehr großen wie mit sehr kleinen Zahlen rasch und einfach möglich. Als Highschool-Schüler der 1950er- oder -60er-Jahre hatte man auf dem Weg in den Physik- oder Mathekurs stets voller Stolz den Rechenschieber im Gepäck.

Astronauten hatten auf ihren Apollo-Missionen Rechenschieber der Marke Pickett dabei. Das Modell N600-ES, einst im Besitz von Buzz Aldrin, flog mit ihm in der *Apollo 11* zum Mond und wurde 2007 bei einer Auktion für 77 675 Dollar versteigert. Als im Lauf der 70er-Jahre elektronische Taschenrechner in handlichem Format immer weitere Verbreitung in Wissenschaft und Technik fanden, kam der Rechenschieber allmählich aus der Mode. Der größte Wandel stellte sich ein, als Unternehmen wie Texas Instruments und Hewlett-Packard etwa Mitte der 70er begannen, kleine elektronische Rechner zu vermarkten, die bequem in jede Hemdtasche passten.

Wenn allerdings ältere Wissenschaftler wie ich einen Anflug von Nostalgie verspüren, kramen wir gerne mal wieder unsere eigenen historischen Stücke aus irgendeiner Kiste auf dem Dachboden hervor und erinnern uns an die Zeit, als die Geeks noch die Welt beherrschten!

◀ Ein Rechenschieber im praktischen Einsatz beim National Advisory Committee for Aeronautics, Lewis Flight Propulsion Laboratory

25

Das Okularmikrometer

Die bis dahin exakteste astronomische Messung

1630

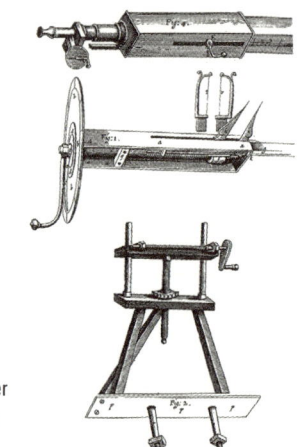

Gascoignes Mikrometer
nach Robert Hooke ▶

Doppelsterne kannten bereits die alten Römer – angeblich wurde nur als Bogenschütze ausgewählt, wer in der Lage war, die Doppelsterne Mizar und Alkor in der Deichsel des Großen Wagens auszumachen. Erst nach der Erfindung des Fernrohrs jedoch begannen die Astronomen, sich wirklich für das Phänomen der Doppelsterne zu interessieren. Mizars Eigenschaft als Doppelstern wurde um das Jahr 1650 entdeckt, aber es dauerte noch mehrere Jahrzehnte, bis die Astronomen diesen Systemen ernsthaft Beachtung schenkten. Bis 1718 waren nur ganze sechs Doppelsternsysteme entdeckt worden, darunter auch Alpha Centauri, das der Erde am nächsten liegt. Für den entscheidenden Wendepunkt sorgte Reverend John Michell, als er 1767 postulierte, Sternpaare würden gemäß Newtons Gravitationsgesetz einander umkreisen. Auf dieser Grundlage wäre es möglich, das Massenverhältnis der beiden Sterne zu berechnen – eine wertvolle Information über Objekte jenseits unseres Sonnensystems. Davon angeregt stellte Christian Mayer ein Jahrzehnt später ein kleines Verzeichnis bekannter Doppelsterne zusammen.

William Gascoigne war ein englischer Astronom und Instrumentenbauer, der in den späten 1630er-Jahren an optischen Instrumenten arbeitete. Durch einen glücklichen Zufall fiel der Faden eines Spinnennetzes genau an die richtige Stelle im Sichtpfad eines seiner Apparate, und Gascoigne erkannte, dass er dies in Ver-

bindung mit einer kalibrierten mechanischen Schraube für extrem feine Messungen nutzen konnte. Damit war ein Vorläufer des Mikrometers gefunden. Als er dasselbe auf die Konstruktion eines Teleskopokulars anwandte, konnte er präzise Messungen des Durchmessers von Mond und Planeten durchführen.

Frederick William Herschel begann mit seinen großen Teleskopen Doppelsterne zu erforschen und nutzte dabei ein selbst entworfenes Mikrometerinstrument. Innerhalb des Okulars brachte er eine mit einer Mikrometerschraube verstellbare Faser an, um damit die exakte Position eines Sterns messen zu können. Im Verlauf seiner Messungen entdeckte er nicht etwa, wie beabsichtigt, die Parallaxenverschiebung aufgrund der Bewegung der Erde um die Sonne, sondern dass sich die Sterne selbst auf einer gekrümmten Bahn bewegten. Den Beweis für die Richtigkeit von Herschels Interpretation dieser Beobachtung, dass die Sterne um ein gemeinsames Gravitationszentrum kreisen, steuerte 1828 der französische Astronom Félix Savary im Rahmen seiner Untersuchung von Xi Ursae Majoris bei. Diese Entdeckung war der Auslöser für eine intensive Phase der Katalogisierung und Vermessung von Doppelsternen, die bis zum Aufkommen der Fotografie Mitte des 19. Jahrhunderts anhielt. Heute sind mehr als 100 000 Doppelsternsysteme bekannt, und ihre Umlaufbahnen sind exakt vermessen – viele mit einem Mikrometer.

Ein modernes Mikrometer, angebracht am Okular des Teleskops am Ladd-Observatorium der Brown University ▶

26

Der Taktantrieb

Eine neue Methode der Nutzung
von Teleskopen

1674

◀ Dieser mechanische Taktantrieb
wurde beim 60-Zoll-Teleskop am
Mount-Wilson-Observatorium in
Kalifornien eingesetzt. Erst 1968
wurde er durch Schrittmotoren
und elektronische Steuerungs-
systeme abgelöst.

Wenn Sie sich beim Blick in den Nachthimmel ein wenig Zeit nehmen, werden Sie bemerken, dass die Sterne nicht einfach bleiben, wo sie sind. Im Verlauf von
Stunden dreht sich die Erde weiter um ihre Achse. In
23 Stunden, 56 Minuten und 4 Sekunden vollzieht sie
eine komplette Umdrehung. Das bedeutet, dass die
Sterne sich beim Blick durch ein Teleskop zur Verwir-
rung des Betrachters über das Sichtfeld bewegen. Der
Gedanke, diese augenscheinliche und täglich stattfin-
dende Himmelsrotation zu korrigieren, wurde erstmals im Jahr 1094 in die Tat umgesetzt. Der chinesische Gelehrte Su Song versah eine Armillarsphäre mit
einem genialen wasserbetriebenen Antriebsmechanismus. Diese Technologie blieb bis zum Aufkommen
großer Teleskope im 18. Jahrhundert weitgehend eine
Neuerung. Der englische Astronom Robert Hooke
schrieb 1674 eine Abhandlung darüber, wie ein solcher
Antriebsmechanismus mit Teleskopen kombiniert
werden konnte. Bald darauf, im Jahr 1685, entwarf
Giovanni Cassini eine Teleskoplinse mit Antriebsmechanismus. Das erste Teleskop, das tatsächlich einen Taktantrieb nutzte, baute Joseph von Fraunhofer,
ein Meister auf dem Gebiet des Baus optischer Instru-

mente. Sein Refraktorteleskop, das er für das russische Observatorium in Dorpat (heute Tartu in Estland) baute, hatte eine Objektivöffnung von ca. 25 Zentimeter Durchmesser. Es war parallaktisch montiert und besaß einen Taktantrieb, der die Polachse des Teleskops drehte, damit es mit der Erdrotation Schritt hielt.

Frühe Antriebsmechanismen wurden durch Fallgewichte betrieben, doch selbst nach der Erfindung des Elektromotors im Jahr 1834 dauerte es noch lange, bis ausreichend leistungsstarke Motoren für solche Zeitschaltmechanismen verfügbar waren – das war erst gegen Ende des 19. Jahrhunderts der Fall. Über den größten Teil des 20. Jahrhunderts blieben Taktantriebe mechanische Vorrichtungen mit zahlreichen motorbetriebenen Zahnrädern. Einer der entscheidenden Fortschritte bei der Konstruktionsweise des Taktantriebs stellte sich ein, als Computer schnell und leistungsstark genug wurden, um mit den notwendigen Berechnungen für die Nachführung bei einem Teleskop Schritt zu halten, das eine nicht parallaktische, altazimutale Gabelmontierung aufwies. (Der Name »Altazimut«, im Englischen auch »Altaz« abgekürzt, setzt sich zusammen aus »Alt« für *altitude* – Höhen-

winkel – und »Azimut« – Horizontalwinkel.) Fast alle modernen Teleskope, die länger sind als ca. drei Meter, arbeiten heute mit einer Altaz-Montierung mit computergesteuerten Schrittmotoren, die kontinuierlich den korrekten Azimut und die Höhe eines Zielobjekts neu berechnen und die Zielausrichtung des Teleskops mehrmals pro Sekunde oder gar noch häufiger aktualisieren.

Dank dieser wichtigen Apparate wurden spektroskopische und fotografische Untersuchungen an schwach sichtbaren Objekten möglich, deren Durchführung das exakte Ausrichten des Okulars über mehrere Stunden erfordert. Ohne Taktantrieb, sei er nun mechanisch oder elektronisch, wären die meisten der Beobachtungen, für die die Astronomie des 20. Jahrhunderts Berühmtheit erlangte, etwa die Entdeckung des expandierenden Universums oder die detailgenauen Fotos von der Oberfläche ferner Planeten, niemals möglich gewesen.

27

Der Meridiankreis

Ein raffiniertes Gerät zur Katalogisierung der Sterne

Ca. 1690

Lange vor den Zeiten von GPS zogen die Menschen für die Navigation eine möglichst präzise Uhr zur Bestimmung des Längengrads und einen Sextanten zur Bestimmung des Breitengrads zurate. Damit diese Hilfsmittel funktionierten, mussten die Navigatoren eine sogenannte *Ephemeride* konsultieren: eine Tabellensammlung mit den Positionen von Sternen und

Planeten. Über Jahrhunderte mühten sich die Astronomen geradezu besessen um immer detailliertere Sternkataloge, basierend auf hochpräzisen Messungen ihrer Position am Himmel.

Der Meridiankreis, eine Erfindung des dänischen Astronomen Ole Rømer um das Jahr 1690, sollte bei der Erstellung dieser Kataloge wertvolle Dienste leis-

Ole Rømers Meridiankreis, das weltweit erste Instrument dieser Art
▼

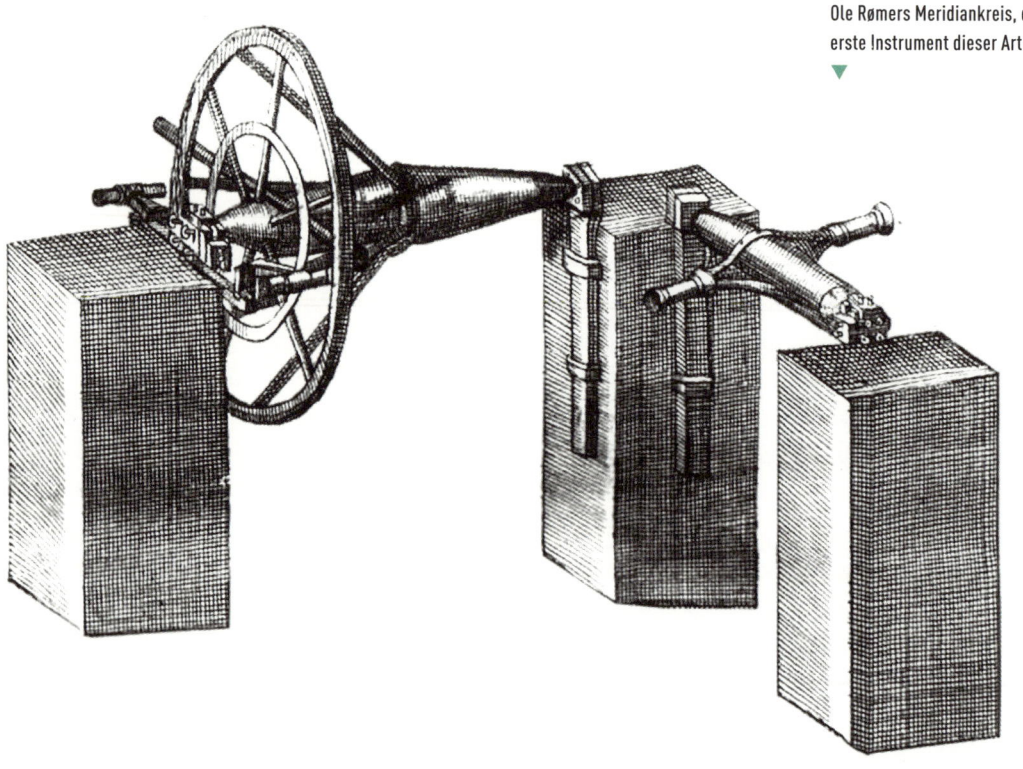

ten. Befestigt an einem Teleskop, wie etwa dem im nächsten Kapitel beschriebenen Meridian-Teleskop (das abgebildete Exemplar steht im Kuffner-Observatorium in Wien), wurde der Meridiankreis in Observatorien sowohl für die Astronomie als auch für die Seefahrt im 19. Jahrhundert häufig verwendet, um Sternpositionen zu vermessen und Transits zu beobachten. Ausgehend von diesen Messungen ließen sich Uhren äußerst präzise einstellen. Diese Uhren wurden dann dazu genutzt, die Chronometer an Bord von Schiffen zur Bestimmung des Längengrads einzusetzen. Sie dienten auch zur Vorgabe der jeweiligen Standardzeiten, bevor die Uhrzeit auf der Basis von Funkdaten über kurzwellige WWV-Zeitzeichensender und Atomuhren noch viel präziser gemessen werden konnte.

Das Meridian- oder Transit-Teleskop wurde so aufgestellt, dass es nur entlang des jeweiligen örtlichen Nord-Süd-Meridians bewegt werden konnte. Die Deklination eines Sterns (eine astronomische Koordinate, die in etwa dem terrestrischen Breitengrad vergleichbar ist) entsprach dessen Position entlang dieser Meridianlinie. Gemessen wurde diese mit hoher Genauigkeit anhand von Skalen, deren Werte mit Mikroskopen abgelesen wurden. Im Innern des Okulars lieferte ein aus mehreren Drähten bestehendes Präzisionsfadenkreuz einen Bezugswinkel senkrecht zum Meridian, der die Rektaszension angibt (eine astronomische Koordinate, die in etwa dem terrestrischen Längengrad entspricht). Passierte ein Stern mit bekannter Rektaszension exakt die Nord-Süd-Linie des Fadenkreuzes, ließ sich die örtliche siderische Zeit (Sternzeit) präzise berechnen, und diese konnte dann zur Korrektur der Uhr des Observatoriums herangezogen werden. War die Rektaszension des Sterns nicht bekannt, konnte man einfach umgekehrt vorgehen, anhand der Ortszeit den exakten Zeitpunkt ermitteln, zu dem der Stern die Meridianlinie im Okular erreichte, und auf diese Weise die Rektaszension berechnen.

Es war eine unendlich mühselige Angelegenheit, auf diese Weise einen hochpräzisen Sternkatalog zu-

▲
Ein Meridiankreis aus dem 19. Jahrhundert
(Kuffner-Observatorium)

sammenzustellen. Zuerst musste man den gewünschten Stern identifizieren, dann eine Transitbeobachtung bewerkstelligen, um seine Himmelskoordinaten zu ermitteln. Die beste dieser Auflistungen wurde 1801 vom französischen Astronomen Jérôme Lalande veröffentlicht und enthielt über 47 000 Sterne mit einer Helligkeit von Magnitude 9.0 oder höher.

Dieser Katalog wurde abgelöst durch die sogenannte *Bonner Durchmusterung* aus den Jahren 1859 bis 1862 mit über 320 000 Sternen – der umfassendste Sternkatalog vor dem Aufkommen der Fotografie. Aufgrund von Transitbeobachtungen ließ sich die Position dieser Sterne bis auf Bruchteile einer Bogensekunde genau ermitteln.

28

Die Sternkarte der Skidi Pawnee

Ein Relikt eines Stammes amerikanischer Ureinwohner,
der für seine Himmelsbeobachtungen berühmt war

1700

Das Volk der Pawnee in den Great Plains zählte Anfang des 18. Jahrhunderts über 60 000 Menschen und bildete einen der größten und mächtigsten Stämme in den Plains. Am North Platte River in Nebraska waren die Skidi- oder Wolf-Pawnee heimisch. Sie waren versierte Beobachter des Nachthimmels. Ihrer Religion zufolge waren es die Sterne, die ihre Familien und Dorfgemeinschaften definierten und sie lehrten, wie sie zu leben und ihre Stammeszeremonien abzuhalten hatten. Ihre Dörfer waren sogar nach einem geometrischen Plan angelegt, der den Positionen bestimmter wichtiger Sterne am Himmel entsprach.

Wie bei vielen anderen Stämmen der Ureinwohner in ganz Nordamerika beruhte die Weitergabe von Wissen auf verschiedenen Formen mündlicher Überlieferung. Entsprechend existieren kaum schriftliche oder künstlerische Aufzeichnungen, die die Jahrhunderte überdauert hätten. Einige wenige gibt es zum Glück aber doch, beispielsweise ein 56 × 38 cm großes Stück weiches Hirschleder. Dieses gelangte im Jahr 1906 als eines von mehreren Objekten, die die Anthropologen George Dorsey und James R. Murie erworben hatten, in den Besitz des Field Museum in Chicago. Murie hatte selbst Pawnee-Vorfahren und dokumentierte akribisch die Bräuche dieses Stammes. Die Skidi-Pawnee-Sternkarte, wie das Stück heute heißt, gehörte zum »Pawnee Sacred Bundle« Nr. 71898 und wird bisweilen auch als »Big Black Meteoric Star

Bundle« der Pawnee bezeichnet. Das genaue Alter der Karte ist unbekannt, man geht jedoch davon aus, dass sie irgendwann im 18. Jahrhundert angefertigt wurde. Die Tierhaut ist übersät mit Punkten und Kreuzen, die die Positionen wichtiger Sterne und Sternbilder markieren, darunter eine kleine Gruppe von sechs Kreuzen, die die Plejaden darstellen. Markiert sind auch die zirkumpolaren Sternbilder des Großen und des Kleinen Wagens, der Polarstern, der bei den Pawnee »Der Stern, der sich nicht bewegt« hieß, sowie der Sternhaufen der Hyaden im Sternbild Stier, zu erkennen gleich unterhalb der Plejaden als v-förmige Gruppe von Kreuzen. Die halbkreisförmige Gestalt der Nördlichen Krone (Corona Borealis) scheint ebenfalls verzeichnet zu sein, zusammen mit einem in der Mitte der Karte verlaufenden, gesprenkelten Punktemuster, das vermutlich die Milchstraße darstellen soll. Insgesamt ist das Stück ein eindrucksvoller Beleg für die ungewöhnliche Beobachtungsgabe der Skidi – und zugleich ein beeindruckendes Kunstwerk.

Sternkarte der Skidi Pawnee
auf einem Stück Hirschleder ▶

J.G. Brown N A
1883

29

Sonnenbeobachtung durch das Rußglas

Die Urform der Sonnenfinsternisbrille – Himmelsbeobachtung für die breite Masse

1706

Die Geschichte der Sonnenbeobachtung durch berußtes Glas verlor sich mit der Zeit weitgehend. Die früheste Erwähnung findet sich vermutlich in einem Leserbrief in der renommierten Fachzeitschrift *Philosophical Transactions of the Royal Society of London*, der die totale Sonnenfinsternis vom 12. Mai 1706 zum Thema hat.

Die Methode ist simpel. Hält man ein Stück Glas leicht geneigt über eine Kerzenflamme, verteilt sich auf einer größeren Fläche Ruß, dicht genug, um das Sonnenlicht deutlich abzuschwächen.

Professionelle Sonnenbeobachter im 19. Jahrhundert bedienten sich spezieller Filter, um die Augen zu schützen. Solche Hilfsmittel waren jedoch fürs einfache Volk unerschwinglich, deshalb war die Methode mit dem rußgeschwärzten Glas zu den Zeiten der totalen Sonnenfinsternisse im 19. und 20. Jahrhundert überaus beliebt. In einigen besonderen Fällen, etwa den Transits der Venus in den Jahren 1874 und 1888, berichteten die Zeitungen von mehreren Tausend Menschen, die sich einer solchen berußten Glasscheibe bedienten, um beobachten zu können, wie der winzige Punkt der Venus vor der hellen Sonnenscheibe vorüberzog. So gefährlich diese Methode auch war – natürlich war die Beobachtung damit sicherer als mit bloßem Auge, aber das Glas dämpfte das Sonnenlicht

noch immer nicht so stark, dass eine Schädigung der Netzhaut ausgeschlossen werden konnte –, machte sie das Beobachten einer Sonnenfinsternis dennoch zu einem weithin zugänglichen öffentlichen Ereignis und förderte auf diese Weise das Interesse der Allgemeinheit an der Astronomie.

Gegen Ende des 19. Jahrhunderts begannen Augenärzte, die Öffentlichkeit vor möglichen Netzhautschäden als Folge der Sonnenbeobachtung durch berußtes Glas zu warnen. Nach der Sonnenfinsternis vom April 1912, die in Europa zu beobachten war, wurden allein in Deutschland über 3500 Fälle von Netzhautschädigungen registriert. Zahlreiche derartige Berichte gab es auch nach der Sonnenfinsternis vom 12. November 1947, die über Los Angeles zog und bei Dutzenden von Kindern Sehschäden durch dunkle Flecken und andere Beeinträchtigungen hervorrief.

Rußgeschwärztes Glas war auch noch in den 1940ern ein gängiges Hilfsmittel, allerdings büßte die Methode an Beliebtheit ein, als Unternehmen wie Harvey & Lewis Opticians in New England speziell für die totale Sonnenfinsternis vom 31. August 1931, die unter anderem über Portland im Bundesstaat Maine zu sehen war, ein »Eklipsoskop« entwickelte. Die Sehhilfe aus Pappe kostete nur 10 Cent, hatte zwei stark beschichtete Linsen und war wesentlich komfortabler und sauberer als ein berußtes Stück Glas.

Machen wir nun einen großen Sprung zu den Venus-Transiten von 2004 und 2012 und der totalen Sonnenfinsternis über Nordamerika vom 21. August 2017. Hier kamen Sonnenfinsternisbrillen zum Einsatz, die durchaus ähnlich konstruiert waren wie das Eklipsoskop, sie besaßen allerdings zusätzliche Filter, die vor schädlicher Strahlung schützten. Die erhöhte Sicherheit hatte zur Folge, dass die Öffentlichkeit viel stärker an spektakulären Himmelsereignissen Anteil nahm. Die NASA und andere Institutionen haben diese modernen Brillen millionenfach verteilt. Sonnenereignisse werden seit dem Jahr 2004 weltweit von geschätzt einer Milliarde Menschen beobachtet.

◀ Titelseite des *Harper's Weekly* zeigt Kinder, die den Transit der Venus 1882 durch ein rußgeschwärztes Stück Glas beobachten

30

Das Gyroskop

Ein raffiniertes Gerät, das Raketen auf Kurs hält

1743

Raketen haben ein generelles Problem. Selbst wenn man sie beim Start exakt senkrecht in die Höhe schießt, werden sie sich, einmal in der Luft, zwangsläufig in eine Richtung neigen und letztendlich abstürzen – Grund dafür sind Seitenwinde und andere atmosphärische Kräfte. Deutsche Wissenschaftler fanden 1934 unter Verwendung des Gyroskops, auch Kreiselstabilisator genannt, eine Lösung dafür. Beim Gyroskop rotiert eine Masse mit hoher Geschwindigkeit um eine Achse und erzeugt dadurch einen starken Drehimpuls. Wirkt auf das Gyroskop eine Kraft ein, widersteht es dieser Kraft und versucht, seine Rotation um die fixierte Achse beizubehalten. Die deutschen Wissenschaftler erkannten, dass diese rotierenden Massen die Rakete bei ihrem Vertikalflug gleichsam wie eine unsichtbare, starke Hand in einer konstant aufrechten Ausrichtung halten konnten. Größere Raketen besitzen allerdings so viel Masse, dass diese schiere Kraft allein nicht mehr ausreichte. Am

28. März 1935 demonstrierte der amerikanische Raketeningenieur Robert Goddard mit Erfolg eine viel bessere Idee: die Verwendung von gleich drei Gyroskopen auf einmal als Lage- oder Ausrichtungssensoren einer Rakete.

Unabhängig von der Masse der Rakete konnten diese Sensoren zu einem System verbunden werden, das die Strahlruder steuerte, die das Gas aus den Raketendüsen so lenkten, dass die Rakete in einer perfekt senkrechten Ausrichtung gehalten wurde, ganz gleich, woher oder wie stark der Wind wehte. Mit dem Raketenstart der A-5 konnte Goddard auch beweisen, dass dieses System auf eine allmähliche Neigung der Rakete in den Horizontalflug eingestellt werden konnte – dieses Manöver war notwendig, um die Rakete in eine Erdumlaufbahn schicken zu können. Da diese Technik in frei zugänglicher Literatur dokumentiert wurde, nutzte sie letztendlich der deutsche Raketenkonstrukteur Wernher von Braun für den Bau seiner V2-Raketen – mit bekanntlich tödlichem Erfolg.

Nur drei Wochen nach Juri Gagarins historischem ersten Weltraumflug in einer Erdumlaufbahn brach Alan Shepard am 5. Mai 1961 an der Spitze einer Redstone-Rakete zur Mission »Freedom 7« auf und erreichte in seiner beengten Mercury-Raumkapsel eine suborbitale Höhe von ca. 187 Kilometern. Keiner dieser erfolgreichen, aber immer mit großen Gefahren verbundenen Flüge wäre ohne ein akkurates Trägheitsleitsystem, basierend auf dem schlichten Prinzip des Gyroskops, jemals möglich gewesen.

Das Gyroskop zur Steuerung der V2 ▶

31

Die elektrische Batterie

Energieversorgung für Raumschiffe

1748

Man kann mit einiger Gewissheit sagen, dass ohne Elektrizität keiner der Fortschritte auf den Gebieten der Astronomie und der Weltraumforschung nach den ersten Dekaden des 20. Jahrhunderts möglich gewesen wäre. Die Entdeckung des Phänomens der »Elektrizität« ist dabei eine komplexe Geschichte, die bis ins antike Griechenland zurückreicht – so beobachtete z. B. Thales, dass Bernstein Staub anzog, wenn man daran rieb. Es dauerte jedoch bis zum Jahr 1745, bis es dank der Erfindung eines Kondensator-Prototypen, der sogenannten *Leidener Flasche*, möglich wurde, elektrische Ladungen für eine genauere Untersuchung zu speichern. Zur damaligen Zeit war die

Leidener Flasche im Grunde ein mit Wasser gefülltes Gefäß mit einem darin eingetauchten Draht. Wenige Jahre später, 1748, verbesserte Benjamin Franklin die schlichte, aus einer Zelle bestehende Leidener Flasche durch Zusammenschalten mehrerer Gefäße zu einer kombinierten »Batterie«, die eine einzelne und sehr starke elektrische Entladung ermöglichte – stark genug für einen tödlichen Stromschlag. Verschiedene rotierende Vorrichtungen wurden konstruiert, um diese Batterien elektrostatisch aufzuladen. Das war allerdings keine praxistaugliche Möglichkeit, einen anhaltenden Ladungsfluss zu gewährleisten. Dies gelang erst mit der revolutionären Erfindung der chemischen Batterie durch den italienischen Physiker Alessandro Volta im Jahr 1800.

Voltas Batterie bestand aus abwechselnd übereinandergeschichteten Zink- und Kupferplatten, jeweils voneinander getrennt durch in Salzlake getränkte Tücher. Wenn man mehrere solcher Zellen aufeinanderstapelte, floss eine kontinuierliche elektrische Ladung durch einen Draht, der die zuunterst liegende

◀ Vier Leidener Flaschen, verbunden
zu einer einfachen Batterie

Kupferplatte (den positiven oder Pluspol der Batterie, die sogenannte *Kathode*) mit der zuoberst liegenden Zinkplatte (dem negativen oder Minuspol, der *Anode*) verband. In dieser Kombination erzeugte jede Zelle 0,76 Volt elektrischer Spannung. Ein Stapel mit 2000 derartiger Zellen, wie ihn Sir Humphry Davy im Jahr 1808 anlässlich der ersten Demonstration einer Bogenlampe konstruierte, produzierte damit mehr als 1500 Volt.

Batterien sind wichtige Komponenten für die Weltraumforschung, aber auch für die Astronomie. Im Weltraum lässt sich Strom mit Solarkollektoren oder mit thermoelektrischen Radioisotopengeneratoren (RTG – Radioisotope Thermoelectric Generator) erzeugen. In vielen Fällen muss diese Elektrizität jedoch für spätere Verwendung gespeichert werden, vor allem für Zeiten, in denen ein Raumschiff durch den Schatten eines Planeten von der direkten Sonneneinstrahlung abgeschnitten ist. In den frühen 60er-Jahren arbeitete man in der Raumfahrt mit Nickel-Kadmium-Batterien in Verbindung mit einem System aus Solarzellen. In den 70ern wurden leistungsstärkere Batterien auf Lithiumbasis entwickelt, und um die Jahrtausendwende begann die Lithium-Ionenbatterie die dominierende Rolle zu übernehmen, im Weltraum ebenso wie im Handel auf der Erde. Dies reichte von tragbaren Stromversorgungseinheiten bis hin zu Telefonen, Laptops und anderen Geräten. Die NASA arbeitete auf der ISS (International Space Station) ursprünglich mit Nickel-Wasserstoff-Akkus, diese wurden später

allerdings durch die leistungsstärkeren Lithium-Ionen-Akkus ersetzt. Das im Jahr 1990 gestartete Hubble-Weltraumteleskop braucht ca. 95 Minuten für eine Erdumrundung und liegt dabei jeweils etwa 36 Minuten lang im Erdschatten. Die ursprünglichen sechs Nickel-Wasserstoff-Akkus, die 2009 ausgetauscht wurden, hatten bis dahin 18 Jahre lang ihren Dienst getan und dabei 450 Amperestunden Elektrizität geliefert.

Die elektrische Batterie des Alessandro Volta im Museum Tempio Voltiano in Como (Italien) ▶

PREMIER VOYAGE AÉRIEN EXÉCUTÉ DANS UN AÉROSTAT À GAZ HYDROGÈNE
PAR **CHARLES** ET **ROBERT**, Le 1er Déc. 1783. DÉPART DES TUILERIES.

COLLECTION 476.   1re Série (N° 5)   ROMANET & Cie IMP. EDIT. PARIS.

32

Der Ballon von Pilâtre de Rozier und d'Arlandes

Der erste Flug

1783

Zweifellos hätte es den Aufbruch des Menschen ins Weltall in der zweiten Hälfte des 20. Jahrhunderts nicht gegeben ohne die jahrtausendealte Faszination des Fliegens. Wenn wir an die Anfänge der Luftfahrt denken, fallen uns meist zuerst Flugzeuge ein wie das der Gebrüder Wright bei ihrem ersten Flug im Jahr 1903, unweit des Ortes Kitty Hawk (North Carolina). Dabei streifte der Mensch die Fesseln der Schwerkraft schon viel früher ab, um zur Reise durch die Lüfte aufzubrechen. Alles begann mit Ballons.

Die Brüder Joseph-Michel und Jacques-Etienne Montgolfier taten nach einer Reihe von Testflügen den nächsten Schritt: In einem mit heißer Luft gefüllten und einem Brenner ausgestatteten Ballon schickten sie am 17. September 1783 die ersten Passagiere in einem Heißluftballon auf die Reise: ein Schaf, eine Ente und einen Hahn. Der Flug dauerte acht Minuten, erreichte eine Höhe von ca. 450 Metern und landete sicher auf der Erde. Am 21. November war es dann so weit: Der erste bemannte Flug in einem Freiballon ohne Sicherungsleine trug Jean-François Pilâtre de Rozier und François Laurent d'Arlandes bis auf eine Höhe von rund 900 Metern. Heißluft als »Treibstoff« war eine extrem riskante Angelegenheit – in der Anfangszeit der Fliegerei fingen nicht wenige Ballons

Feuer. Tatsächlich war an der ersten Katastrophe der Luftfahrt ein Ballon beteiligt: Am 10. Mai 1785 kam es im irischen Städtchen Tullamore zu schweren Schäden, als ein abgestürzter Ballon einen Brand auslöste, der rund hundert Häuser zerstörte. Jacques-Alexandre César Charles kam auf eine andere Idee. Warum nicht das Feuer weglassen und stattdessen ein Gas wie Wasserstoff verwenden, das leichter ist als Luft?

Die Brüder Anne-Jean und Nicolas-Louis Robert bauten den ersten Wasserstoffballon der Welt für Professor Jacques Charles, der Jungfernflug fand am 27. August 1783 statt. Schon bald darauf, am 1. Dezember 1783, folgte der erste bemannte Flug in einem Wasserstoffballon. Er dauerte zwei Stunden und trug den Ballon in eine Höhe von rund 550 Metern. Nebenher bot sich dabei eine wissenschaftliche Gelegenheit, die die Pioniere nicht ungenutzt lassen wollten: Mit einem Barometer und einem Thermometer an Bord nahmen sie meteorologische Messungen in der Atmosphäre über der Erdoberfläche vor. Charles selbst unternahm später einen Alleinflug und erreichte eine Höhe von fast 2000 Metern.

Ballons wurden zwar bereits für Wetterbeobachtungen eingesetzt, aber die erste wissenschaftliche Nutzung von Ballons zum Studium des Universums unternahm der österreichische Physiker Victor Hess. In der Zeit von 1911 bis 1913 stieg er mit Ballons in Höhen von mehreren Kilometern auf. Mit an Bord hatte er einfache Elektroskope zur Messung der elektrischen Ladung der Luft in unterschiedlichen Höhen über der Erde. Während einer Sonnenfinsternis am 17. April 1912 entdeckte er, dass die Luft auch ohne Sonneneinstrahlung ihre Ladung behielt. Daraus zog er den Schluss, dass die Ursache für die Ladung im Weltraum liegen musste. Robert Millikan fand die Quelle dann im Jahr 1928: kosmische Strahlung. In den 1970er-Jahren wurden Ballons – inzwischen mit Helium gefüllt – regelmäßig für verschiedene wissenschaftliche Beobachtungen eingesetzt und erreichten dabei Flughöhen bis 30 000 Meter.

◀ Der weltweit erste bemannte Flug mit einem Wasserstoffballon im Jahr 1783, künstlerisch dargestellt auf einer Ansichtskarte

FIG. 1.

33

Das 40-Fuß-Teleskop des William Herschel

Das größte naturwissenschaftliche Gerät seiner Zeit

1785

Bevor Frederick William Herschel in den 1770er-Jahren begann, seine Leidenschaft für die Astronomie zu pflegen, war er ein renommierter Musiker: Er hatte 24 Symphonien und zahlreiche Konzerte und Orgelwerke komponiert. Als er sich allerdings an den Bau seines ersten Teleskops machte, ein 7 Fuß – gut zwei Meter – langer Apparat mit 15 Zentimeter Durchmesser, war dies ein Aufbruch zu Entdeckungen, die nachhaltigere Spuren in der Geschichte hinterlassen sollten. Er begann intensiv mit der Suche nach Doppelsternen und ihrer Erfassung, ein besonders gefragtes Studienobjekt in der Ära nach Newton. Mit diesem 7-Fuß-Teleskop war Herschel im März 1781 eigentlich auf der Suche nach Doppelsternen, als er ein schwach leuchtendes, sich bewegendes Objekt erspähte, das sich als der Planet Uranus herausstellen sollte – es war der erste neu entdeckte Planet seit der Antike.

Zwischen 1782 und 1802 stellte Herschel mithilfe verschiedener Teleskope einen systematischen Katalog mit 2500 nicht stellaren Objekten zusammen. Über 2400 davon klassifizierte er in bestimmte morphologische Kategorien. Herschels Katalog, veröffentlicht in drei Teilen in den Jahren 1786, 1789 und 1802 unter dem Titel *Catalogue of Nebulae and Clusters of Stars*, wurde von seiner Schwester Caroline und

seinem Sohn John erweitert und später zu einem einzigen Katalog, dem *New General Catalogue,* zusammengefasst. Es ist eine der umfassendsten Zusammenstellungen von Objekten im Weltraum, eine erweiterte und aktualisierte Fassung davon ist bis heute in Gebrauch. Praktisch alle hellen Nebel und Galaxien, die heute am Himmel erforscht werden, tragen eine NGC-Nummer im Katalog, so auch der Orionnebel mit der Bezeichnung NGC 1973.

1785 baute Herschel ein 40 Fuß langes Teleskop unter der Schirmherrschaft von König George III. Es war das gewaltigste wissenschaftliche Instrument seiner Zeit und hatte einen Metallspiegel (eine Legierung aus Kupfer und Zinn, in Form gegossen, geschliffen und poliert zu einer reflektierenden Fläche) mit ca. 1,20 Meter Durchmesser in einer ca. 12 Meter langen Eisenröhre. Es war sehr umständlich zu bedienen und erzielte laut Herschels eigener Aussage niemals ein so klares und fokussiertes Bild wie seine kleineren Teleskope. Dennoch war es zu der Zeit, als Herschel den Apparat konstruierte, das größte jemals gebaute wissenschaftliche Instrument, mit dem er zwei weitere Saturnmonde, Mimas und Enceladus, entdeckte. Es entsprach dem modernsten Stand der Technik bei der Herstellung von Spiegelteleskopen in Metallgehäusen, bis William Parsons im Jahr 1845 seinen »Leviathan von Parsonstown« fertigstellte, ein Monstrum mit über 1,80 Meter Durchmesser (siehe Objekt Nr. 37).

◀ Eine Zeichnung aus *The Scientific Papers of Sir William Herschel,* die 1912 von der Royal Society und der Royal Astronomical Society in London veröffentlicht wurde

34

Das Spektroskop

Die Entdeckung des Stoffs, aus dem die Sterne sind

1814

Sir Isaac Newton ließ Licht durch ein einfaches Prisma fallen, um die Eigenschaften des Sonnenlichtes experimentell zu erforschen. Es brauchte allerdings das technische Genie des deutschen Physikers Joseph von Fraunhofer, um dieses schlichte Werkzeug als Antwort auf ein sehr praktisches Anliegen weiterzuentwickeln. Fraunhofer war ein brillanter Optiker und der Konstrukteur der exaktesten wissenschaftlichen Instrumente seiner Zeit. Aus Messing und geschliffenem und poliertem Glas als Ausgangsmaterial baute er zahlreiche wissenschaftliche Instrumente und perfektionierte dabei die Präzisionsherstellung optischer Linsen für Teleskope. Um die Präzision um eine weitere Dezimalstelle zu erhöhen, benötigte er für die Anfertigung seiner ultrapräzisen Linsen jedoch eine Lichtquelle mit einer einzigen Wellenlänge. Dies führte ihn zur Entwicklung prismatischer, d. h. auf Lichtbeugung basierender Instrumente, mit denen

Kirchhoffs Spektroskop
▼

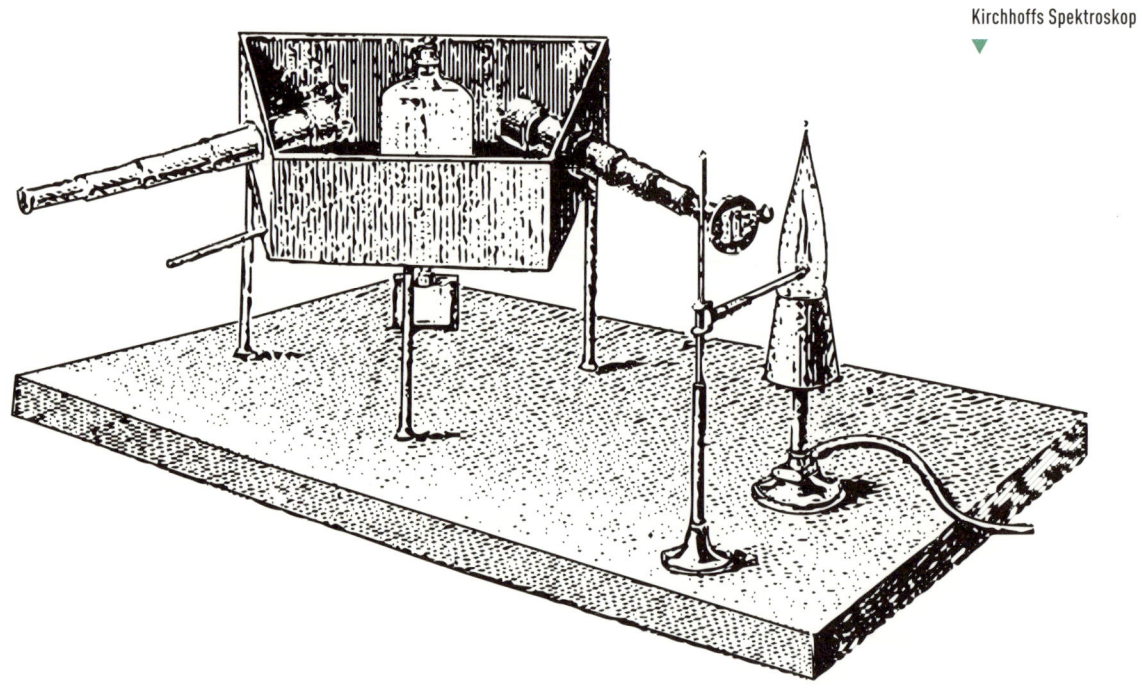

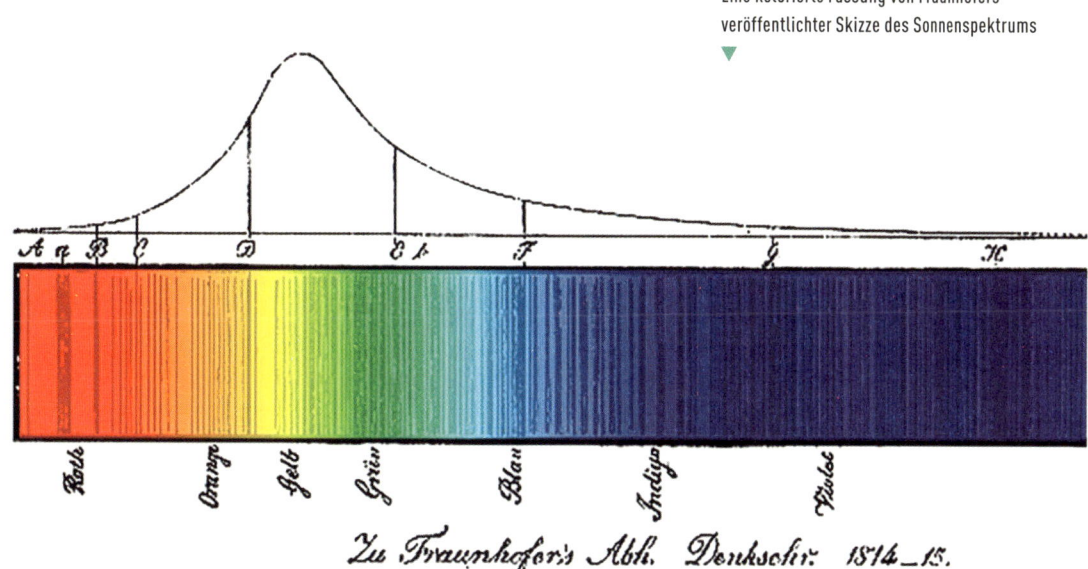

aus Sonnenlicht absolut reines Licht erzeugt werden konnte. Zufällig stieß er bei der Suche nach einer Lösung auf eine der nützlichsten Eigenschaften des Lichts der Sonne und der Sterne: Es vermittelt Informationen über die Atome, die dieses Licht erzeugen.

Im Jahr 1814 war bereits bekannt, dass die Brechung des Lichts von der Wellenlänge abhängt, das Sonnenlicht jedoch ein Gemisch aus zahlreichen verschiedenen »Farben« ist. Fraunhofer experimentierte mit Prismen und Teleskopen, um diffuses Sonnenlicht in starker Vergrößerung untersuchen zu können. Dazu erfand er ein Gerät, das diese Farben in wunderbarer Klarheit anzeigte: das Spektroskop. Sein Instrument war ein Theodolit, ähnlich jenen Teleskopen, die für Vermessungsarbeiten genutzt wurden. Allerdings wurde bei Fraunhofers Apparat das Sonnenlicht zuerst durch ein Prisma gelenkt, bevor es auf das Teleskop fiel. Er arbeitete nicht mit der von Newton genutzten berühmten Lochblende im Fensterladen, sondern mit einem schmalen Lichtschlitz. So entdeckte er, dass das resultierende Spektrum von fast sechshundert dunklen Linien durchzogen war. Die Linien befanden sich immer an den gleichen Stellen, unabhängig davon, ob das Licht direkt von der Sonne kam oder ob es sich um vom Mond reflektiertes Sonnenlicht handelte. Einige dieser Linien lagen sogar an der gleichen Stelle wie die Linien von Flammen, die beim Verbrennen bestimmter Minerale entstanden. Die wichtigsten dieser dunklen Linien des Sonnenlichts heißen heute Fraunhofer'sche Linien.

Gustav Kirchhoff und Robert Wilhelm Bunsen entdeckten später, was diese Linien genau anzeigten: Es waren die spezifischen Wellenlängen der Strahlung aus einem Licht emittierenden Objekt, die hier absorbiert wurden. Die Linien verrieten also, welche Elemente – Wasserstoff, Helium usw. – die Quellen dieses Lichts waren. Diese Entdeckung Fraunhofers und seiner Zeitgenossen revolutionierte die Astronomie: Nun war es möglich, die elementare Zusammensetzung der Sonne, der Sterne und anderer Licht aussendender astronomischer Materie zu bestimmen. Ohne diese Schlüsseltechnologie wäre die moderne Astronomie bis heute nicht über die Niederungen des 18. Jahrhunderts hinausgekommen, als wir noch keinerlei Vorstellung davon hatten, woraus das Universum besteht.

35

Die Daguerreotypie-Kamera

Der Beginn der Astrofotografie

1839

Vor vielen Tausend Jahren mussten die Astronomen das, was sie sahen, in Felszeichnungen oder anderen groben Skizzen festhalten, die oftmals nur Details dessen zeigten, was der Betrachter sehen *wollte*, aber kein realistisches Abbild davon, was er *tatsächlich* vor Augen hatte. Im frühen 19. Jahrhundert erreichte die astronomische Darstellungskunst ein höheres und von viel mehr Präzision geprägtes Niveau, aber schon bald übernahm die neue Technik der Fotografie in Gestalt der Kamera die Regie.

Die erste derartige Kamera, im Jahr 1839 der Weltöffentlichkeit vorgestellt, war eine Erfindung des Franzosen Louis Jacques Mandé Daguerre. Schon zu Beginn des 19. Jahrhunderts hatte es verschiedene Experimente mit fotografischen Techniken gegeben, aber die Methode der Daguerreotypie setzte sich bald von den anderen ab. Daguerre patentierte seine Idee allerdings nicht und profitierte entsprechend auch nicht in der üblichen Weise davon. Stattdessen wurde ein Arrangement getroffen: Die französische Regierung erwarb die Rechte und gewährte dem Erfinder als Gegenleistung eine lebenslange Rente. Anschließend sollte die Regierung das Daguerreotypie-Verfahren der Welt unentgeltlich als Geschenk zur Verfügung stellen, was am 19. August 1839 auch geschah. Bis 1853 wurden allein in den USA geschätzte drei Millionen Daguerreotypien pro Jahr aufgenommen.

Es dauerte nicht lange, bis die neue Erfindung auch gen Himmel ausgerichtet wurde. Im Jahr 1839 hielt der französische Physiker und Mathematiker François Arago eine Rede vor der französischen Abgeordnetenkammer und präsentierte dabei eine lange Liste der Anwendungsmöglichkeiten für die Fotografie – auch die Astronomie zählte dazu. Daguerre selbst hatte 1839 den ersten bekannten Versuch einer astronomischen Fotografie unternommen, das dabei entstandene Bild war aber angeblich unscharf und ging später bei einem Feuer verloren.

John William Draper, Chemieprofessor an der New York University, gelang ein Jahr später, im März 1840, die erste scharfe fotografische Aufnahme des Mondes. Durch ein 5-Zoll-Spiegelteleskop nahm er eine Daguerreotypie mit 20 Minuten Belichtungszeit auf. Eine Daguerreotypie der französischen Physiker Léon Foucault und Hippolyte Fizeau aus dem Jahr 1845 ist möglicherweise die erste Aufnahme der Sonne. Der italienische Physiker Gian Alessandro Majocchi unternahm am 8. Juli 1842 in seiner Heimatstadt Mailand einen – allerdings erfolglosen – ersten Versuch, eine totale Sonnenfinsternis zu fotografieren. Und während eines Transits der Venus am 9. Dezember 1874 nahm der französische Wissenschaftler Pierre Jules César Janssen eine Serie von Daguerreotypien auf, die die Bewegung der Venus vor der Sonnenscheibe abbilden.

Die Daguerreotypie wurde auch weiterhin für astronomische Zwecke genutzt, bis in den 1870er-Jahren modernere und weniger aufwendige Filmmaterialien entwickelt wurden. Aber das Verfahren verdiente sich seinen Platz in der Weltraumforschung, lange bevor es obsolet wurde – immerhin verdanken wir ihm die allerersten Fotoaufnahmen des Himmels.

Eine Daguerreotypie-Kamera von 1839 ▶

36

Der Sonnenkollektor

Kraftstoff für die Raumfahrt

1839

Im Jahr 1839 experimentierte der 19-jährige Franzose Alexandre Edmond Becquerel im Labor seines Vaters und machte dabei eine historische Entdeckung: Silberchlorid in einer sauren Lösung erzeugte einen elektrischen Strom, wenn es der Sonneneinstrahlung ausgesetzt war. Dies wurde bekannt als »fotovoltaischer Effekt« oder auch »Becquerel-Effekt«. In den 1870er-Jahren wurde der fotovoltaische Effekt bei Selen beobachtet, einem gängigen und kostengünstigen Nebenprodukt der Verarbeitung von Schwefelerzen. Gießt man geschmolzenes Selen auf eine Kupferplatte, um eine Elektrode herzustellen, und bedeckt diese sodann mit einer Goldfolie zur Bildung einer zweiten Elektrode, geschieht Wundersames. Wenn Licht auf die semitransparente Goldfolie scheint, emittiert diese Elektronen an der Nahtstelle zwischen Selen und Gold – es fließt elektrischer Strom. Das ist weit mehr als bloß ein exotisches chemisches Experiment: Diese Entdeckung war der Auslöser dessen, was eineinhalb Jahrhunderte später zur grünen Revolution in der Energieerzeugung werden sollte.

Machen wir nun einen Sprung ins Jahr 1883, das Jahr, in dem der 34-jährige amerikanische Erfinder Charles Fritts die erste Solarzelle entwickelte. Er montierte sie auf dem Dach seines Hauses in New

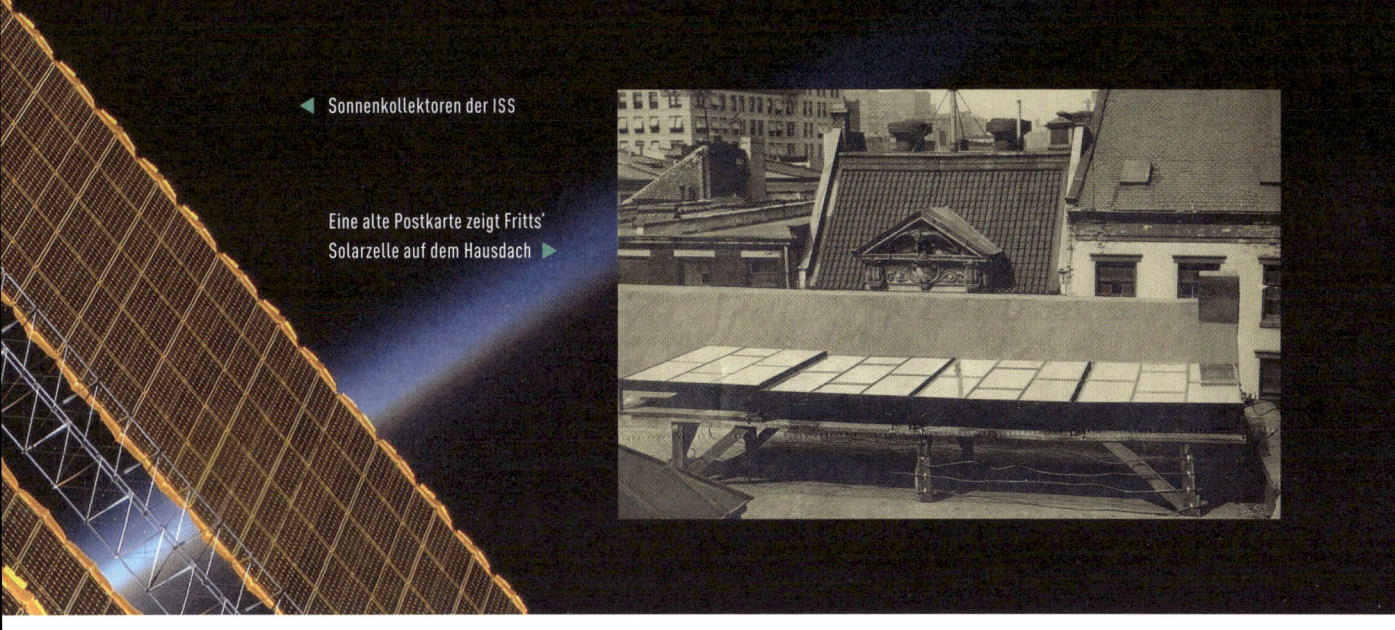

◄ Sonnenkollektoren der ISS

Eine alte Postkarte zeigt Fritts'
Solarzelle auf dem Hausdach ►

York City und wurde dadurch zum ersten Menschen überhaupt, der versuchte, Elektrizität in größerem Umfang aus Sonnenlicht zu erzeugen. Fritts' Dachkonstruktion verwandelte nur etwa ein Prozent des absorbierten Sonnenlichts tatsächlich in elektrische Energie, aber dieser Wendepunkt in der Geschichte der Stromerzeugung ebnete den Weg für die kontinuierliche Verbesserung der solarelektrischen Technologie. Am Ende sollte diese Technologie sogar zu einem entscheidenden Faktor der Raumfahrt werden. Zunächst jedoch bedurfte es einer dramatischen Steigerung der Effizienz.

Bis zum Jahr 1941 hatte der amerikanische Elektrochemiker Russell Ohl entwickelt, was wir heute als die erste moderne Solarzelle betrachten, gefertigt mit Silizium. Erst 1954 jedoch konnte eine Solarzelle mit einer Effizienz von immerhin 6 Prozent Strom erzeugen. Das Aufkommen hocheffizienter Solarzellen führte dazu, dass sie auch in Konsumgütern Einzug hielten, wie dem ersten Solarradio im Jahr 1957 (später, in den 1970er-Jahren, kamen auch solarbetriebene Taschenrechner und Uhren hinzu). Die Zeit war reif für den Einsatz der Sonnenenergie im Weltraum.

Die Technologie schaffte es allerdings nicht in den ersten Satelliten der USA, *Explorer I*, er war eher eine übereilte Reaktion auf den sowjetischen *Sputnik 1*. Unter Leitung von Hans Ziegler, einem Pionier der Nutzung von Solarenergie in der Weltraumfahrt, wurden dann allerdings Solarzellen in die Konstruktion von *Vanguard 1* integriert. Als dieser Satellit 1958 startete, gehörten seine Solarkollektoren zu den ersten überhaupt, die in einem Raumfahrzeug zur Anwendung gelangten.

Die Solarenergie ist für Satellitensysteme bis heute die verlässliche Energiequelle schlechthin. Solarkollektoren werden aus zwei Gründen im All genutzt: Für den Betrieb aller möglichen Geräte und Vorrichtungen an Bord, einschließlich Heizung und Kühlung, sowie zur Energieversorgung für den Antrieb. Sie sind heute so wichtige Elemente für den Betrieb von Raumfahrzeugen, dass sie generell schwenkbar konstruiert werden, damit sie stets in die optimale Ausrichtung zur Lichtquelle, d.h. zur Sonne, gebracht werden können.

Die umfangreichste Zahl an Sonnenkollektoren im Weltraum weist heute die ISS auf. Ihre 262 400 Solarzellen haben zusammengenommen die Fläche von mehr als einem halben Fußballfeld und erzeugen bis zu 120 Kilowatt – mehr als genug Strom, um den Betrieb der Systeme zu gewährleisten.

William Parsons' Zeichnung von Messier 51, der Whirlpool-Galaxie (ca. 1845) ▶

37

Der Leviathan von Parsonstown

Das letzte Teleskop seiner Art

1845

William Parsons war ein wohlhabender Astronom, der das Landgut seines Vaters in der irischen Grafschaft Offaly geerbt hatte. Er kam auf die Idee, eine ganze Reihe von Spiegelteleskopen zu bauen, deren Spiegel aus einer Kupfer-Zinn-Legierung gefertigt waren, um Immanuel Kants Hypothese aus dem Jahr 1755, der zufolge sich Planetensysteme aus schwerkraftbedingt kollabierenden, rotierenden Scheiben aus Gas gebildet haben zu beweisen (oder zu widerlegen!). Zu diesem Zweck galt es, entsprechende Beispiele unter den zahlreichen, von William Herschel katalogisierten Spiralnebeln (Nebulae) zu finden. Und Parsons brauchte dafür ein Teleskop, das groß genug war, um auch schwache Details innerhalb der ansonsten verschwommenen Formen der Nebulae erkennen zu können.

Die Herausforderung bestand nun darin, dass bis dahin noch niemand ein Spiegelteleskop nach newtonschem Prinzip mit einem Spiegeldurchmesser von 6 Fuß (ca. 1,80 Meter) gebaut hatte. Es gab keine Bauanleitung, und niemand hatte Interesse, die Geheimnisse über das Schleifen und Polieren auszuplaudern, die man kennen musste, um einen solch gigantischen, drei Tonnen schweren Spiegel in die perfekte optische Form zu bringen. Im Jahr 1842 begann Parsons mit den Arbeiten, und nach allerlei Mühen seitens seines Bautrupps war der sogenannte *Leviathan von Parsonstown* 1845 fertiggestellt. Dann aber schlug das Schicksal in Gestalt der Kartoffelfäule und der damit verbundenen Hungersnot in Irland zu, und Parsons musste sich um die Versorgung und Unterstützung der Bedürftigen kümmern. Zum Ende der Hungersnot im Jahr 1848 konnte Parsons sich wieder der Wissenschaft widmen. Die optische Darstellung in seinem Riesenteleskop reichte aus, um die Details der Spiralarme von Messier 51 zu erkennen, Parsons' bedeutendste Entdeckung und gewissermaßen sein Markenzeichen. Der Leviathan kam noch bis 1890 in der Forschung zum Einsatz. Erst im Jahr 1917 wurde sein riesiger Durchmesser übertroffen: Das Hooker-Teleskop am Mount-Wilson-Observatorium in Südkalifornien hatte einen Durchmesser von 100 Zoll, also gut 2,50 Metern.

Der Leviathan spielte eine historisch bedeutsame Rolle in der Fertigung und bei der Optik großer Teleskope und war das letzte mit einem großen Metallspiegel ausgestattete Teleskop. Es hatte sich herausgestellt, dass ab einer bestimmten Größe Metalle als Material für den Spiegel zu viele Probleme verursachten. Unter anderem ist diese spezielle Legierung schwer zu formen, und sie läuft leicht an. Deshalb hielt man nach anderen Materialien Ausschau. 1856 hatten Carl von Steinheil und Léon Foucault ein Verfahren entwickelt, um eine dünne Silberschicht auf einen Glasblock aufzutragen. 1879 fertigte Andrew Common den ersten Teleskopspiegel aus Silberglas. Er hatte einen Durchmesser von knapp einem Meter. Dies war das Startsignal für eine kontinuierliche Folge immer größerer Spiegelteleskope mit einem einzigen Spiegel, etwa das bereits erwähnte Hooker-Teleskop am Mount-Wilson-Observatorium (2,50 Meter) und das Hale-Teleskop (über 5 Meter) am Palomar-Observatorium aus dem Jahr 1948.

Metallspiegel in Spiegelteleskopen blieben 200 Jahre lang die einzigen wirklich praxistauglichen Teleskopkomponenten – von den Zeiten Newtons 1668 bis zu der Zeit, als der Leviathan von Parsonstown 1890 außer Dienst gestellt wurde. Der Leviathan steht mithin für das Ende einer technologischen Ära.

38

Die Schattenkreuzröhre des William Crookes

Entdeckung und Vermessung atomarer Teilchen

1869

Astronomen stützen sich auf das Massenspektrometer, um die Masse eines beliebigen Partikels zu bestimmen, ob es sich nun um ein kosmisches Strahlenpartikel handelt oder ein Teilchen, das im Strahlungsgürtel eines Planeten gefangen ist. Es macht für unser theoretisches Verständnis des Universums einen gewaltigen Unterschied aus, ob es sich bei einem Teilchen beispielsweise um ein gewöhnliches und häufig vorkommendes Wasserstoffatom handelt oder ein exotisches Eisen- oder Uranatom. Viele wissenschaftlichen Fortschritte in unserem Verständnis des Uni-

versums wären niemals möglich gewesen, wenn die Astronomen nicht in der Lage gewesen wären, solche Unterscheidungen zu treffen.

Der britische Physiker William Crookes experimentierte in den Jahren von 1869 bis 1880 mit verschiedenen Entladungsröhren. Die teilevakuierten Röhren hatten an einem Ende eine Metallplatte (die Kathode) und eine zweite Platte am anderen Ende (die Anode). Zwischen diesen beiden Elektroden wurde eine Batterie platziert, was in der gasgefüllten Röhre ein fluoreszierendes grünes Leuchten erzeugte. Dann projizierte die Anode, die geformt war wie ein Malteserkreuz, ein entsprechend geformtes Schattenkreuz auf die dahinterliegende Glaswand.

Ende des 19. Jahrhunderts wurden zahllose Experimente durchgeführt, die erkunden sollten, um was genau es sich bei diesem grünen Leuchten – den Kathodenstrahlen – eigentlich handelte. In einer Version der Röhre wurde die Anode durch eine Scheibe mit einem Loch in der Mitte ersetzt, sodass ein Strahl dieser

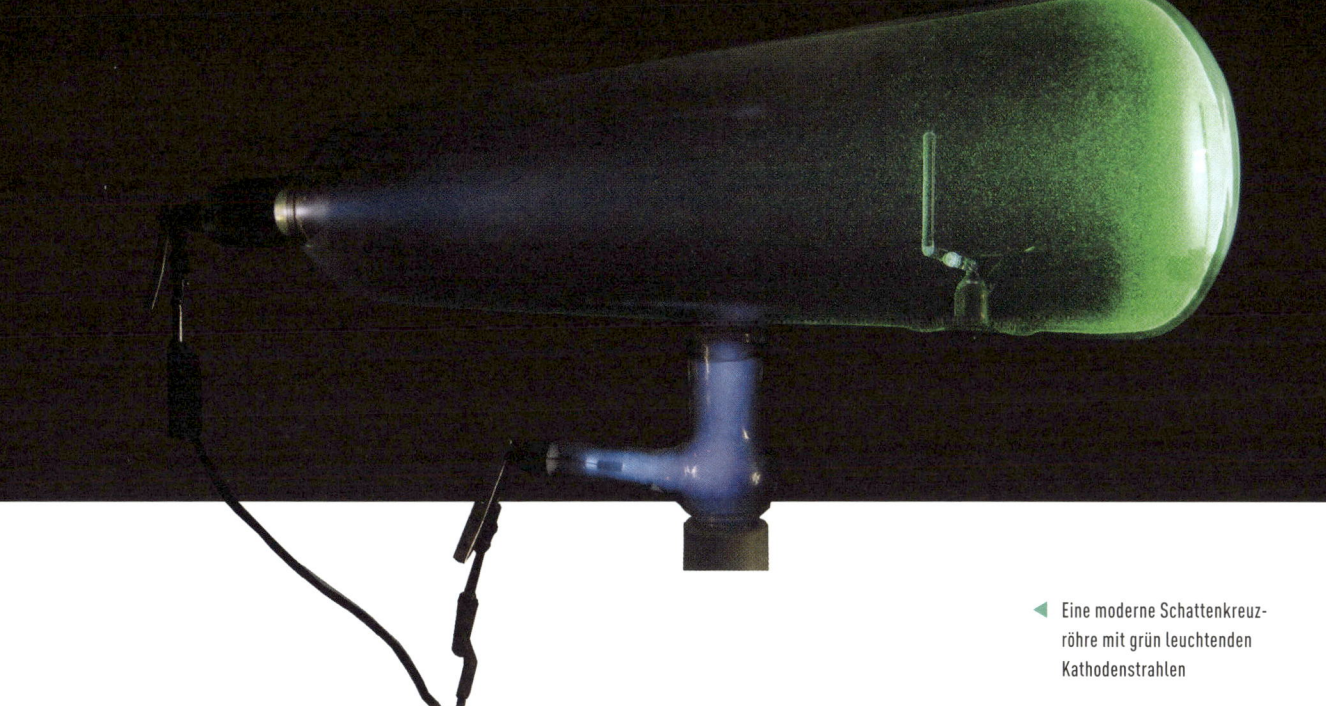

Kathodenpartikel entstand und im Innern der Röhre beobachtet werden konnte. 1897 platzierte Crookes einen Magneten quer zu dem Strahl und entdeckte, dass der Strahl je nach Ausrichtung der Magnetpole nach oben oder unten abgelenkt wurde. Dieses einfache Experiment führte zusammen mit anderen zu der Erkenntnis, dass es sich bei den Kathodenstrahlpartikeln schlicht um Elektronen handelte.

Bei der Untersuchung ionisierter Neonatome in einer ganz ähnlichen Vorrichtung entdeckte der britische Physiker J. J. Thompson zusammen mit seinem Assistenten Francis Aston, dass die resultierenden Ablenkungen der Atome differierten und zwei Punkte erzeugten. Damit hatten sie die Erkenntnis untermauert, dass Neon in zwei unterschiedlichen Formen bzw. Atommassen vorliegt: einmal mit der Atommasse 22 und einmal mit der Masse 20. Das schwerere Neon, damals als *Meta-Neon* bezeichnet, war ein Neon-Isotop, das, wie wir heute wissen, zwei zusätzliche Neutronen besitzt. Aston setzte seine Isotopen-

forschung mit dieser Technik fort und baute dafür ein neues Instrument, das er als *Massenspektrograf* bezeichnete. Rasch testete er verschiedene weitere Elemente und fand heraus, dass auch diese mehrere Isotopenformen hatten. Aston führte nahezu alle Untersuchungen zu Isotopen durch und entdeckte dabei über 200 in der Natur vorkommende Isotope. Im Jahr 1922 erhielt er den Nobelpreis für Chemie in Anerkennung seiner Isotopenforschung mithilfe der Massenspektrometrie. Alles begann jedoch mit Crookes' Schattenkreuzröhre ein halbes Jahrhundert zuvor.

Astons Instrument ist aus der Weltraumforschung gar nicht wegzudenken. Praktisch jedes Raumfahrzeug hat heutzutage ein Massenspektrometer an Bord. Sie dienen zur Quantifizierung der Partikel des Sonnenwinds, der Partikel in den Strahlungsgürteln der Erde und der Planeten sowie der Zusammensetzung der Atmosphäre verschiedener Planeten. Auch die Zusammensetzung und die Eigenschaften kosmischer Strahlung werden damit analysiert.

39

Die Triodenröhre

Die Geburt der Elektronik

1906

Guglielmo Marconi erfand zwar im Jahr 1894 das erste drahtlose Telegrafieverfahren auf der Basis der sogenannten *Hertzschen Wellen* (heute: elektromagnetische Wellen), es sollte aber noch weitere zwölf Jahre dauern, bis es gelang, diese schwachen Signale 1906 mit der Audion-Röhre des amerikanischen Erfinders Lee de Forest zu verstärken. Vor dem Aufkommen der Vakuumröhre, insbesondere der Triode, wurden die wechselnden elektrischen Ströme von Marconi-Funksignalen direkt in Kopfhörer eingespeist, in denen sie auf elektromagnetischem Weg eine klangerzeugende Membran in Bewegung versetzten. Die Verbesserungen konzentrierten sich auf die Fertigung immer empfindlicherer Kopfhörer, um das Hörerlebnis zu optimieren. Die Erfindung der Trioden-Vakuumröhre brachte einen dramatischen Wandel in der Entwicklung von Radiowellenempfängern, da sie die Stärke der elektrischen Signale, die in die Kopfhörer eingespeist wurden, unmittelbar an der Quelle verbesserte.

De Forests Triodenröhre (Patentnummer 879,532) war nur geringfügig komplexer als Edisons elektrische Glühbirne: Sie hatte einen Glühfaden und eine Elektrode. Der Glühfaden wurde durch Batteriestrom erhitzt, und während der Faden Elektronen emittierte, wanderten diese durch ein Vakuum zur Elektrode, sodass innerhalb der Röhre ein Strom floss. De Forest platzierte ein Drahtgitter zwischen Faden und Elektrode (als dritte Komponente, daher die Bezeichnung *Triode*) und entdeckte, dass er durch Veränderung der an den Gitterdrähten anliegenden Spannung den Stromfluss zwischen Glühfaden und Elektrode steuern konnte. Tatsächlich war der an den Stromkreis des Gitters angelegte Strom weit schwächer als der Strom zwischen Faden und Elektrode. Diese Anordnung verstärkte also das schwächere Signal im Stromkreis der Elektrode. Diese Verstärkung wendete später Edwin Armstrong auf die Konstruktion des ersten Pendelempfängers im Jahr 1912 an. Dadurch wurde eine effektive Kommunikation über das Radio möglich, was der Technologie zu einer breiten Anwendung verhalf.

Und hier kommt die Weltraumforschung ins Spiel. Es ist schlicht nicht möglich, ein einzelnes Grundlagenobjekt als dasjenige herauszupicken, das das Potenzial des Raumfahrtzeitalters erschloss – alle Technologien leiten sich in dieser oder jener Form aus früheren Entwicklungen ab. Die Triodenröhre kommt einem solchen Grundlagenobjekt aber möglicherweise näher als die meisten anderen Entdeckungen: Oft wird sie als Geburtshelfer der Elektronik bezeichnet. Und immerhin ist das Aussenden elektrischer Signale ein entscheidender Grundbaustein der Weltraumforschung: Ein Raumschiff, das nicht die Möglichkeit hat, über große Entfernungen zu kommunizieren, wird schlicht nicht funktionieren, und es waren die Triode und die von ihr auf den Weg gebrachte Transistortechnologie, die diese Kommunikation möglich machten. Der Prozess der elektronischen Verstärkung schwacher Signale ist auch für das Aufspüren von Radiosignalen aus dem fernen Kosmos unverzichtbar – damit sind wir in der Lage, das Weltall zu kartieren und nach Leben auf anderen Planeten Ausschau zu halten.

40

Der Ionenantrieb

Bahnbrechende Antriebstechnik

1906

Schon der Name klingt exotisch: Ionenrakete. Dabei ist die zugrunde liegende Technik einfach und elegant, und tatsächlich hatten wir alle jahrzehntelang ein solches Gerät in unserem Wohnzimmer, ohne es zu ahnen: den Fernsehapparat. Es war schon seit Ende des 19. Jahrhunderts bekannt, dass ein von einem Glühfaden emittierter Elektronenstrahl beim Auftreffen auf einen Phosphorschirm diesen Schirm zum Leuchten bringt. Die Grundfunktion der Bildröhre eines klassischen Kathodenstrahl-Fernsehers steuerte diesen Strahl, um ein Bild zu erzeugen. Die Elektronen, die mit einer Geschwindigkeit von gut 30 000 km/h auf den Schirm prallten, übten einen Impuls auf die Glasscheibe aus, aber dieser Impuls wurde aufgrund der weit höheren Trägheit der Bildröhre abgeleitet – es wurde also keine Komponente des Fern-

sehapparats in Bewegung versetzt. Nahm man jedoch den gleichen Kathodenstrahl und platzierte ihn in eine Vakuumkammer, in der sich der Glühfaden ungehindert bewegen konnte, dann wurde dieser in die dem Schirm entgegengesetzte Richtung gedrückt – genau wie eine Rakete.

Diese Idee – dass also Kathodenstrahlen den chemischen Treibstoff ersetzen könnten – war bereits seit 1906 bekannt, als Robert Goddard diese Möglichkeit in seinen Laboraufzeichnungen beschrieb. Tatsächlich investierte Goddard in die Entwicklung der Grundlagen der Ionenrakete fast genauso viel Zeit wie in seine Raketen mit Flüssigtreibstoff auf chemischer Basis. 1920 meldete er sogar ein Patent auf »Verfahren und Mittel zur Erzeugung elektrifizierter Gasströme« an.

Das Konzept des Ionenantriebs für Raketen wurde vom deutschen Physiker Ernst Stuhlinger theoretisch bedeutend erweitert und auch praktisch in die Raketenkonstruktion umgesetzt. Stuhlinger arbeitete später zusammen mit Wernher von Braun an den V2-Raketen. Als der Zweite Weltkrieg vorbei war und prak-

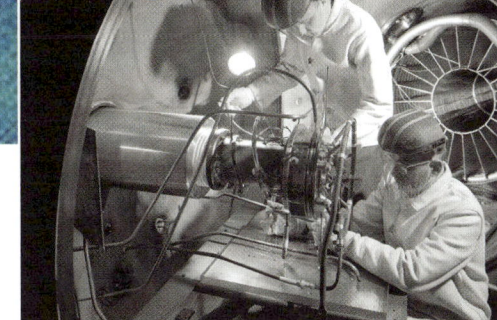

Tests mit dem Ionenantrieb im Jahr 1959 –
Glenn Research Center, Cleveland (Ohio)

Ein Test des X3-Ionentriebwerks ▶

tisch das gesamte Raketenteam von Brauns in die USA emigrierte, setzten sie ihre Arbeit am Ionenantrieb fort. Erst im Jahr 1961 jedoch wagte die NASA einen ersten Test mit dieser Technologie.

Die NASA begann, Triebwerke mit Cäsium und Quecksilber als Treibstoff auf der Basis der Entwürfe Stuhlingers zu untersuchen. Das erste Triebwerk mit einer Leistung von 2000 Watt wurde am 27. September 1961 getestet. Dies führte zum Einsatz der ersten Ionentriebwerke bei einem Satelliten, *SERT-1*, im Jahr 1964. Eines der Triebwerke funktionierte nicht, das andere brachte eine halbe Stunde lang einen konstanten Schub zuwege und lieferte nicht nur wertvolle Daten: Damit war auch der Beweis erbracht, dass der Ionenantrieb im Vakuum des Weltraums funktionierte. In der großen Zeit kommerzieller Satellitenstarts ab den 1980er-Jahren wurden zahlreiche Satelliten mit Ionentriebwerken ausgestattet und sorgten für die kleinen und sanften Schübe, die notwendig waren, um einen geostationären Satelliten (dessen Orbit fest mit einem bestimmten Standort auf der Erde gekoppelt ist) innerhalb der ihm zugewiesenen Orbitalposition

zu halten. Ingenieure trieben die Technologie immer weiter voran, indem sie leistungsstärkere und komplexere Triebwerksysteme zur Überwindung verschiedenster technischer Probleme einsetzten.

1998 wurde *Deep Space 1* (DS1) der NASA zum ersten Raumfahrzeug mit einem Ionenantrieb als primärer Antriebsquelle. Das Triebwerk stieß einen Strom von Xenon-Ionen aus und lieferte einen konstanten Schub von 0,09 Newton über eine Dauer von 16 000 Stunden. Der Vortrieb, den es brauchte, um die Umlaufbahn des Raumschiffs um die Sonne so zu verändern, dass es zum Asteroiden 9969 Braille und zum Kometen 19P/Borrelly gelangen konnte, verbrauchte nur etwa 150 Kilogramm Xenon. Schon bald folgten andere Raumfahrzeuge dem von DS1 gewiesenen technologischen Pfad: *Hayabusa* (Japan, 2003), *SMART-1* (Europäische Union, 2003), *Dawn* (USA, 2007) und BepiColombo (EU und Japan, 2018). Derweil arbeiten Techniker weiter daran, den Schub von Ionentriebwerken zu steigern. Den Rekord hält gegenwärtig die X3 »Mars Engine«, die 2017 bei einem Test einen Schub von 5,4 Newton erreichte.

Das Hooker-Teleskop (Durchmesser ca. 2,50 m) am Mount-Wilson-Observatorium

41

Das Hooker-Teleskop

Das berühmteste aller Teleskope

1917

Bei den vielen Tausend leistungsstarken Teleskopen, die heute weltweit in Betrieb sind, und vielen weiteren, die stillgelegt und abgebaut wurden, wirkt es wie vergebliche Mühe, sich auf genau das eine festlegen zu wollen, das als das bedeutendste in der Geschichte der Weltraumforschung zu gelten hätte. Wir halten uns stattdessen an das wohl berühmteste: Das Hooker-Teleskop auf dem Mount Wilson in Kalifornien. Seine enormen Ausmaße, darunter der Spiegel von 100 Zoll (rund 2,50 Meter) Durchmesser, zu seiner Zeit ohne Beispiel, benötigten von allen Seiten massive Unterstützung.

Der amerikanische Eisenfabrikant und Amateurastronom John D. Hooker steuerte einen Betrag von 45 000 Dollar (das entspricht mehr als einer Million Dollar heutiger Kaufkraft) für das Schleifen und Polieren des riesigen Spiegels bei. Andrew Carnegie stellte die Mittel für den Bau des Teleskops und der dazugehörigen Kuppel bereit. Allerdings erwies sich das Organisieren der Geldmittel für den Bau am Ende als das geringste Problem. Darum kümmerte sich hauptsächlich George Hale, dessen Name bereits das Hale-Teleskop mit seinem immerhin 60 Zoll (1,50 m) großen Spiegel zierte.

Die rund 15 Kilometer lange Straße, die zum Gipfel des Mount Wilson hinaufführte, musste verbreitert werden. Und vor allem musste dieser riesige Spiegelrohling erst einmal gebaut werden. Bestellt wurde er im Jahr 1906 bei einer Glasfabrik im französischen Saint Gobain, angeliefert wurde er 1908. Anschließend brauchte es noch weitere fünf Jahre für das Schleifen und Polieren, das die vier Tonnen schwere Glasscheibe in einen Teleskopspiegel verwandelte. Die vielleicht anspruchsvollste Herausforderung bestand in der Konstruktion des Antriebsmechanismus, der dafür zu sorgen hatte, dass das Teleskop stets exakt auf einen bestimmten Stern ausgerichtet blieb, indem er die Erdrotation ausglich. Die gewaltigen, zwei Tonnen schweren Zahnräder des Getriebes wurden durch ein ebenfalls zwei Tonnen schweres Fallgewicht angetrieben, dabei musste das fertige Getriebe genauso präzise funktionieren wie ein hochwertiges Schweizer Uhrwerk.

Von der Fertigstellung 1917 bis zum Jahr 1949 blieb das Hooker das größte Teleskop der Welt und zog einige der aufregendsten Forschungsprojekte jener Epoche an. Das Teleskop wurde 1919 mit einem stellaren Interferometer ausgerüstet, damit gelang es erstmals, den Durchmesser eines Sterns (Beteigeuze) zu messen. 1923 entdeckte Edwin Hubble mit dem Hooker veränderliche Sterne in der Andromedagalaxie und konnte damit erstmals beweisen, dass diese Nebel jenseits der Milchstraße lagen. Ende der 1920er-Jahre dann maßen Hubble und sein Kollege Milton Humason die Geschwindigkeiten von Dutzenden Galaxien. Damit bestätigten sie die Richtigkeit von Hubbles Gesetz und lieferten den Beweis, dass das Universum expandiert.

Das J-2X-Triebwerk wird für einen Test in Mississippi vorbereitet. Jedes einzelne dieser Triebwerke wiegt über zweieinhalb Tonnen und soll ca. 25 Prozent mehr Schub erzeugen als das ursprüngliche J-2-Triebwerk, das bei den Mondraketen der Baureihe *Saturn V* zum Einsatz gekommen war.

42

Robert Goddards Rakete

Die erste Nutzung flüssigen Raketentreibstoffs

16. März 1926

Man ist sich nicht ganz einig, wer als Erster die Idee aufbrachte, Raketen nicht mit festem, sondern mit flüssigem Brennstoff anzutreiben. Eine erste Demonstration der Nutzung von Flüssigtreibstoff bei einer echten Rakete fand jedenfalls am 16. März 1926 in Auburn (Massachusetts) statt: Robert Goddard startete eine Rakete mit flüssigem Sauerstoff und Benzin als Kraftstoff. Später notierte er in seinem Tagebuch: »Es war ein beinahe magischer Anblick, als sie in die Höhe stieg, fast ohne nennenswerte Geräusche oder Flammen, gleichsam als wollte sie sagen: ›Ich war lange genug hier. Ich mache mich dann mal auf den Weg, wenn ihr nichts dagegen habt.‹« Goddard hatte eine Technologie aus der Taufe gehoben, die zum Vorläufer der späteren gigantischen Trägerraketen werden sollte.

Flüssigtreibstoff bringt mehr Leistung als Feststoff, und der Verbrennungsvorgang lässt sich einfacher und präziser auf Kommando steuern – dies bahnte den Weg zu immer größeren Raketen und komplexeren Flugmanövern. Es waren deutsche Raketentechniker, die die ersten Schritte in Richtung einer bedeutenderen und leistungsstärkeren Zukunft unternahmen, als sie ihre mit Flüssigbrennstoff angetriebenen V2-Raketen in den 1930er-Jahren perfektionierten. Dies wiederum ebnete dem Start der berühmten, ebenfalls mit Flüssigbrennstoff betriebenen *Sputnik 1*

(siehe Objekt Nr. 59) im Jahr 1957 den Weg. Und da Flüssigtreibstoff gegenüber festem Treibstoff besser kontrollierbar ist, wird der Flug damit sicherer. Kein Wunder also, dass es auch der Treibstoff der Wahl für Weltraummissionen mit Menschen an Bord war, darunter die NASA-Programme Mercury, Gemini und Apollo. Gerade für Letztere war der verstärkte Schub dringend erforderlich, um die tonnenschwere Nutzlast gen Himmel zu befördern.

Raketen mit Flüssigbrennstoff sind auch im 21. Jahrhundert der Standard in der Weltraumforschung. Das reicht vom Transport der großen wissenschaftlichen Nutzlasten zum Mars bis zu den neuen Raketentriebwerken des privaten Weltraumunternehmens SpaceX, mit ihrem *Merlin 1D* (ca. 915 kN Schub) und *Blue Origin BE-4* (ca. 2450 kN Schub). Die J-2X, das neueste Triebwerk der NASA, das bei der *Orion*-Trägerrakete zum Einsatz kommen soll, kommt mit einem Gemisch aus Flüssigwasserstoff und Flüssigsauerstoff auf einen Schub von etwas über 1300 kN.

Goddards Rakete mag nicht besonders hoch und weit geflogen sein und auch nicht sehr viel Lärm gemacht oder Feuer gespuckt haben, aber sie hinterließ einen bleibenden Eindruck in der Erforschung des Weltraums und veränderte für immer die Art und Weise, in der wir Raketen in Richtung Weltall befördern.

Goddard posiert neben seiner Rakete in ihrem Gestell unmittelbar vor dem Start.

43

Der Van-de-Graaff-Generator

Erste Nutzung der Teilchenbeschleunigung in der Astronomie

1929

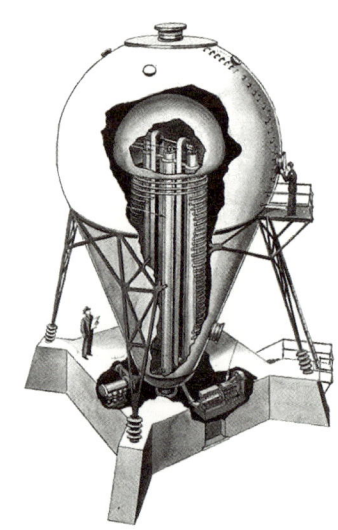

Schnittzeichnung des Westinghouse-Teilchenbeschleunigers mit einem riesigen Van-de-Graaff-Generator im Inneren (beachten Sie die beiden vertikalen Textilbänder) ▶

Die Astronomie beruht auf einem präzisen Verständnis der Natur von Materie und deren Interaktionen im Kontext von Zeit und Raum. Seit dem frühen 20. Jahrhundert hat sich dieses technische Wissen immer weiter vertieft dank der Entwicklung leistungsstarker Laboratorien, der sogenannten *Teilchenbeschleuniger*. Darin werden subatomare Teilchen auf extreme Geschwindigkeiten beschleunigt, um damit Atome und andere Teilchen zu beschießen und zu sehen, was dadurch herausgelöst wird. Man könnte meinen, dabei würden nur Protonen und Neutronen aus den Atomen herausgesprengt werden, aber in Wirklichkeit, und gemäß Albert Einsteins Formel $E = mc^2$, werden bei einer solchen Kollision durch die dabei freigesetzte Energie nicht nur subatomare Teilchen abgespalten, es werden auch welche erzeugt. Überdies gilt nach den Grundregeln der Quantenmechanik: Je höher die Energie der Partikel, desto geringer ist ihre Wellenlänge. Dies wiederum bedeutet, dass man die kollidierenden Teilchen dazu nutzen kann, immer feinere Details sichtbar zu machen, ähnlich wie mithilfe des Lichts unter einem Mikroskop.

Diese Kollisionen in Höchstgeschwindigkeit wären indes niemals möglich ohne die Leistung des amerikanischen Physikers Robert Van de Graaff. 1929 erfand er während seiner Tätigkeit an der Princeton

University ein geniales Gerät zur hochenergetischen Beschleunigung von Teilchen. Basierend auf den Grundregeln der Elektrizität führt die Erhöhung des Spannungsunterschieds zwischen zwei Punkten in einem leitfähigen Draht dazu, dass der Strom schneller fließt. Dieses Prinzip gilt auch für Blitze, die entstehen, wenn der Spannungsunterschied zwischen einer Gewitterwolke und dem Erdboden aufgrund von Reibung zunimmt. Das Prinzip des Van-de-Graaff-Generators nutzt Reibung, um Ladungen – statische Elektrizität – in einem zirkulierenden Gewebeband zu erzeugen. Die Ladungen werden an eine isolierte, d. h. nicht geerdete Hohlkugel abgegeben. Während immer mehr Ladung angehäuft wird, wächst auch der Spannungsunterschied zwischen der Kugel und der Erde. Diese Spannungsdifferenz kann dazu genutzt werden, andere geladene Teilchen zu beschleunigen und diese auf ein Ziel für eine Kollision auszurichten.

Die erste Maschine, die Van de Graaff zum Testen dieses Prinzips konstruierte, bestand aus einem gewöhnlichen Blechbehälter, einem kleinen Motor und einem Seidenband. Nachdem sein Projekt mit mehr Finanzmitteln ausgestattet wurde, konnte er eine verbesserte Version bauen, und 1931 konnte er vermelden, eine Spannung von 1,5 Millionen Volt erzielt zu haben. Er bemerkte dazu: »Die Maschine ist einfach, kostengünstig und mobil. Eine gewöhnliche Steckdose genügt völlig als einzige Stromquelle für ihren Betrieb.«

1937 baute die Westinghouse Electric Corporation einen Teilchenbeschleuniger unter Verwendung eines riesigen Van-de-Graaff-Generators, um die praktischen Anwendungsmöglichkeiten der Nuklearwissenschaft für industrielle Zwecke zu erkunden. Die Maschine stand in Forest Hills (Pennsylvania) und war rund 20 Meter hoch. Zwei Textilbänder verliefen über einen gut 14 Meter hohen Schaft nach oben in die Akkumulationskugel, das gesamte System befand sich in einem birnenförmigen Gehäuse. In dem Gehäuse herrschte ein Luftdruck von ca. 8,3 bar, der ein Entweichen von Ladung von der Kugeloberfläche an die umgebende Atmosphäre verhinderte. Innerhalb des Schafts, zwischen den Textilbändern, befand sich eine lange Vakuumröhre, durch die die geladenen Teilchen zum Kollisionsziel an der Basis der Röhre flossen. Die von den Teilchen erzielte Energie entsprach einfach der Spannungsdifferenz, die die Akkumulationskugel erreichte. Je länger man die Bänder zirkulieren ließ, desto mehr Ladung sammelte sich an, und entsprechend hohe Spannungen wurden erzielt. Auf diese Weise kam der Beschleuniger auf ausreichend hohe Energiebeträge, die eine Revolution in der Erforschung der Atomenergie ermöglichten – eine entscheidende und verlässliche Energiequelle für die heutigen Raumschiffe und ebenso ein Fenster, das uns einen Blick auf das Wesen der kosmischen Materie gestattete, aus der die Sterne und Galaxien in unserem Universum bestehen.

Blitze schlagen aus einem von Van de Graaffs selbst konstruierten Generator am MIT (1933). ▶

44

Der Koronagraf

Sonnenfinsternis auf Bestellung

1931

Seit Jahrhunderten bekommen Astronomen immer wieder den Beweis geliefert, dass die Sonne von ihrer eigenen Atmosphäre umgeben ist, der Korona, und dass es diverse kleine Phänomene im Bereich der Randverdunkelung der Sonne gibt, die im Lauf der Zeit kommen und gehen. Aus den gleichen Gründen jedoch, aus denen wir beim Fahren im Dunkeln die Innenbeleuchtung des Autos ausschalten, damit sie die Sicht auf die Straße nicht behindert, konnten diese Phänomene nur durch sorgfältiges Studium einer totalen Sonnenfinsternis entdeckt werden. Das Licht dieser Erscheinungen ist millionenfach schwächer als die leuchtende Sonnenscheibe, deshalb wird es normalerweise vom Sonnenlicht überlagert und ist für uns nicht sichtbar. Bei einer Sonnenfinsternis verdeckt der Mond das grelle Sonnenlicht, und die schwach leuchtenden Erscheinungen lassen sich mühelos abzeichnen bzw. fotografieren.

1931 brachte der französische Astronom Bernard Lyot eine revolutionäre neue Möglichkeit auf, dieses Prinzip für die Entwicklung des Leistungspotenzials von Teleskopen einzusetzen, die für die Beobachtung der Sonne oder deren unmittelbarer Umgebung eingesetzt werden – im Prinzip geht es um das Erzeugen einer künstlichen Sonnenfinsternis. Die Grundidee ist recht simpel: Man bringt im Inneren des Teleskops eine schwarze Scheibe an, die die gleiche Größe hat wie die Sonnenscheibe, legt diese über die Sonne und reduziert damit deren Licht. In der Praxis war die Idee

allerdings nicht so leicht umzusetzen. Zunächst war es schwierig, die genaue Stelle zwischen Spiegel und Okular zu bestimmen, an der diese Blende platziert werden musste. Lyot widmete sich diesem Problem und fand am Ende nicht nur die richtige Stelle für die Blende, sondern brachte gleich noch eine eigene Erfindung ein: einen Lichtblocker, die *Lyot-Blende*, die Streulicht von der Sonne ausblendet.

Lyots geniales System funktioniert wie folgt: Das Licht fällt ins Teleskop und wird von der Linse fokussiert. Anstatt die Kamera an diesem Punkt zu platzieren, kommt hier eine Abdeckung oder Blende zum Einsatz, die exakt den gleichen Durchmesser hat wie das Sonnenabbild am Brennpunkt. Das umgebende Licht der Korona wird an der Blende vorbei durchgelassen. Es gibt allerdings ein Problem: Die Blende erzeugt einen Beugungsring um die Sonne herum, der dazu führt, dass sich Streulicht von der Sonnenscheibe mit dem schwachen Licht der Korona vermischt. Und genau an dem Punkt wird die optische Technik kompliziert. Das verborgene Bild muss nun mit einer zweiten Linse neu abgebildet werden, und es bedarf einer zweiten Blende, die das Streulicht aus dem ersten Bild blockiert. Anschließend muss eine dritte Linse das neue Bild exakt fokussieren. Dann endlich haben wir eine schwarze Scheibe, die die Sonne perfekt abdeckt, ohne Beugungsring, d.h., es bleibt nur das schwache Licht der Korona zurück.

Während sich die Technologie weiterentwickelt

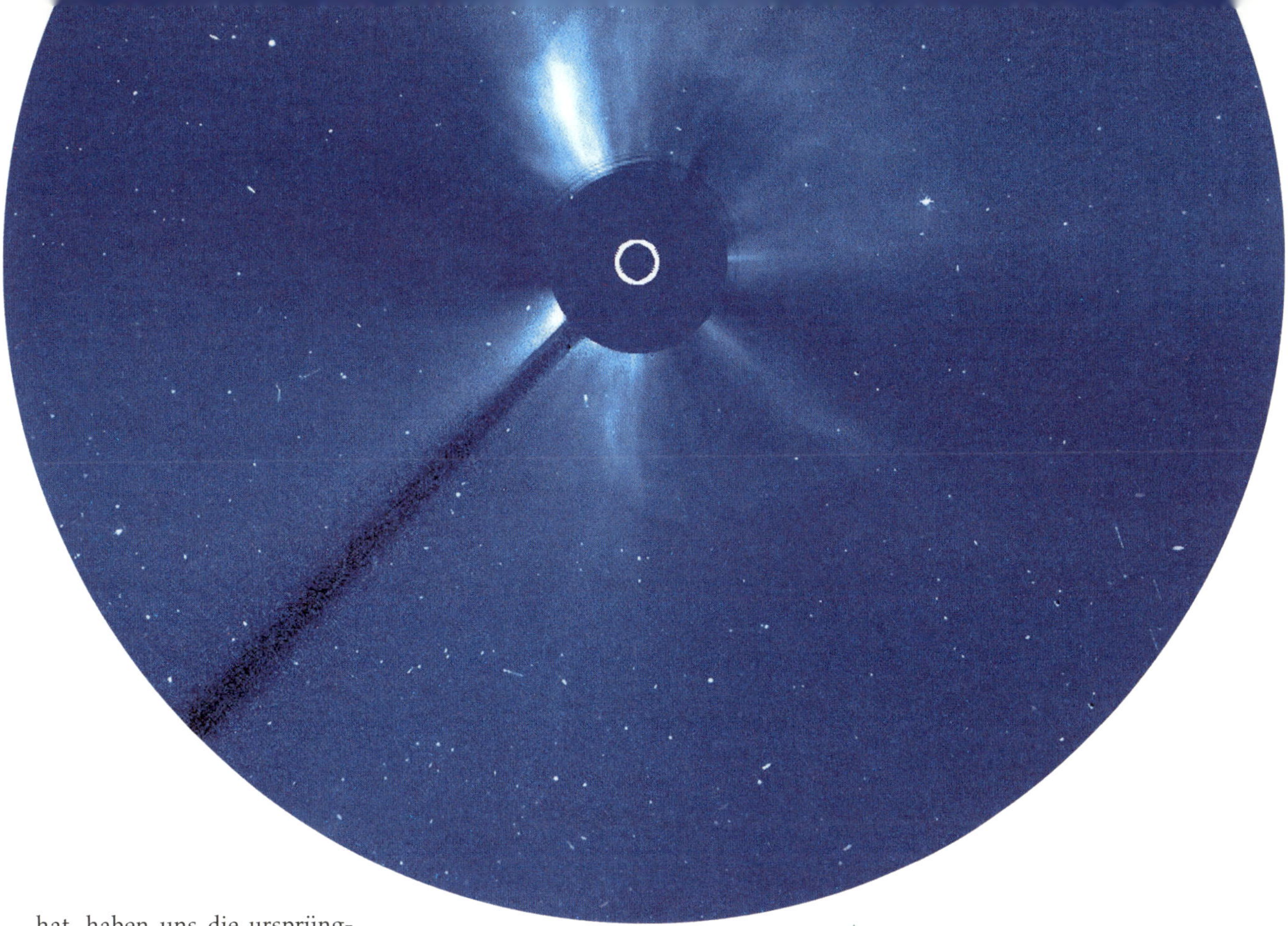

hat, haben uns die ursprünglichen Ideen, auf denen der Korona-
graf basiert, eine Fülle faszinierender Einblicke
verschafft. Ende der 1990er-Jahre lieferte der Koronagraf an Bord des Solar and Heliospheric Oberservatory (Sonnen- und Heliosphären-Observatorium), ein
Gemeinschaftsprojekt von NASA und ESA, den Wissenschaftlern und Nachrichtensendern dramatische
Bilder von Plasmaeruptionen auf der Sonne während
größerer Sonnenstürme. Zum ersten Mal wurden
Sonnenstürme und vergleichbare Ereignisse (das sogenannte *Weltraumwetter*) zum Thema in den Abend-
nachrichten – vor allem dann, wenn sie zum Ausfall
von Satelliten führten.

Koronagrafen sind heute sehr verbreitet bei terrestrischen Sonnenteleskopen, bei in Raumfahrzeugen
stationierten Observatorien und sogar bei der Suche
nach extrasolaren Planeten, da das helle Sternenlicht
ausgeblendet und das schwache Licht der näheren
Planeten nun eindeutig identifiziert werden kann.

▲
Foto der Sonnenkorona, aufgenommen vom Solar
and Heliospheric Oberservatory, einem Weltraumobserva-
torium von ESA und NASA

Der Koronagraf SPHERE (Spectro-Polarimetric High-Con-
trast Exoplanet Research) auf dem Very Large Telescope des
Southern Observatory ist in der Lage, Exoplaneten, die
größer sind als der Jupiter, direkt bildlich wiederzugeben.
▼

45

Janskys Karussell

Die Geburt der Radioastronomie

1932

Anfang der 1930er-Jahre hatte die Funktechnologie den kommerziellen Äther gewissermaßen im Sturm erobert: Fast jede Familie hatte ein eigenes Radio, und die Sender versorgten die Bevölkerung mit vielen Stunden Radioprogramm. Einige Jahrzehnte zuvor, schon 1896, hatten die deutschen Astronomen Johannes Wilsing und Julius Scheiner theoretische Überlegungen zur möglichen Existenz natürlicher Radiowellen aus kosmischen Quellen angestellt, die auch bis zu uns auf die Erde gelangen könnten. Sie gingen allerdings davon aus, dass die Ionosphäre, eine der oberen Schichten der Erdatmosphäre, diese Wellen ablenken und zurückwerfen würde, bevor sie die Erde tatsächlich erreichten.

Machen wir nun einen Sprung ins Jahr 1931. Karl Jansky, Radioingenieur bei den Bell Telephone Laboratories, bemühte sich, die Ursache des Rauschens bei transatlantischen Funkübertragungen herauszufinden. Er baute eine riesige Radioantenne, die auf einer Plattform drehbar montiert war und deshalb auch »Janskys Karussell« getauft wurde. Der Apparat gilt heute als das erste Radioteleskop. Es spürte eine ganz bestimmte Art von Strahlung auf, die sogenannten *Radiowellen*. Im Laufe eines Jahres sammelte Jansky eine Menge Daten mithilfe einer analogen Aufzeichnungsvorrichtung. Das verstärkte Signal der Antenne bewegte einen Stift über ein Papier und registrierte so das Auf und Ab der Intensität dieses Signals.

Eine der ersten Beobachtungen Janskys war ein starkes Signal, das alle 24 Stunden erschien und wieder verschwand, was ihn zunächst zu der Annahme veranlasste, es müsse sich um eine von der Sonne ausgehende Strahlung handeln. Allerdings gab es zwei Arten, die Länge eines Tages zu messen: den Sonnentag, der auf der Erdrotation relativ zur Sonne beruht – dieser dauert genau 24 Stunden – und den

▲ Dieser Nachbau des ersten Radioteleskops von Karl Jansky aus dem Jahr 1932 steht auf dem Gelände des National Radio Astronomy Observatory in Green Bank (West Virginia).

Sterntag, der sich an der Erddrehung relativ zum Sternenhimmel orientiert. Letzterer ist ein wenig kürzer – etwa vier Minuten –, da sich die Erde konstant um die Sonne dreht. Damit konnte Jansky die Sonne als Quelle des geheimnisvollen Rauschens ausschließen: Der zeitliche Verlauf des Signals passte nicht zur Bewegung der Sonne am Himmel, bei der sie auch den Empfangsstrahl seiner Antenne passierte; er passte aber zu den 23 Stunden und 56 Minuten eines Sterntages. Dies brachte den Ingenieur auf die Idee, möglicherweise eine außerhalb des Sonnensystems liegende Quelle von Radiowellen entdeckt zu haben. Letztendlich kam er zu dem Schluss, dass das Signal mit dem Zentrum der Milchstraße korrespondierte, in der Nähe des Sternbilds Schütze (lat. *Sagittarius*). Bis zu diesem Zeitpunkt hatte noch niemand beweisen können, dass der Kosmos Radiowellen aussendet. Die Quelle der Radiowellen bekam die Bezeichnung *Sagittarius-A,* und die Entdeckung wurde alsbald zur Sensation auf den Titelseiten der Zeitungen. Die *New York Times* brachte am 5. Mai 1933 einen Aufmacher auf Seite 1 mit der Überschrift »Neue Radiowellen stammen vom Zentrum der Milchstraße«.

Das war die Geburtsstunde der Radioastronomie, einer völlig neuartigen Form der Erkundung des Universums auf der Grundlage der Entdeckung kosmischer Strahlung. Zunächst wussten allerdings Janskys Astronomenkollegen nicht recht, was sie mit diesem seltsamen neuen Forschungsansatz anfangen sollten. Seine Entdeckung rief jedoch den Funkamateur Grote Reber auf den Plan, der im Jahr 1937 kurzerhand seine eigene Parabolantenne mit ca. 10 Meter Durchmesser zusammenbaute und damit die erste Himmelsdurchmusterung im Radiofrequenzbereich erstellte. Die von Jansky und Reber gebauten Instrumente waren handgefertigt und vergleichsweise primitiv, aber die Grundprinzipien ihrer Erfindungen sollten mit den anschließenden technischen Verbesserungen schon bald dramatische neue Entdeckungen möglich machen, darunter auch, einige Jahrzehnte später, die entscheidende Entdeckung der kosmischen Hintergrundstrahlung, die auf den Urknall zurückgeht.

46

Die V2

Das erste künstliche Objekt im Weltraum

1942

Beim Start einer Rakete müssen so viele Dinge haargenau richtig funktionieren, dass viele Wissenschaftler sagen, sie würden selbst heute noch staunen, wenn sie eine Rakete störungsfrei von der Startrampe abheben sehen. Jeder gelungene Start, bei dem das Fluggerät nicht vornüberkippt oder explodiert oder gar nicht erst abhebt, verdankt seine gleichmäßige Flugbahn den Bemühungen deutscher Raketentechniker unter Leitung von Wernher von Braun in den 1940er-Jahren. Ihre Arbeit am Raketenprogramm der V2, bei dem sie eine ganze Serie von Fehlschlägen und Explosionen auf der Startrampe bewältigen mussten, lieferte wertvolle technische Details über Raketentriebwerke mit flüssigem Treibstoff. Vor der Erfindung des Antriebs mit Flüssigtreibstoff durch den amerikanischen Physiker Robert Goddard in den 1930ern waren Raketen in aller Regel noch Systeme mit Festtreibstoff – technologisch kaum fortschrittlicher als die mit Schießpulver gefüllten Feuerwerksraketen, die die Chinesen schon viele Tausend Jahre zuvor erfunden hatten. Die Arbeit deutscher Wissenschaftler, Ingenieure und vieler Tausend aus Konzentrationslagern rekrutierter Zwangsarbeiter veränderte alles, und an ihrem Ende stand eine der tödlichsten jemals erfundenen Kriegswaffen. Rein zufällig läutete sie auch das Zeitalter der Weltraumfahrt ein.

Alles begann am 3. Oktober 1942. Auf einer geheimen Abschussbasis in Peenemünde auf der Insel Use-

dom schickten von Braun und sein Team eine »Flüssigkeitsrakete A4«, später umgetauft in V2 (»Vergeltungswaffe 2«), rund 90 Kilometer weit ins Weltall. Diese Rakete gilt allgemein als das erste von Menschen gemachte Objekt, das bis in den Weltraum vordrang. An jenem Nachmittag meinte von Brauns Vorgesetzter: »Heute wurde das Raumschiff geboren.«

Später definierte die Wissenschaft die Höhe, in der die Atmosphäre endet und der Weltraum beginnt, klarer als »Kármán-Linie«: Diese gedachte Linie liegt 100 Kilometer über der Erdoberfläche. Auch diese Grenze wurde von einer V2 durchbrochen, und zwar am 20. Juni 1944.

Man könnte die V2 nicht nur als Startschuss für das Zeitalter der Weltraumfahrt betrachten, sondern auch des Wettlaufs ins Weltall. Jedenfalls legten sich die alliierten Mächte, nachdem die Deutschen im Zweiten Weltkrieg besiegt waren, mächtig ins Zeug, um sich der Wissenschaftler und der Technologie zu bemächtigen, die hinter dem Programm standen. Während die Sowjets ihr eigenes Raketenprogramm entwickelten, sicherten sich die Amerikaner die Dienste des Einwanderers von Braun, der seine Arbeit an ballistischen Interkontinentalraketen im Rahmen des Redstone-Programms in Huntsville (Alabama) fortsetzte. Einer der ersten erfolgreichen Starts einer V2 in den Weltraum durch amerikanische Ingenieure erfolgte am 24. Juli 1950, als die zweistufige Rakete *Bumper 8* von Cape Canaveral abhob. Sie erreichte eine Höhe von 16 Kilometern und flog von der Startrampe 257 Kilometer weit. An Bord waren einfache Instrumente zum Messen von Temperatur und Druck in der Atmosphäre sowie der gerade erst entdeckten »kosmischen Strahlung«, auf die Physiker bei ihren Beobachtungen von der Erde aus gestoßen waren. Erst der erfolgreiche Start von *Sputnik 1* im Jahr 1957 durch die Sowjetunion sollte jedoch die Raketenforschung von einem militärischen und wissenschaftlichen Abenteuer zu einem Programm weiterentwickeln, das auf geopolitische Vorteile durch die Beherrschung dieser letzten Grenze ausgerichtet und fokussiert war.

▲
Das Raketentriebwerk der V2

Start der *Bumper 8* ▶

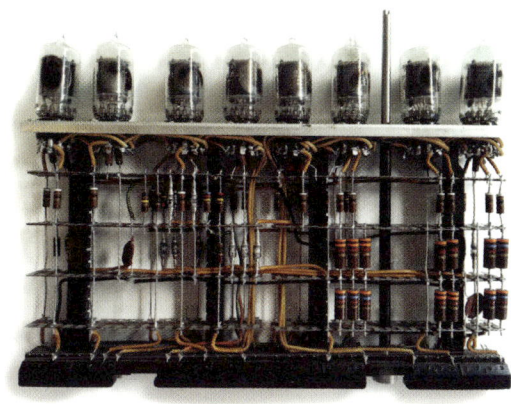

47

ENIAC

Der erste moderne Computer

1943

Die moderne Idee eines elektronischen Computers, der mechanische Rechenmaschinen ersetzen kann, rückte in den Bereich des Möglichen, als der Engländer John Fleming im Jahr 1904 eine einfache Vakuumröhre erfand, die gelegentlich auch als *Fleming-Ventil* bezeichnet wird. Diese Vakuumröhren wurden zwar bei frühen Radioempfängern eingesetzt, konnten jedoch auch als schnelle Umschalter dienen, um Stromflüsse innerhalb von Millisekunden ein- und auszuschalten. Diese Umschaltfähigkeit ist zentrales Element aller Computer, die mit binärer Codierung zum Speichern und Verarbeiten von Daten arbeiten. John Atanasoff und Clifford Berry bauten in den Jahren von 1937 bis 1942 an der Iowa State University den ersten vollständig elektronischen Computer unter Verwendung von Vakuumröhren.

Der Bau des ersten modernen Computers, ausgestattet mit Datenspeicher, Programmspeicher und Ausführungsmodulen, begann im Jahr 1943 an der University of Pennsylvania und nannte sich »Electronic Numerical Integrator and Calculator« (ENIAC). 1946, nach dem Ende des Zweiten Weltkriegs, titulierte ihn die Presse als *Giant Brain* (»Superhirn«). Die Maschine konnte in 30 Sekunden eine komplizierte Raketenflugbahn berechnen – ein Mensch hätte dafür über 20 Stunden gebraucht. Als ENIAC 1956 außer Dienst gestellt wurde, war die Maschine auf über 20 000 Vakuumröhren und fünf Millionen gelötete elektrische Verbindungen angewachsen – und wog 30 Tonnen. Für die Speicherung einer zehnstelligen Zahl brauchte es eine Reihe (»Bank«) von 360 Vakuumröhren. Das lieferte vermutlich die Inspiration für den Begriff der »Speicherbank«, der in den 1960er-Jahren allgemein üblich wurde. Die Vakuumröhren dieser frühen Computer heizten sich angeblich so stark auf, dass auch Insekten davon angezogen wurden. (Dabei könnte es sich natürlich auch um eine moderne Legende handeln, aber immerhin fand man tatsächlich eine Motte im Innern des Computers Mark 2). Jedenfalls geht auf diese Geschichte der Begriff des *Computer bug* (eigentlich: »Käfer« bzw. »Ungeziefer«) als Bezeichnung für einen Computer- oder Programmfehler zurück. Der ENIAC verbrauchte so viel Strom, dass Gerüchten zufolge immer dann, wenn der Rechner in Betrieb war, in Philadelphia die Beleuchtung dunkler wurde.

Die Abbildung unten zeigt ein Logikmodul mit acht Röhren – eine typische Komponente früher Vakuumröhrencomputer. Jede Röhre hatte eine Kathode, von der Elektronen ausgingen, und eine Anode, bei der die Elektronen ankamen – so entstand ein Stromfluss. Dazwischen lag ein Drahtgitter, dessen Aktivierung den Stromfluss entweder zuließ (dargestellt als 1) oder blockierte (dargestellt als 0), die binäre mathematische Logik, das A und O jedes Computers.

48

Colossus Mark 2

Der erste programmierbare Computer

1944

Während des Zweiten Weltkriegs mühten sich britische Codeknacker mit der Lorenz-Schlüsselmaschine ab, um endlich einen Weg zu finden, die per Fernschreiber übertragenen Botschaften zu entziffern, die mit diesem komplexen Code der Deutschen verschlüsselt waren. Tommy Flowers, ein leitender Elektroingenieur an der Forschungsstelle der britischen Postbehörde, wurde hinzugezogen und sollte eine bessere Methode für eine der Stufen des Dechiffrierungsprozesses entwerfen. Dieser Prozess umfasste zu jener Zeit einen rein elektromechanischen Apparat, der sich häufig als zu langsam für die gewünschten Anforderungen erwies. Flowers entschied, die betreffenden Bauteile (Relais) in der elektromechanischen Maschine durch Vakuumröhren zu ersetzen. Sein erster funktionsfähiger Entwurf war der Mark 1 – die Kryptoanalysten, die 1944 in Bletchley Park an der Lorenz-Schlüsselmaschine arbeiteten, verpassten ihm den Spitznamen »Colossus«. Der Mark 2 war dann am 1. Juni 1944 einsatzbereit. Er bestand aus 2400 Vakuumröhren, einem Lochstreifen zum fotoelektrischen Lesen der verschlüsselten Daten, sowie Schaltern zur Programmierung der jeweils gewünschten Dechiffrierfunktion. Dieses letztere Merkmal machte den Mark 2 zum ersten Computer seiner Art, der programmierbar war, also nicht einfach nur eine ganz bestimmte, vorgegebene Funktion ausführen konnte.

Das Colossus-Projekt war derart geheim, dass seine Existenz überhaupt erst in den 1970er-Jahren offengelegt wurde. Flowers war angewiesen worden, sämtliche Aufzeichnungen und Notizen zum Entwurf und zur Existenz des Computers zu verbrennen, und die Colossus-Rechner wurden zerlegt und »bereinigt«, um alle denkbaren Spuren, die auf ihre Funktion hätten hindeuten können, zu beseitigen. Die Geheimhaltung rund um Colossus und die Arbeit von Flowers, die bei der Entschlüsselung des berühmten Enigma-Codes eine bedeutende Rolle spielte, wurde erst 1974 aufgehoben. Von 1993 bis 2007 nutzte ein Technikerteam unter Leitung von Tony Sale eine Vielzahl von Quellen und freigegebenen Informationen zur Anfertigung eines Nachbaus des Mark 2, der heute zur Dauerausstellung am National Museum of Computing in Bletchley Park gehört.

Die Geschwindigkeit des Mark 2 entspricht 5,8 MHz – er ist damit wesentlich langsamer als ein moderner handelsüblicher Laptop-Computer mit seinen 2700 MHz (oder 2,7 GHz). Im Unterschied zu heutigen Computern hatte der Mark 2 allerdings keinen Arbeitsspeicher für Programme, also keinen RAM. Die Geschwindigkeit moderner Supercomputer wie derjenigen, die eine Revolution in den astronomischen Rechenfunktionen mit sich brachten, werden heute in Fließkommaoperationen pro Sekunde (oder »FLOPS«) angegeben. Nach diesen Maßstäben käme der Mark 2 auf etwa 8 FLOPS, ein moderner Supercomputer wie der Summit-Computer, 2018 vom US-Energieministerium am Oak Ridge National Laboratory gebaut, kommt auf bis zu 200 000 Billionen FLOPS (oder 200 PetaFLOPS).

Computer sind aus der modernen Astronomie nicht wegzudenken. Wenn es um kosmische Dimensionen geht, kommt es auf Präzision an. Der Colossus war ein enormer Schritt vorwärts, was Rechnerleistung und Rechenfähigkeit anging – wir sind tatsächlich schon ganz gut vorangekommen seit den Zeiten des Antikythera-Mechanismus, der antiken Urform des Analogrechners.

49

Das Radio-Interferometer

Ein entscheidender Durchbruch bei der Erforschung des Weltalls

1946

Bald nach der Entdeckung von Radiowellen aus dem All erlebte die Radioastronomie eine Revolution, bei der eine Parabolantenne die Hauptrolle spielte: Es ging dabei um die Anwendung der Interferometrie, die zuvor in der optischen Astronomie zur Messung des Durchmessers von Sternen diente. Der britische Astronom Martin Ryle und der Elektroingenieur Derek Vonberg entwickelten die Idee, mehrere Radioteleskope zu einem System zu vernetzen, das eine wesentlich höhere Auflösung erreichen konnte. Dies führte zum Bau des ersten Radio-Interferometers am

Mullard Radio Astronomy Observatory vor den Toren von Cambridge in England.

Ein Interferometer empfängt Radiosignale von zwei verschiedenen Teleskopen und kombiniert diese Signale phasengleich. Hieraus ergibt sich eine Öffnungsweite, deren Durchmesser dem Abstand zwischen den beiden Teleskopen entspricht. Wie bei jedem Spiegel gilt: Je größer der Durchmesser, desto genauer lassen sich die Einzelheiten des beobachteten Objekts auflösen. Die ersten Generationen von Radioteleskopen erreichten nur Auflösungen, mit denen Himmelsphänomene gezeigt werden konnten, die mindestens den Winkeldurchmesser des Vollmonds (ca. 0,5 Grad) aufwiesen, und schon dafür brauchten die Teleskope selbst einen Durchmesser von mehreren Metern, da Radiowellen die größte Wellenlänge im elektromagnetischen Spektrum aufweisen. Sie sind so lang, dass sie meist in Zentimetern angegeben werden, bisweilen auch in Metern oder sogar Kilometern. Dank der Interferometrie war es möglich, zwei Radio-

◄ Die protoplanetare
Scheibe um den
Stern HL Tauri

teleskope in einem Kilometer oder noch mehr Abstand voneinander aufzustellen und auf diese Weise Auflösungen zu erzielen, die einer optischen Aufnahme vergleichbar sind. In den 1950er- und -60er-Jahren wurden in England und Australien viele solcher Teleskope gebaut. 1972 begann schließlich der Bau des *Very Large Array*, einer aus 27 einzelnen Radioteleskopen bestehenden Anlage. Dieses 1980 fertiggestellte System lieferte hochauflösende Bilder von Sterne bildenden Regionen, Quasaren und Radiowellengalaxien. Die Winkelauflösung erreichte dabei eine Genauigkeit von 0,2 bis 0,04 Bogensekunden und übertraf damit bei Weitem die Genauigkeit herkömmlicher optischer Aufnahmen. Mit dieser hohen Auflösung lassen sich heute viele optische Objekte eindeutig identifizieren und als Radioquellen kartieren.

Ähnliche Interferometer-Systeme sind heute auch für Wellenlängen im Submillimeterbereich verfügbar, etwa das *Atacama Large Millimeter Array* (ALMA) in der Atacama-Wüste im Norden Chiles. Dieses System wird zur Erkundung der Planetenentstehung in den Staubscheiben zirkumstellaren Gases eingesetzt.

Rein technisch sind der Größenauslegung von Radio-Interferometern keine Grenzen gesetzt. In den 1970er-Jahren wurde durch Kombination von Teleskopen in England und den USA die Technik der Very Long Baseline Interferometry (VLBI) entwickelt, bei der die Basis mehrere Tausend Kilometer lang ist. Dabei wurden die Radiosignale zusammen mit dem dazugehörigen Zeitsignal einer Atomuhr auf Analogvideoband aufgezeichnet. Anschließend führte man die Bänder zusammen, um die Daten zu korrelieren und die Phasenverschiebung zu bereinigen. So entstand ein Radioteleskop, das eine Detailauflösung von bis zu einer Millionstel Bogensekunde erreichen konnte. Bei einer derart hohen Auflösung könnten Sie z. B. diesen Text noch lesen, wenn das Buch auf der Mondoberfläche läge. Mit dieser Technologie wurden zahlreiche Entdeckungen über die strahlförmige Struktur von Quasaren möglich.

50

Der Hitzeschild

Mit wertvoller Nutzlast sicher zurück zur Erde

1948

Menschen ins Weltall zu schicken war zweifellos eine der größten Errungenschaften in der Geschichte der Weltraumforschung. Natürlich mussten sie auch wieder wohlbehalten zur Erde zurückkehren, und das erwies sich vielleicht sogar als die noch größere technische Herausforderung. Die gefährlichste Phase bei jeder Weltraummission dürfte der Wiedereintritt des Raumfahrzeugs in die Erdatmosphäre sein. Dabei rasen die Raumschiffe mit Geschwindigkeiten von weit über 30 000 km/h durch die Atmosphäre, und die exponierten Außenflächen des Raumfahrzeugs sind Temperaturen bis um die 1600 Grad Celsius ausgesetzt. Das geht an die Grenzen der Sicherheit und strukturellen Integrität.

Im Prinzip gibt es zwei Möglichkeiten, mit dieser enormen Hitzebelastung fertigzuwerden: Es braucht entweder einen ablativen Hitzeschild oder einen geeigneten Kühlkörper. Hitzeschilde sind nichts anderes als Schutzhüllen, die dafür vorgesehen sind, sich bis zu ihrem Schmelzpunkt aufzuheizen und dann die aufgenommene Wärmeenergie abzutragen, sprich: Sie brennen ab und lösen sich mitsamt dieser Wärmeenergie vom Raumfahrzeug. Erstmals eingesetzt wurden sie im Bumper-Programm, einer Serie unbemannter Starts zweistufiger Raketen in den Jahren 1948 bis 1950. Die Spitzen der Raketen waren mit Teflon beschichtet, das schmolz und schließlich abfiel, wenn sich die Raketenspitze bei Geschwindigkeiten

bis Mach 9 (über 10 000 km/h) auf 1100 Grad Celsius und mehr aufheizte.

Das Teflonmaterial leistete in Sachen Hitzeableitung gute Dienste, aber die bemannte Raumfahrt stellte noch höhere Anforderungen – schließlich durfte im Inneren des Raumfahrzeugs die Temperatur nicht in lebensbedrohliche Bereiche ansteigen. Für das Projekt Mercury, das erste bemannte Raumfahrtprogramm der USA, konstruierten die Techniker einen Hitzeschild aus mehreren Schichten Fiberglas und Aluminium, der in Kombination mit einem Kühlsystem im Inneren der Kapsel die Temperatur in einem Bereich von 30 bis 35 Grad hielt – ganz schön warm also, aber immerhin auszuhalten!

Ähnliche ablative Hitzeschilde kamen auch bei den Gemini- und Apollo-Programmen zum Einsatz. Für das Spaceshuttle *Orbiter* bedurfte es jedoch einer anderen Lösung. Aufgrund der charakteristischen aerodynamischen Form veränderte sich der Winkel beim Wiedereintritt in die Atmosphäre, was das Gefährt noch ganz anderen Belastungen durch Reibungshitze aussetzte. Und hier kam die erwähnte zweite Methode ins Spiel: der Kühlkörper. Kühlkörper sind einfach Materialien, die extrem hohe Temperaturen absorbieren können und diese dann in Form von Infrarotstrahlung wieder abgeben. Die exponierten Außenflächen des Shuttles waren mit Silikatkacheln überzogen und einer zusätzlichen Karbonfaserbeschichtung an den Anströmkanten der Tragflächen – beide Materialien halten die Hitze beim Wiedereintritt aus, ohne zu schmelzen. Vielmehr strahlen sie diese Wärmeenergie sehr effizient in den Weltraum ab. Außerdem sind diese Materialien nur sehr schwach wärmeleitfähig, d.h., ihre Innenseite, die Kontakt zur Hülle des Spaceshuttle hat, bleibt relativ kühl. Das Shuttle braucht nicht weniger als 20 000 solcher Kacheln, um nicht zu überhitzen.

Fragment des ablativen Hitzeschilds des Raumschiffs *Aurora 7* der Mercury-Atlas-7-Weltraummission, die am 24. Mai 1962 ins All startete ▶

Mehr als 20 000 Silikatkacheln
bilden die Hülle des Spaceshuttles
Orbiter. Aufgrund ihrer geringen
Dichte sind sie für Beschädigung
anfällig, deshalb müssen nach
jedem Flug Hunderte dieser Kacheln
ersetzt werden. ▶

51

Der integrierte Schaltkreis

Wegbereiter der raumfahrtgeeigneten Computerleistung

1949

Vor den 1950er-Jahren wurden elektronische Systeme wie Radios und Computer mit Vakuumröhren betrieben, die in schweren und unhandlichen Gehäusen steckten. Ein Computer nach dem damaligen Stand der Technik, der in der Lage war, Flugbahnen beim Raketenstart in Echtzeit zu berechnen, enthielt mehrere Tausend Vakuumröhren, füllte große, mit Ventilatoren ausgestattete Räume und wog mehrere Tonnen – ein wahrlich gewichtiger Aspekt bei der Raumfahrt, immerhin ist deren größter Kostenfaktor der Preis pro Kilogramm Nutzlast, die in den Orbit befördert werden soll. Bei mit chemischen Treibstoffen angetriebener Raketentechnologie lag dieser Preis im 20. Jahrhundert meist deutlich über 20 000 Dollar pro Kilo. Wenn man das Ziel verfolgte, Menschen ins All zu schicken, konnte man das Budget ganz gewiss nicht dadurch belasten, dass man den Flugcomputer ins Raumschiff packte! Glücklicherweise fiel der unaufhaltsame technische Fortschritt in der Elektronik gewissermaßen mit dem Beginn des Raumfahrtprogramms gegen Ende der 1950er-Jahre zusammen.

Das erste und kostenintensivste Element, das es zu ersetzen galt, war die Vakuumröhre. Möglich wurde dies dank der Erfindung des Transistors durch die amerikanischen Physiker John Bardeen, Walter Brattain und William Shockley im Jahr 1947. Der Transistor stellt eine völlig neuartige Technologie dar und basiert auf den Eigenschaften von Materialien, die wir als *Halbleiter* bezeichnen. Diese fungieren genau wie die Vakuumröhren als Schalter, aber sie verbrauchen viel weniger Strom und heizen sich beim Betrieb auch nicht nennenswert auf. Und noch wichtiger: Sie schaffen die Umschaltung zwischen Ein (1) und Aus (0) innerhalb von Mikrosekunden oder noch schneller. Der erste Computer auf Transistorbasis war der TRADIC. Gebaut hat ihn Jean Howard Felker von den Bell Laboratories 1954 für die US Air Force. Dies ermöglichte sehr leichte und schnelle Computer just zu der Zeit, als das Raumfahrtprogramm der NASA sie für die Flugcomputer der Gemini- und Apollo-Missionen sowie für andere hochmoderne Satellitensysteme brauchte.

Die Schaltkreistechnik war in der Anfangszeit ein Sammelsurium aus einzelnen Komponenten, die auf

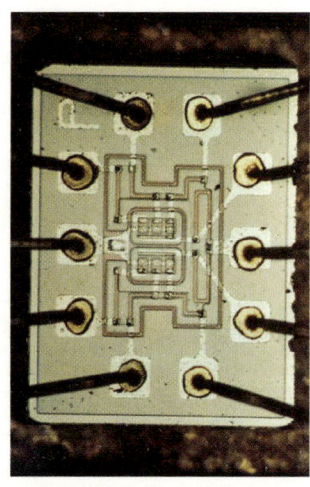

Integrierter Schaltkreis des für die Navigation des Raumschiffs verantwortlichen Apollo Guidance Computer ▶

Baugruppenträgern, den sogenannten *Platinen*, verlötet waren. Schon bald kam jedoch eine neue Art der Fertigung elektrischer Schaltkreise auf. Zuerst gab es die Leiterplatten der 1930er- und -40er-Jahre, bei denen Kabel und Drähte durch geätzte Kupferbahnen auf einer Kunststoffplatte von der Größe einer Karteikarte miteinander verbunden wurden. Im Jahr 1949 patentierte dann der deutsche Ingenieur Werner Jacobi einen vollkommen neuen technologischen Ansatz: den *integrierten Schaltkreis*. Dies führte im Lauf der 1950er-Jahre zu diversen Verfeinerungen und Innovationen und schließlich 1957 zur Entwicklung des sogenannten *Planarprozesses* durch den Schweizer Jean Hoerni. Dabei wurden Einheiten auf einem einzelnen Siliziumchip schichtweise übereinander angeordnet. Mit den entsprechenden lithografischen Verfahren ließen sich auf diese Weise Transistoren, Widerstände und andere elektrische Komponenten nahezu beliebig klein gestalten. Am vorläufigen Ende dieser Entwicklung standen 1961 die ersten im Handel erhältlichen integrierten Schaltkreise, hergestellt von Fairchild Semiconductor: die Micrologic-900-Serie.

Die Auswirkungen der integrierten Schaltkreise (oder IC für Integrated Circuit) auf zivile und militärische Weltraumprojekte sind bis heute zu spüren. Milliarden Komponenten können in nur wenige Zentimeter großen Mikrochips untergebracht werden. Dies sorgt für schnellere Rechenleistung, billigere Fertigung und geringes Gewicht – genau die Art von Fortschritt also, die es für hochmoderne Weltraumforschung an Bord teurer Trägersysteme braucht!

◀ Der TRADIC-Computer

117

52

Die Atomuhr

Nutzung der Zeit zur Vermessung des Raums

1949

Eine exakte Uhr zur Hand zu haben ist für Astronomen seit jeher essenziell. Tatsächlich wandten sich Navigatoren, religiöse Institutionen und Regierungen über Jahrhunderte an Astronomen, wenn sie eine Antwort auf die simple Frage haben wollten: Wie spät ist es? Navigatoren brauchen die genaue Ortszeit auf ihrem Schiff, um den Längengrad bestimmen zu können. Religiöse Institutionen mussten wissen, wann bestimmte Rituale oder Feiertage einzuläuten waren. Und die Regierungen benötigten nicht nur für präzise militärische Maßnahmen genaue Zeitangaben, sondern auch zur Einrichtung des bürgerlichen Kalenders. Lange Zeit sorgten dafür komplexe Mechanismen, entweder von Gewichten am Laufen gehalten, die täglich aufgezogen werden mussten, oder von Motoren, die eine permanente Stromzufuhr benötigten. Die Präzision dieser Uhrwerke war allerdings durchaus unterschiedlich. Die Quarzkristalluhren, die J. Horton und W. Marrison 1928 in den Bell Laboratories bauten, erzielten eine Genauigkeit von 2 Millionstel über eine Betriebsdauer von sechs Jahren. Das bedeutet, dass eine Uhr nach sechs Tagen um eine Sekunde von der exakten Zeit abweichen konnte. Das hört sich nach nicht sehr viel an, aber in der ultrapräzisen Welt der Astronomie ist ein Versatz von einer Sekunde bereits eine enorme Belastung.

Und damit kommen wir zur Atomuhr. Ihre Entwicklung begann 1949. Sie erreicht ihre extreme Präzision durch eine clevere Zählmethode: Ein Atom wie etwa Cäsium 133 hat einen Übergang in der Elektronenhülle des Atoms (Quantensprung) mit einer Frequenz von 9 192 631 770 Zyklen pro Sekunde. Wenn ein Mikrowellensignal mit dieser Frequenz exakt übereinstimmt, regt es die Cäsium-133-Atome an, sodass ein Detektor die Atome im angeregten Zustand in einen elektrischen Stromfluss konvertieren kann. Dieser wird in einem anderen elektronischen System durch 9 192 631 770 geteilt, sodass genau ein Mal pro Sekunde ein Impuls erfolgt. Damit lässt sich eine Impulsgenauigkeit von 30 Milliardstel Sekunden pro Jahr erreichen, also eine Abweichung innerhalb von 30 Millionen Jahren von einer Sekunde.

Dieser enorme Fortschritt in der Präzision von Zeitmessungen stellt auch im Weltraum eine grundlegende Veränderung dar. Da wir die Geschwindigkeit des Lichts kennen, können wir durch sorgfältige Messung, wie lange Radiowellen (diese sind mit Lichtgeschwindigkeit unterwegs) von einem Punkt zum anderen brauchen, Entfernungen im Weltraum präzise vermessen – ein entscheidender Aspekt für die Kartierung des Universums, ebenso wie für das Steuern von Raumschiffen. Dank der extrem genauen Zeitmessung können wir nun auch tiefer als je zuvor in den Kosmos blicken, denn so wurde es Wissenschaftlern möglich, die gleichzeitige Verwendung von acht über den Globus verteilten Teleskopen zu koordinieren, ihre Leistung zu vervielfachen und eine Aufnahme von einem schwarzen Loch zu bewerkstelligen (siehe Objekt Nr. 98).

Und unsere Uhren werden immer noch genauer. 2013 demonstrierte der Physiker Andrew Ludlow mit seinem Team am National Institute of Standards and Technology eine Atomuhr auf der Basis eines Ytterbium-Gitters mit einer Präzision von 2 Trillionstel. Das bedeutet, dass die Uhr über einen Zeitraum von 14 Milliarden Jahren (die Zeit seit der Entstehung des Universums) weniger als eine Sekunde vor- oder nachgeht.

◄ Die Raumkapsel der *Gemini 6*.

53

Verbindungselemente
für die Weltraumfahrt

Die kaum beachtete Technologie, die
die Erforschung des Weltraums zusammenhält

1950

Eine Rakete und ihre Nutzlast, das ist weit mehr als bloß ein Haufen Paneele und gefrästes Metall. Ganz gleich, welche Teile einer Rakete oder eines wissenschaftlichen Experiments Sie unter die Lupe nehmen, Sie werden immer auf die heimlichen Helden der Weltraumforschung stoßen: die Schrauben und Muttern, die das Ganze zusammenhalten. Natürlich handelt es sich dabei nicht um gewöhnliche Befestigungselemente, die Sie in jedem Baumarkt kaufen können: Sie müssen den hohen Weltraumstandards genügen.

Unter den Bedingungen des Vakuums im Weltall und den enormen Temperaturdifferenzen von nahe dem absoluten Nullpunkt bis zu 150 Grad Celsius und mehr sind Metallkomponenten zahlreichen Zyklen von Biegung, Kontraktion und Ausdehnung ausgesetzt. Das bedeutet auch hohe Belastungen für Schrauben, Bolzen und andere Befestigungselemente, was im Extremfall zum Bruch und am Ende zum Ausfall der damit befestigten bzw. verbundenen Komponenten führen kann. Außerdem gibt es das mechanische Problem der Vibration beim Start – dadurch könnten sich auch noch so sicher festgezogene Schrauben lösen. Zur Überwindung dieser dynamischen Probleme wurden über Jahrzehnte Befestigungselemente entwickelt, die weit effizienter und verlässlicher sein müssen als die Teile, die Ihre Möbel oder Ihr Auto zusammenhalten. Ein Großteil dieser Verbesserungen verdankt sich den dramatischen Fortschritten bei Metalllegierungen aus der Luft- und Raumfahrttechnik und der Entwicklung völlig neuartiger Materialien.

Die beliebtesten Befestigungselemente für Raumschiffe und Raketen sind aus Titan, Edelstahl oder »Superlegierungen« aus Nickel und Chrom, z.B. Inconel-Legierungen. Jedes dieser Materialien weist spezifische Vorteile bezüglich Reißfestigkeit, Gewicht und Korrosionsbeständigkeit auf, was ihren Einsatz sowohl in Hochtemperatur-Raketenantrieben ermöglicht als auch einfach dazu dient, eine Versuchsanordnung zusammenzuhalten. Neue Generationen sogenannter *Smartbolts* haben sogar integrierte Dehnungsmessstreifen, die durch Verändern der Farbe anzeigen, welcher Drehmomentbelastung sie beim Einbau ausgesetzt sind.

Eines ist jedenfalls gewiss: Ganz gleich, wohin uns die Weltraumforschung in den nächsten Jahren noch führen wird, Schrauben, Muttern und andere Befestigungselemente sind immer dabei. Sie sind die stillen Helden des Weltraums – bis heute!

◄ Die Raumkapsel der *Gemini 6* wird durch zahlreiche Schrauben zusammengehalten, mit denen die einzelnen Titanplatten befestigt sind.

▲ Dieser Hornstrahler im Lyman Institute an der Harvard University diente 1951 zur erstmaligen Erkennung der 21-Zentimeter-Spektrallinie des neutralen Wasserstoffs in der Milchstraße.

54

Das Wasserstofflinien-Radioteleskop

Die Kartierung des interstellaren Mediums

1951

Im Jahr 1904 entdeckte der Astronom Johannes Hartmann, dass das Spektrum des Sterns Delta Orionis (Mintaka) eine Absorptionslinie des Elements Kalzium aufwies (d. h., es absorbierte Licht in einer Wellenlänge, die ausschließlich bei Kalzium vorkommt), und interpretierte dies zu Recht als Beweis für die Existenz von Gaswolken im Weltraum, die neben anderen Elementen auch Kalzium enthielten. Mitte der 1940er-Jahre hatte sich die Wissenschaft der Radioastronomie Hendrik van de Hulsts Theorie angeschlossen, der zufolge Teile des Radiowellenrauschens am Himmel von interstellaren Wolken aus Wasserstoffgas stammen könnten, die von dort mit einer Frequenz von 1420 MHz emittiert werden – dies entspricht einer Wellenlänge von 21 Zentimetern. Zur ersten erfolgreichen Entdeckung dieses 21-Zentimeter-Signals kam es am 25. März 1951, als die Physiker Harold Ewen und Edward Purcell von der Harvard University eine selbst gebaute Antenne samt Empfänger einfach aus dem Fenster ihres Labors gen Himmel richteten.

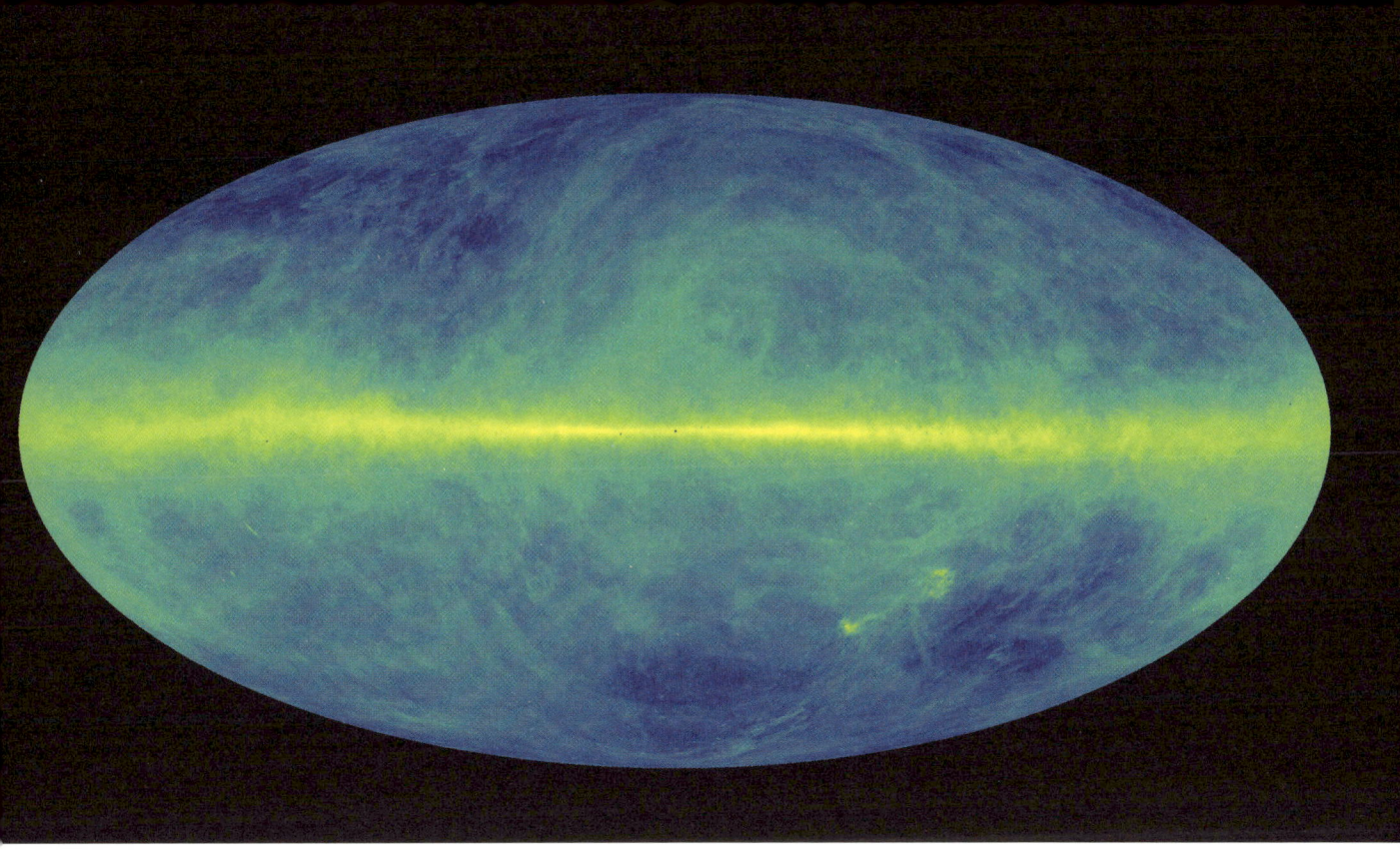

▲

Diese Wasserstoff-Karte des gesamten Himmels wurde auf der
Grundlage von Daten des 100-Meter-Radioteleskops in Effelsberg
(Deutschland) und des 64-Meter-CSIRO-Radioteleskops in Aus-
tralien erzeugt (Quelle: Benjamin Winkel & HI4PI collaboration)

Bei diesem sogenannten *Radioteleskop* handelte es
sich um einen schlichten, hornförmigen Trichter, wie
er aus der Radartechnik bekannt war, der in den Himmel gerichtet wurde und die schwache Strahlung im
Wellenlängenbereich von 21 Zentimeter auffangen
sollte. Die Vorrichtung funktionierte viel besser, als
Ewen und Purcell je zu hoffen gewagt hatten, und sie
empfingen ein starkes Signal, das über den gesamten
Erfassungsbereich ihres Hornstrahlers der Passage
der Milchstraße am Himmel folgte. Trotzdem galt es
noch diverse technische Probleme aus der Welt zu
schaffen. Wenn es regnete, lief das Horn mit Wasser
voll und musste trockengelegt werden. (Im Winter
machten sich die Studenten einen Spaß daraus,
Schnellbälle in das Horn zu werfen!) Außerdem ent-

wickelte Ewen zur Vermeidung des starken Hinter-
grundrauschens, das bei diesen Frequenzen auftrat,
ein Frequenzumschaltsystem, mit dem Messungen
des Himmels in angrenzenden Frequenzbereichen des
21-Zentimeter-Signals subtrahiert werden konnten.
Auf diese Weise war das schwache Signal deutlich
besser zu erkennen.

Die ersten Karten des Wasserstoffs in der Milchstraße wurden 1954 von van de Hulst, C. A. Muller
und Jan Oort sowie 1957 von C. A. Muller und Gart
Westerhout angefertigt. Diese Karten und ähnliche
weitere mit noch höherer Auflösung dienten zur Kartierung der Galaxienstruktur unserer Milchstraße.
Sie machten die Spiralarme und die komplexen Muster riesiger interstellarer Wasserstoffwolken sichtbar,
innerhalb welcher neue Sterne entstehen. Durch die
Anwendung der Wasserstofflinien-Astronomie erkundet man heute die kosmische Evolution auf der
Suche nach den ersten Sternen, die sich im Universum bildeten, als es erst 100 Millionen Jahre alt war.

55

Das Röntgenteleskop

Ein neues Fenster ins Universum

1952

Es ist relativ einfach, sichtbares Licht mithilfe versilberter Spiegel zu fokussieren. Bei anderen Wellenlängen funktioniert diese Methode allerdings überhaupt nicht, vor allem bei kurzwelligen Röntgenstrahlen. Das bleibt nicht ohne Folgen angesichts der Tatsache, dass das Universum eine Fülle von Himmelskörpern zu bieten hat, die große Mengen elektromagnetischer Strahlung in genau diesen kurzen Wellenlängen aussenden. Röntgenstrahlen werden absorbiert, wenn sie frontal auf einer Fläche auftreffen. Streifen sie die Oberfläche dagegen in einem Glanzwinkel von weniger als 2 Grad, kann ihre Reflexion erreicht werden. 1952 entwickelte Hans Wolter drei Arten optischer Röntgen-Reflexionssysteme, die heutzutage Grundpfeiler moderner Bildgebungstechnologien auf der Basis von Röntgenenergie sind.

Der Röntgensatellit *Copernicus* (oder OAO-3 – Orbital Astronomical Observatory), der 1972 in Kooperation der NASA mit dem Vereinigten Königreich gestartet wurde, war das erste Teleskop, das ein solches System mit einfallendem Streiflicht im Weltraum nutzte. Den Röntgendetektor hatte das Mullard Space Science Laboratory des University College London für ein von Sir Robert Boyd durchgeführtes Experiment mit stellaren Röntgenstrahlen gebaut. Die zwei Röntgenteleskope hatten jeweils eine Auffangfläche von weniger als 13 Quadratzentimetern. Der Röntgen-Photonenzähler befand sich im Fokus der Spiegel. Sie konnten Röntgenstrahlung von Sternen und anderen bekannten Quellen mit Wellenlängen im Bereich von 1 bis 70 Angström erfassen. Die mit diesem System gewonnenen Daten erstreckten sich über einen Zeitraum von acht Jahren. So war es möglich, die Variabilität der Röntgenstrahlung einiger dieser Quellen detailliert zu untersuchen.

1978 startete die NASA das Einstein Observatory (HEAO-B) mit vier ineinander verschachtelten Wolter-Spiegelteleskopen. Damit war es möglich, Bildmaterial astronomischer Objekte in Observatoriumsqualität bei einer bogensekundengenauen Auflösung zu erzielen. Nun sah man die Röntgenstrahlung nicht bloß als verschwommenen Fleck am Himmel: Das Einstein-Observatorium lieferte feinste Details und entdeckte zu Tausenden einzelne Punkte von Röntgenstrahlungsquellen.

Die Technologie der Röntgenoptik und Wolters Konstruktionen kommen bis heute in allen führenden Röntgen-Bildgebungssystemen zur Anwendung. Dazu zählen auch das Chandry X-ray Observatory (gestartet 1999) und das NuSTAR-Teleskop (Nuclear Spectroscopic Telescope Array), das 2012 auf die Reise geschickt wurde. Diese Technologie, einst im Jahr 1952 entwickelt, hat zu spektakulären Entdeckungen im Bereich der Physik der schwarzen Löcher, der Erforschung dunkler Materie und der Erkundung des hochenergetischen Universums geführt – allesamt hochaktuelle Gebiete der heutigen Weltraumforschung.

Die Spiegel des Chandry X-ray Observatory ▶

56

Die Wasserstoffbombe

Eine zerstörerische Demonstration, wie Sterne leuchten

1952

In seiner Abhandlung *The Internal Constitution of the Stars* aus dem Jahr 1920 (dt. *Der Innere Aufbau der Sterne*, Berlin 1928) beschrieb Sir Arthur Eddington, dass die Fusion von Protonen im Kern der Sonne und anderer Sterne ausreichend nachhaltige Energie produzieren würde, um die Sterne vor einem Gravitationskollaps zu bewahren. Die Quelle dieser Energie sollte die erste Demonstration von Albert Einsteins berühmter Formel $E = mc^2$ werden. Die Temperatur im Innern der Sonne müsste zig Millionen Grad betragen, damit die Protonen ausreichend Energie haben, um ihre wechselseitige elektrostatische Abstoßung zu überwinden.

Bei der Verschmelzung von vier Protonen zu einem Heliumkern würde genug Masse in Energie umgewandelt, um die Leuchtkraft der Sonne zu gewährleisten. Anscheinend war also die latente Fusionsenergie vorhanden; sie musste nur noch freigesetzt werden. Mathematisch schien der Fall klar zu sein. Ein Proton hat eine Masse von $1{,}673 \times 10^{-24}$ Gramm, bei einem Neutron sind es $1{,}675 \times 10^{-24}$ Gramm. In der Addition ergeben zwei Protonen plus zwei Neutronen eine Masse von $6{,}696 \times 10^{-24}$ Gramm. Ein Heliumkern hat allerdings eine Masse von $6{,}646 \times 10^{-24}$ Gramm. Die Differenz von $0{,}05 \times 10^{-24}$ Gramm steht für die Bindungsenergie eines Heliumkerns, und gemäß $E = mc^2$ entspricht eine Energiequelle ca. 28 Mega-Elektronenvolt (MeV) pro Fusion. Um die Sonne zum Leuchten zu bringen, müssen pro Sekunde ca. vier Millionen Tonnen Masse in Energie umgewandelt werden.

Es gab allerdings ein großes Problem: Ein Heliumkern besteht aus zwei Protonen und zwei Neutronen. Wie schafft man es nun, zwei der vier Protonen in

◀ Modell der sowjetischen Wasserstoffbombe (»Zar-Bombe«),
der stärksten Atomwaffe, die je gebaut wurde

▲
Die erste von den USA getestete Wasserstoffbombe
vernichtete am 1. November 1952 die Insel Elugelab
im Eniwetok-Atoll der Marshallinseln

Neutronen zu verwandeln? Die Antwort lieferte der Physiker Hans Bethe, der zeigte, dass ein Proton tatsächlich in ein Neutron umgewandelt werden kann. Und nicht nur das: Die Reaktionen konnten bei einer viel geringeren Temperatur als derjenigen im Kern der Sonne ablaufen – es genügten schon 15 Millionen Grad Celsius, dank eines quantenphysikalischen Prozesses namens *Tunneling*. Im Ergebnis würde Wasserstoff in einem mehrstufigen Prozess, die sogenannte *Proton-Proton-Reaktion,* »verbrennen«. Diese Reaktion stellt die hauptsächliche Energiequelle unserer Sonne und anderer Sterne vergleichbarer Masse dar.

Die Proton-Proton-Reaktion bleibt zwar den astronomischen Objekten vorbehalten, aber die Detonation der ersten Wasserstoffbombe im Gebiet der Marshallinseln im Jahr 1952 zeigte die gewaltige Zerstörungskraft, die freigesetzt wird, wenn bloß ein paar Gramm Wasserstoff in Energie umgewandelt werden. Schließlich erforschte man die thermonukleare Energie als potenzielle Quelle für saubere Energie. Viele

über staatliche Energieverträge finanzierte Gruppen von Wissenschaftlern versuchten, eine kontrollierte Fusion zu erzeugen.

Uns allen ist bewusst, in welch vielfältiger Weise Technologien, die für den Einsatz im Weltraum entwickelt wurden, im Lauf der Zeit in unseren Alltag auf der Erde eingeflossen sind. Die Wasserstoffbombe stellt quasi eine Variation dieses Vorgangs dar: die Übersetzung einer natürlichen »Technologie«, die wir aus dem Weltraum – von unserer Sonne nämlich – bereits kennen, in eine auf der Erde nutzbare Form. Sie ist der Beleg für die Ehrfurcht gebietenden – und überaus gefährlichen – Wege, auf denen wir das, was wir durch das Erkunden der kolossalen Kräfte und Potenziale im Universum lernen, für uns nutzbar zu machen versuchen.

Künstlerische Darstellung des
Satelliten *Transit 4A* im Orbit ▶

57

Der thermoelektrische Isotopengenerator

Strom auch dann, wenn die Sonne nicht scheint

1954

Wenn die Reise nach jenseits des Jupiter-Orbits hinausführt, wird das Sonnenlicht so schwach, dass Solarzellen kaum noch Energie erzeugen können. Zum Glück gab es, schon lange bevor *Pioneer 1*, das erste Raumfahrzeug der NASA überhaupt, 1958 ins All aufbrach, eine Lösung für dieses Problem. Im Jahr 1954 kombinierten Ken Jordan und John Birden am Mound Laboratory der amerikanischen Atomenergiebehörde in Ohio ein Thermoelement mit einer Probe von radioaktivem Polonium-210 und konstruierten damit den ersten thermoelektrischen Isotopengenerator (Radioisotope Thermoelectric Generator – RTG). Ein Thermoelement ist ein Paar elektrischer Leiter aus unterschiedlichen Metallen, die miteinander verbunden sind und beim Erhitzen an der Verbindungsstelle zwischen beiden elektrischen Strom erzeugen. Für die Erhitzung sorgte das Polonium-210-Isotop einfach durch den Zerfall seiner Atome. Die Kombination dieser beiden Komponenten erzeugte Strom in der Größenordnung von 140 Watt pro Gramm. Die Halbwertzeit von Polonium-210 beträgt allerdings nur 138 Tage, sodass nach Ablauf dieser Zeitspanne nur noch die halbe Menge Strom produziert wurde.

Zum ersten Einsatz von RTGs im Weltall kam es im Satelliten *Transit 4A* der US Navy, der 1961 erfolgreich gestartet wurde. Seine 2,7-Watt-Leistung waren wahrlich bescheiden, aber so kam der Satellit immerhin ohne große Solarkollektoren aus. Es war ein vielversprechender Auftakt zur Nutzung von Atomenergie für friedliche Zwecke, allerdings scheiterte 1964 der Start eines ebenfalls mit einem RTG betriebenen Satelliten – das Gerät erreichte die Erdumlaufbahn nicht, und rund ein Kilogramm des Satellitentreibstoffs Polonium-238 verteilte sich in der Atmosphäre über der Südhalbkugel der Erde. Ein Jahrzehnt später wies John Gofman von der University of California in Berkeley auf eine mögliche Verbindung zwischen diesem Einbringen von Plutonium in die Atmosphäre und der weltweiten Zunahme von Lungenkrebserkrankungen hin. Der Vorfall veranlasste die NASA, verstärkt auf Solartechnologie als Energiequelle im Weltraum zu setzen und sich bei ihren Satelliten nicht allein auf RTGs auf Plutoniumbasis zu stützen – eine Entscheidung, auf die die Sowjetunion bei ihren Satelliten der RORSAT-Reihe verzichtete.

In jedem Fall waren die RTGs ein wertvolles Hilfsmittel für die Experimente auf dem Mond im Rahmen des Apollo-Programms und ebenso bei gelegentlichen Missionen zum Mars und ins äußere Sonnensystem. Das erfolgreichste Modell der NASA war SNAP-19, das bei den Missionen von *Pioneer 10* und *11* sowie *Viking 1* und *2* in den 1970er-Jahren zum Einsatz kam. Und SNAP-27 (die Abkürzung steht für Systems for Nuclear Auxiliary Power) leistete auf den Apollo-Missionen für die Stromversorgung wissenschaftlicher Experimente auf der Mondoberfläche wertvolle Dienste. Wegen des Mangels an Sonnenlicht sind RTGs Standard bei allen sonnenfernen Weltraummissionen wie etwa Galileo, Cassini, *Voyager 1* und *2*, Ulysses und New Horizons. Die meisten RTGs verwenden Plutonium-238, das eine Halbwertzeit von 88 Jahren hat. Das Raumschiff *Voyager*, inzwischen über 40 Jahre alt, hat etwa die Hälfte seiner Energie eingebüßt, seine RTGs produzieren aber noch immer genug Strom, um einige Instrumente auch jenseits des Pluto-Orbits in Betrieb zu halten.

58

Der nukleare Raketenantrieb

Jetzt kommen wir voran!

1955

Der Phoebus-2A-
Reaktor in Aktion ▶

Der Einsatz der Atomenergie für den Betrieb interner Funktionen eines Raumschiffs ist längst gang und gäbe. Anders bei der Nutzung der Kernkraft für den wesentlich energieintensiveren Raketenantrieb. Raketen sind im Grunde ganz einfache Geräte. Sie tun nichts weiter, als so viel Masse wie möglich aus der Antriebsdüse auszustoßen, damit das Raumschiff in möglichst hoher Geschwindigkeit in die entgegengesetzte Richtung katapultiert wird. Alles dreht sich um die Frage, wie viel Masse pro Zeit emittiert werden kann. Letztendlich geht es um die Geschwindigkeit und die Masse der austretenden Abgase. Diese Kombination verschafft der Rakete mit ihrer Nutzlast den Impuls und die notwendige hohe Geschwindigkeit, um die Schwerkraft eines Planeten hinter sich lassen oder im Weltall manövrieren zu können. Aber gibt es nicht noch andere Möglichkeiten, um damit eine Rakete abheben zu lassen? In der postnuklearen Welt der 1950er-Jahre war die Antwort auf diese Frage ein begeistertes Ja!

Die ersten nuklearen Raketenantriebe wurden im Los Alamos Scientific Laboratory (heißt heute Los Alamos National Laboratory oder LANL) im Rahmen des Projekts »Rover« getestet. Das Projekt lief von 1955 bis 1972 unter Federführung der NASA und der US-Atomenergiebehörde. Das thermonukleare Antriebssystem Kiwi-B wurde im Dezember 1961 erstmals getestet. Als Kraftstoff diente einfach flüssiger

Wasserstoff, der durch einen kleinen Kernreaktor geleitet und auf ca. 2000 Grad Celsius erhitzt wurde. Das erzeugte 1100 Megawatt Wärmeenergie und einen Schub von 25 Tonnen. Verglichen mit einer Rakete mit dem gängigen chemischen Antrieb, die es auf über 750 Tonnen Schub bringt, boten diese Atomantriebe also wenig Aussicht, von einem Planeten wegzukommen, aber im nahezu oder vollständig schwerelosen All kamen sie zu ihrem Recht. Die Tests nuklearer Raketenantriebe gingen bis 1968 weiter. Das letzte und stärkste dieser Systeme, Phoebus-2A, lief damals zwölf Minuten lang auf höchster Stufe und erreichte einen beeindruckenden Schub von 930 000 Newton (ca. 95 000 kg). Ein Jahr später konzipierte Wernher von Braun für die NASA eine nuklear angetriebene Marsmission, die eigentlich nach dem Abschluss des Apollo-Programms auf die Reise hätte gehen sollen. Im Januar 1973 wurde jedoch die Finanzierung des nuklearen Raketenprogramms, inzwischen unter dem Kürzel NERVA bekannt, komplett eingestellt, und aus von Brauns Plänen wurde nichts. Das nukleare Raketenprogramm galt zwar als Erfolg, aber nach der Einstellung des Apollo-Programms veränderten sich die nationalen Prioritäten grundlegend, und die Investitionen flossen nun in die Entwicklung des Spaceshuttles und das Installieren einer permanenten Raumstation im Orbit.

Eine Kiwi-B-Düse wird
für einen Test vorbereitet. ▶

59

Sputnik

Die Russen gewinnen den Wettlauf ins All ...
für ein paar Monate

1957

Die Ereignisse des 4. Oktober 1957 versetzten der Welt einen Schock. Scheinbar aus dem Nichts schickte die Sowjetunion *Sputnik 1*, einen Satelliten von ca. 83 Kilogramm Gewicht und knapp 60 Zentimetern Durchmesser, in eine Erdumlaufbahn. Alle 98 Minuten war das Signal von seinem 1-Watt-Transmitter auf Frequenzen von 20 und 40 Megahertz mit jedem Funkempfänger weltweit zu empfangen. Die »Operation Moonwatch« unterhielt mehr als 150 Stationen, in denen Amateurastronomen Ausschau hielten, um den wie ein schwacher Stern leuchtenden Satelliten auf seinem rasenden Flug am dämmernden Himmel zu erspähen. Amateurfunker der American Radio Relay League lauschten derweil an ihren Empfangsgeräten, um das typische *Piep-piep-piep* auszumachen. Aus unserer heutigen Sicht stellt sich dieses eine Ereignis als Auslöser des gigantischen Wettlaufs ums All zwischen den Vereinigten Staaten und der UdSSR dar. In Wirklichkeit jedoch soll sich Präsident Dwight D. Eisenhower, obwohl er durch U-2-Aufklärungsflüge sehr wohl über die Fortschritte der Sowjets Bescheid wusste, laut manchen Zeitzeugen eher verächtlich gegenüber dieser Errungenschaft gezeigt haben. Tatsächlich schlachtete selbst die UdSSR das Ereignis zunächst nicht für ihre Propagandazwecke aus. Eisenhower unterschätzte jedoch ganz gewaltig die Reaktion der amerikanischen Öffentlichkeit – die Menschen waren schlicht schockiert durch den Start des *Sputnik 1*

und den im Fernsehen übertragenen Fehlschlag des »Vanguard Test Vehicle 3« am 6. Dezember 1957. Erst der erfolgreiche Start von *Explorer 1* am 31. Januar 1958 brachte die USA wieder zurück ins Spiel.

Auf *Sputnik 1* folgten schon bald deutlich besser finanzierte Fortschritte im Wettlauf ums Weltall – das Ganze wurde zum Auslöser für die Gründung der NASA und der ARPA (Advanced Research Projects Agency, die später in Defense Advanced Research Projects Agency umbenannt wurde) im Jahr 1958. Auch in Bildung und Forschung wurde nun deutlich mehr investiert.

Sputnik 1 hielt 22 Tage durch, dann waren die Batterien leer. Der Flugkörper umkreiste die Erde noch weitere 71 Tage und verglühte schließlich am 4. Januar 1958 in der Atmosphäre. Der Luftwiderstand, der in der oberen Atmosphäre auf den Satelliten einwirkte, konnte während dessen kurzen Daseins anhand der Veränderung der Orbitalgeschwindigkeit des Flugobjekts in Erdnähe gemessen werden. Dies lieferte den Wissenschaftlern erstmals wertvolle Hinweise auf die Dichte der oberen Atmosphäre und deren höhenbedingte Schwankungsbreite. Außerdem war es durch die Untersuchung der Frequenzverschiebung und der Ausbreitung der Funksignale mit 20 und 40 Megahertz möglich, die Eigenschaften der oberen Ionosphäre (einer ionisierten äußeren Schicht der Atmosphäre) vom All aus zu messen.

Ein Nachbau des *Sputnik 1*, des ersten künstlichen Satelliten im Weltall, im National Air
and Space Museum (Washington, D. C.)

60

Vanguard 1

Der älteste Weltraumschrott

1958

Am 17. März 1958 wurde *Vanguard 1* zum vierten künstlichen Satelliten, der erfolgreich in eine Erdumlaufbahn gebracht wurde. Konstruiert am US Naval Research Laboratory in Washington, D.C., war dieser Satellit von der Größe einer Grapefruit das erste Objekt im Weltall, das Solarzellen zur Stromerzeugung nutzte. Die frühen Jahre der Satellitenstarts waren eine hochgradig experimentelle Angelegenheit: Vanguard war ein Pionier in Sachen Satelliten-Design zu einer Zeit, als die optimale Form für Satelliten noch lebhaft diskutiert wurde. Der erste erfolgreiche Satellit der USA, *Explorer 1*, war zylindrisch geformt. Manche Entwickler favorisierten eine konische Form, wieder andere eine gleichmäßige Kugel, um ein gleichmäßiges aerodynamisches Verhalten in der Atmosphäre zu gewährleisten.

Die Bedeutung von *Vanguard 1* dürfte vor allem in der politischen Signalwirkung gelegen haben. Die Sowjetunion hatte am 4. Oktober 1957, nur fünf Monate zuvor, *Sputnik 1* gestartet. Das traf die Amerikaner völlig unvorbereitet und war der Startschuss für den Wettlauf ums Weltall. Die USA antworteten mit dem erfolgreichen Start von *Explorer 1* im Januar 1958, gefolgt von *Vanguard 1* etwas über einen Monat danach. Zwischen *Sputnik 1* und *Vanguard 1* schlugen mehrere amerikanische Satellitenstarts fehl (*Vanguard 1A* und *1B* sowie *Explorer 2*). Das war nicht nur aus wissenschaftlicher Sicht verheerend, sondern vor allem politisch peinlich.

Vanguard 1 war aber auch bemerkenswert wegen seiner technischen und wissenschaftlichen Errungenschaften. Es war der weltweit erste solarbetriebene Satellit, und die sechs Solarzellen lieferten Energie für seinen sehr bescheidenen 5-Milliwatt-Sender, der immerhin sechs Jahre lang durchhielt und Daten über die Elektronen und die Strahlung über der Erdatmosphäre zurück an die Erde schickte. Den Wissenschaftlern verschaffte der Vanguard-Orbit auch die Erkenntnis, dass die Erde ganz leicht birnenförmig ist – ein wenig schmaler in der Nähe des Nordpols und ein wenig dicker nahe des Südpols.

Aber die vielleicht nachhaltigste Spur, die der Satellit in der Geschichte der Weltraumforschung hinterlassen hat, ging auf seine stark elliptische Umlaufbahn zurück: Auf seinem erdnächsten Punkt kam er bis auf ca. 650 Kilometer an den Planeten heran, am erdfernsten Punkt war er 4000 Kilometer weit von der Erde entfernt. Für eine Erdumrundung brauchte er über zwei Stunden. Dies sorgte dafür, dass *Vanguard 1* nur sehr wenig atmosphärischen Widerstand überwinden musste, und es ist auch dafür verantwortlich, dass der Satellit über 200 Jahre lang im Weltraum verbleiben wird. Tatsächlich war er 2018 zum am längsten im Weltraum befindlichen künstlichen Gegenstand geworden – das älteste der vielen Tausend Objekte, die den Himmel heute geradezu vermüllen.

Aber *Vanguard 1* ist mehr als bloß eines von vielen Tausend Stück Weltraumschrott. Dank seines Durchhaltevermögens können Wissenschaftler seit über 50 Jahren die minimalen Veränderungen der Umlaufbahn des Satelliten studieren, während dieser mit der äußeren Atmosphäre der Erde interagiert. Auf der Basis dieser Daten entwickelten sie ein besseres Verständnis davon, wie sich die Form und Dichte der Erdatmosphäre mit der Zeit verändert. Dies hat wiederum neue Erkenntnisse über die Signalübertragung von Satelliten und sogar über den Klimawandel zutage gefördert.

Mitunter kann sogar Abfall, wenn er klug genutzt wird, Geheimnisse des Universums offenbaren!

Eine Wolke aus Schrott und Abfall umkreist den Planeten Erde.

61

Luna 3

Unser erster Blick auf die Rückseite des Mondes

1959

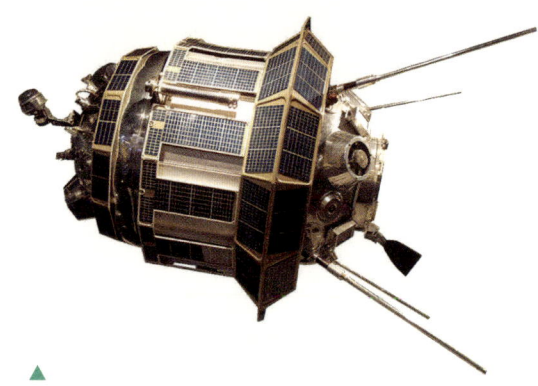

▲
Modell von *Luna 3* im Moskauer Kosmonautenmuseum

Gestartet am 4. Oktober 1959 von der ehemaligen Sowjetunion folgte dieses kleine Raumfahrzeug – es war nur etwas über 1,20 Meter lang und wog 278 Kilo – seinem Vorgänger *Luna 2* auf dem Weg in Richtung Mond. *Luna 2* war nur ein paar Wochen zuvor gestartet und besitzt seinen eigenen Eintrag in der Geschichte der Raumfahrt als erstes von Menschen gemachtes Objekt, das auf einem anderen Himmelskörper landete. *Luna 3* dürfte aber historisch noch bedeutsamer gewesen sein. Dabei war seine Mission recht einfach: Während ihres Vorbeiflugs am Mond sollte die Sonde möglichst viele Fotos von der Mondrückseite schießen.

Rückseite, erdabgewandte Seite – ganz gleich, wie wir jene Hälfte des Mondes nennen, die wir nie direkt zu Gesicht bekommen: Wir sollten bedenken, dass eine weitere Bezeichnung dafür, nämlich die »dunkle« Seite des Mondes an der Realität vorbeigeht, denn diese Seite bekommt genauso lange Sonnenlicht ab wie die andere. Die Sowjets kalkulierten dies bei ihrer *Luna 3* klugerweise ein. Während der Mond von der Erde aus betrachtet völlig dunkel erscheint – also während der Neumondphase –, ist die Rückseite vollständig von der Sonne beschienen. Nach einer zwei Tage langen Reise über 65 200 Kilometer erfasste das Raumfahrzeug das Licht des Mondes und öffnete automatisch die Blende des Kameraobjektivs. Am 7. Oktober machte *Luna 3* über einen Zeitraum von 40 Minuten insgesamt 29 Fotos mit seinem ganz herkömmlichen Kamerasystem.

Leider wurden nicht alle erfolgreich an die Erde übermittelt. *Luna 3* hatte ein System zur Entwicklung von Bildern an Bord, dazu einen primitiven Scanner, um die Fotos als eine Art Telefax an die Bodenstation daheim auf der Erde zu schicken. Heraus kamen dabei Fotos von sehr unterschiedlicher Qualität, zwölf kamen überhaupt nicht an, und nur insgesamt sechs wurden jemals veröffentlicht.

Aber das genügte, um Geschichte zu schreiben: Die grobkörnigen Bilder waren immerhin der erste Blick, den die Menschheit auf diese Seite des Mondes werfen konnte. So unscharf die Fotos waren, zeigten sie doch etwas Überraschendes, das den Astronomen für die nächsten fünf Jahrzehnte Rätsel aufgab: Im Unterschied zur uns zugewandten Seite mit den ausgedehnten, dunklen Becken – den großen »Meeren« des Mondes – und den hellen, von Kratern übersäten Gebirgsregionen gab es auf der Rückseite des Mondes keine Meere. Nur eine Handvoll winziger dunkler Flecken waren auszumachen, die größten davon erhielten die Namen *Mare Moscoviense* und *Mare Desiderii*. Welches Phänomen es auch immer gewesen sein mag, das die riesigen »Meere« in der Mondlandschaft auf der uns zugewandten Seite entstehen ließ: Mysteriöserweise kam es auf der anderen Seite kaum zum Tragen.

Die erdabgewandte Seite des Mondes,
betrachtet von *Luna 3* aus

62

Das Endlos-Magnetauf-zeichnungsgerät

Datenspeicherung im Weltraum

1959

Das Bandaufnahmegerät geriet eigentlich erst in den Blickpunkt der Öffentlichkeit, als Bing Crosby Interesse an dieser Technologie zeigte. Dabei hatte es die Magnetbandaufzeichnung zu dem Zeitpunkt schon längst gegeben. Die erste nicht magnetische Bandaufzeichnungsmaschine, 1886 von Alexander Graham Bell zusammen mit seinem Cousin Chichester und Charles Sumner Tainter erfunden (der Letztgenannte ist im betreffenden Patent Nr. 341,214 eingetragen), hatte ein mit Bienenwachs und Paraffin beschichtetes 3/16-Zoll-Papierband, das unter einem beweglichen Stift hindurchlief. Rund ein Jahrzehnt danach entwickelte Valdemar Poulsen die magnetische Tonaufzeichnung, bei der die Veränderungen eines Magnetfelds auf einen Draht geprägt wurden. Als Nächstes folgte die fotoelektrische Aufzeichnung auf Papierband im Jahr 1932. Dabei brachten Elektroden Streifen, die Klangwellen repräsentierten, direkt auf chemisch reaktives Papier auf. Danach kam das Magnetophon, entwickelt vom deutschen Unternehmen AEG in Kooperation mit der BASF. Zur Fertigung dieses leichten Magnetbands diente ein mit magnetisch reaktivem Eisenoxid beschichtetes Papier, auf dem Schallwellen aufgezeichnet werden konnten. Auf diese Weise wurde das Gerät nicht nur kleiner, sondern auch kostengünstiger. Es war weltweit das erste praxistaugliche Tonbandgerät und wurde 1935 auf der Funkausstellung in Berlin vorgestellt.

Doch was hat diese Technologie mit der Erforschung des Weltraums zu tun? Sie erlaubte die Speicherung der gewaltig anwachsenden Datenmengen, die uns ein einziges Raumfahrzeug liefern konnte.

Satelliten wurden so konzipiert, dass sie Daten verschiedener Formate aufzeichnen konnten, einschließlich Fotos und einfacher, von Sensoren erfasster Analogdaten. Das Problem war, dass in den frühen Jahren der Weltraumforschung die Daten schneller produziert wurden, als das System der Telemetrie Signale an die Erde übertragen konnte. Überdies gab es nur sehr wenige Bodenstationen, die diese Daten hätten empfangen können. Deshalb mussten die Wissenschaftler eine Möglichkeit finden, die Daten zwischen einzelnen telemetrischen Übertragungsvorgängen zu speichern. Die Lösung war das Magnetband – Ende der 1950er- und Anfang der 1960er-Jahre gab es schlicht keine andere Technologie zur Datenspeicherung.

Der am 17. Februar 1959 gestartete Satellit *Vanguard 2* war der erste mit Magnetaufzeichnungstechnik ausgestattete Satellit. Die wissenschaftliche Aufgabe der *Vanguard 2* war das Messen der Wolkenbedeckung bei Tag über einen Zeitraum von 19 Tagen – so lange reichte die Kapazität der Batterie. Das System arbeitete mit einem 1-Watt-Transmitter auf 108 MHz und einem Bandaufzeichnungsgerät (mit kontinuierlichem Aufzeichnungssystem, d. h. ohne Zurückspulen). Damit konnten 50 Minuten lang Daten aufgezeichnet und anschließend innerhalb eines Blocks von einer Minute abgespielt werden.

Die Geräte zur Magnetbandaufzeichnung besetzten eine wichtige Nische in der Speicherung und Pufferung von Daten beim Raumflug (Pufferung bezeichnet den Vorgang des Zwischenlagerns, während Daten verarbeitet oder übertragen werden) und trugen unmittelbar zum wissenschaftlichen Erfolg der Wettersatelliten *TIROS* und *Nimbus* bei. Auch die Weltraummissionen Mariner, Viking, Galileo und Voyager profitierten entscheidend von dieser Technologie.

Ein experimenteller Prototyp des Magnet-
aufzeichnungsgeräts von *TIROS-1*, ausgestellt
im National Air and Space Museum
▼

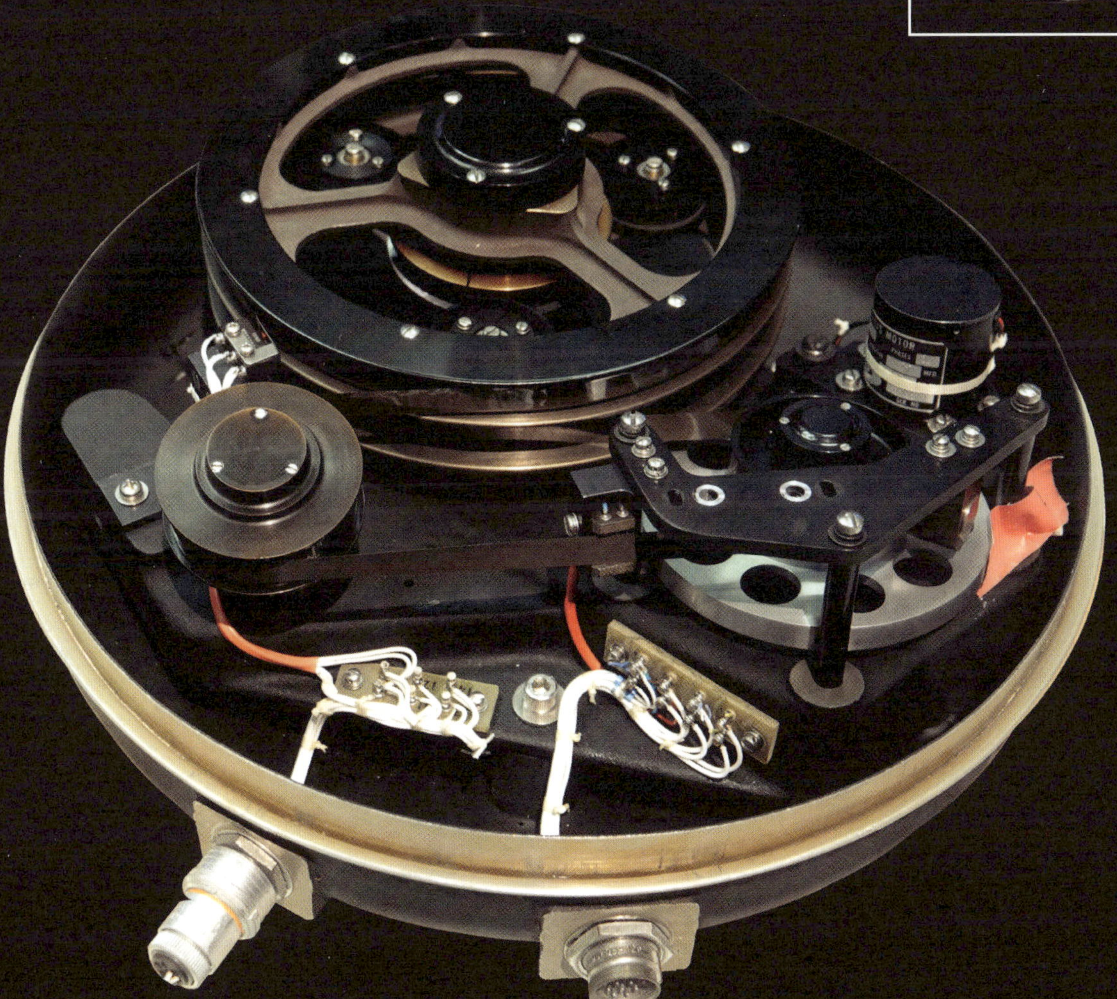

Der Satellit *Vanguard 2*
mit integriertem Magnet-
aufzeichnungsgerät ▶

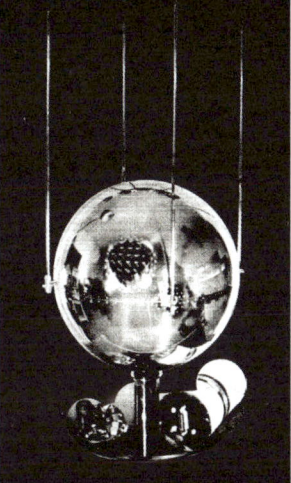

Komponenten des Original-Lasers von Maiman

63

Der Laser

Ein neues Licht,
eine neue Form des Sehens

1960

Stellen Sie sich vor, Sie sind auf einer Party im zweiten Stock eines Mehrfamilienhauses, aber der einzig mögliche Zugang führt über einen Aufzug zum dritten Stock; von dort müssen Sie dann eine Treppe nehmen. Im Verlauf einer Stunde treffen immer neue Gäste ein, aber dann beschwert sich der Vermieter, und die Party ist abrupt zu Ende. Alle gleichzeitig machen sich auf zum Treppenhaus und eilen hinab ins Erdgeschoss. So ungefähr lässt sich das technische Grundprinzip des LASER (ein Akronym für »Light Amplification by Stimulated Emission of Radiation« – Lichtverstärkung durch stimulierte Emission von Strahlung) beschreiben. Das Phänomen war 1960 bereits bekannt, aber noch nicht in ein praxistaugliches Gerät umgesetzt worden.

Ein Laser funktioniert, indem Elektronen in einen erregten Status »gepumpt« werden. Dieser Zustand zerfällt rasch, aber die Elektronen werden anschließend lange Zeit in einem »metastabilen« Zwischenstadium gehalten, bevor sie am Ende in ihren Grundzustand zerfallen und ein letztes Photon aussenden. Da das zweite Photon eine eindeutige und exakte Wellenlänge aufweist, ist es als durchgehender und einheitlicher Lichtstrahl sichtbar.

Wie der Physiker Theodore Maiman an den Hug-

hes Research Laboratories entdeckte, genügte bereits ein geschliffener Zylinder aus Rubin, angeregt durch eine Blitzlampe, um den Rubinzylinder zum »Lasern« zu bringen. Viele Wissenschaftler bemühten sich um ein kontinuierliches Pumpen, aber Maiman erkannte, dass schon ein kurzer Lichtblitz in hoher Frequenz ausreichte, um die Elektronen entsprechend anzuregen. Der erste optische Laser wird Maimans Perfektionierung dieses Geräts am 16. Mai 1960 zugeschrieben. Am 7. Juli jenes Jahres stellte er ihn bei einer Pressekonferenz der Weltöffentlichkeit vor.

Seitdem werden Laser in die verschiedensten Anwendungen integriert, von Druckern über industrielle Metallbearbeitungsmaschinen bis hin zur optischen Präzisionsmesstechnik. Auch die Weltraumforschung stützt sich in immer vielfältigerer Weise auf die Lasertechnologie. 2001 testete die Europäische Raumfahrtbehörde ESA mit dem Satelliten *Artemis* das erste interplanetare Laser-Kommunikationssystem. 2005 kommunizierte der Laser-Altimeter im NASA-Raumschiff *Messenger* über eine Distanz von 24 Millionen Kilometern mit der Erde. Das OPALS-Experiment (Optical Payload for Lasercomm Science) auf der ISS erzielte 2014 eine Laser-Übertragungsgeschwindigkeit von 50 Megabit pro Sekunde. Laser dienen zur Präzisionsfertigung von Komponenten für die Raumfahrt; auch der Rover *Curiosity* nutzt sie auf dem Mars, um Gestein für die chemische Analyse zu zerstäuben.

Die vielleicht faszinierendste Anwendung des Lasers in der astronomischen Forschung sind künstliche Sterne zur Erzeugung adaptiver Optiken. Ein erdgebundenes Teleskop mit adaptiver Optik kann die atmosphärisch bedingten Verzerrungen durch Luftunruhe komplett ausblenden. Dazu erzeugt das System per Laser helle Lichtpunkte am Himmel, deren Eigenschaften genau bekannt sind. Die durch die Luftunruhe verursachten Verzerrungen in diesen Laserleitsternen können in der Folge dazu genutzt werden, die Verzerrungen aus den Bildern von fernen echten Sternen und Planeten auszublenden.

◀ Laserleitsternsystem auf dem Very Large Telescope des Observatoriums in Paranal (Quelle: European Southern Observatory /Gerhard Hudepohl)

64

Weltraumnahrung

Haute Cuisine für das Zeitalter der Raumfahrt

1961

1961 ernährte sich Juri Gagarin, der erste sowjetische Kosmonaut, aus drei Zahnpastatuben. Zwei davon waren gefüllt mit püriertem Fleisch, eine mit Schokoladensoße. Seitdem hat sich einiges getan bei der Entwicklung von Astronautennahrung. Sie ist schmackhafter, leichter und ausgewogener geworden, und sie ist den speziellen Anforderungen gewachsen, die eine Umgebung mit Mikrogravitation eben mit sich bringt. Getränke lassen sich nicht einfach eingießen, alles Flüssige neigt zur Kugelbildung, und Krümel können sogar zu gefährlichen Quellen der Verunreinigung werden und Störungen elektrischer Systeme hervorrufen. Zuerst wurden die meisten Mahlzeiten aus Tuben herausgedrückt. In der ISS wurden allerdings im

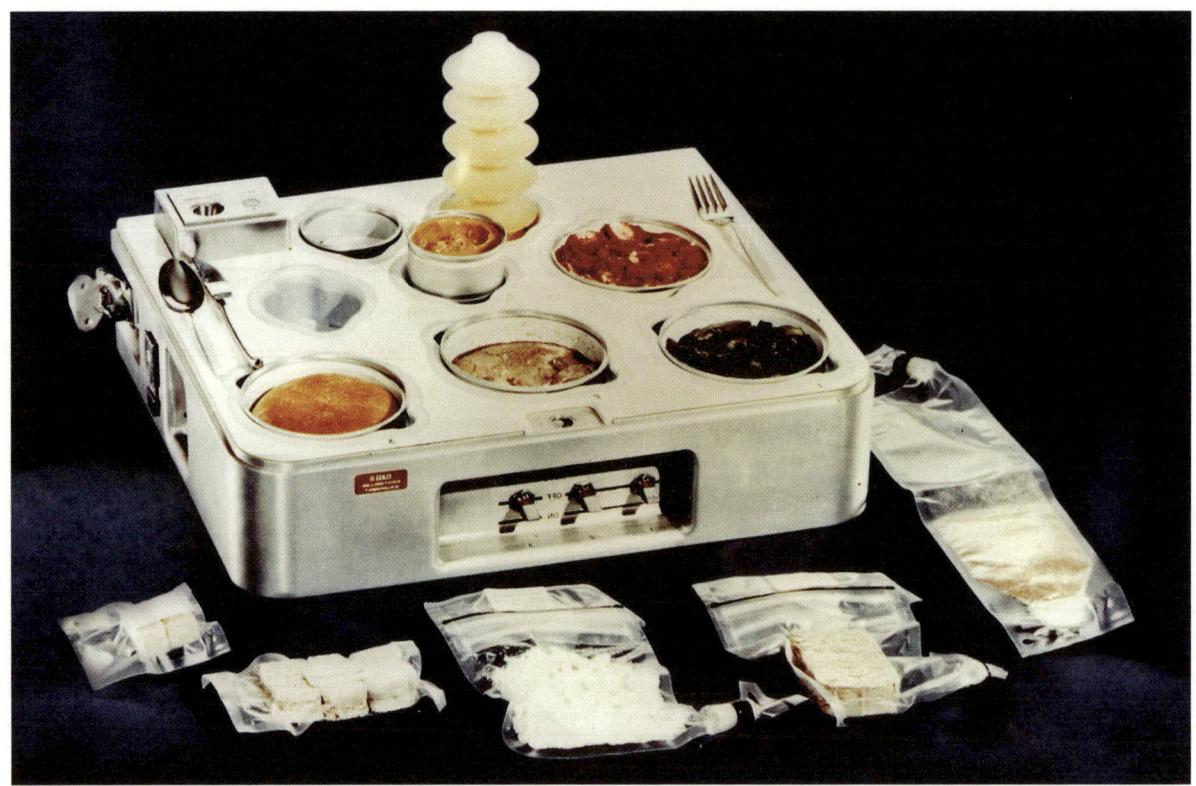

Lauf der Betriebsjahre regelrechte Miniküchen eingebaut, mit Konvektionsspeisewärmern und geeigneten Becken, an denen man heißes Wasser zapfen und Trockennahrung mit dem benötigten Wasser mischen konnte.

Um die psychologischen und biologischen Anforderungen an die Nahrung und deren Zubereitung in einer beengten und nahezu schwerelosen Umgebung herum ist eine ganze wissenschaftliche Disziplin entstanden. Bei der Weltraumnahrung geht es nicht mehr allein um das Decken des Kalorienbedarfs; sie besitzt auch einen wichtigen sozialen und psychologischen Aspekt für das Leben von Astronauten auf der ISS während ihrer meist langen Aufenthalte. Bestimmte Nahrungsmittel verbieten sich (beispielsweise wegen ihres potenziell Übelkeit verursachenden Geruchs), andere haben das Zeug zur Lieblingsspeise: Astronauten bevorzugen beispielsweise würzige Speisen, weil der Geschmackssinn im Weltall tendenziell abnimmt. In der Raumstation Skylab zählten in den 1970ern etwa Krabbencocktail und Butterkekse zu den beständigen Favoriten. Auch »Lobster Newburg«, frisches Brot, verarbeitete Fleischwaren und Eis waren sehr beliebt. Auf der ISS werden die vielfältige Konservennahrung und Frischgemüse oft durch Sonderwünsche der internationalen Besatzung ergänzt. Kürzlich schaffte es auch eine modifizierte Version von Kimchi, dem koreanischen Nationalgericht, ins Weltall. Es brauchte drei Forschungsinstitute, mehrere Jahre Arbeit und Millionen Dollar an Finanzierung, bis man eine weltraum-kompatible Version dieses Gerichts auf der Grundlage von fermentiertem Kraut – die Herstellung ist dem deutschen Sauerkraut vergleichbar – einsatzbereit hatte. Die russische Crew kann aus einer »Speisekarte« mit über 300 Gerichten

▲
Die italienische ESA-Astronautin Samantha Cristoferetti bei der Espresso-Zubereitung im Weltall

wählen. 2007 wurde dem schwedischen Astronauten Christer Fuglesang nicht gestattet, getrocknetes Rentierfleisch auf seine Spaceshuttle-Mission mitzunehmen. Die amerikanischen Astronauten fanden das so kurz vor Weihnachten »geschmacklos«, und er musste mit getrocknetem Elchfleisch vorliebnehmen.

Eine der neuesten Errungenschaften der Kochkunst hoch über der Erde ist eine von der Firma Argotec entwickelte Weltraum-Kaffeemaschine, getauft auf den hübschen Namen ISSpresso. Astronautin Samantha Cristoferetti wurde zur ersten Weltraum-Barista und twitterte beim Gedanken an die erste Portion Espresso, die 2015 auf der ISS gereicht wurde, ganz begeistert, das wäre »der beste jemals erfundene organische Wachmacher. Frischer Espresso in der neuen Espressotasse für die Schwerelosigkeit!« Da die ISS-Besatzung alle 90 Minuten einen Sonnenaufgang erlebt, rät die NASA davon ab, jeden »neuen Tag« mit einer frischen Tasse Espresso zu beginnen …

◀ Ein Essenstablett in der Raumstation Skylab. Das »Menü«: Vor und neben dem Tablett von links nach rechts: Kekse in Zuckerwürfelform, Rindfleischsandwich, Hühnchen mit Reis, Schmorbraten, Traubensaftgetränk. Im Tablett von rechts oben im Uhrzeigersinn: Erdbeeren, Spargel, Hochrippe, Brötchen, Karamellpudding, Orangensaft

65

Der Raumanzug

Eine lebenserhaltende zweite Haut

1962

Der sowjetische Kosmonaut Juri Gagarin machte seinen historischen Orbitalflug am 12. April 1961 und wurde damit zum ersten Menschen im Weltraum. Die USA antworteten auf dieses weltpolitische Ereignis mit einer eiligen eigenen Mission und schickten am 5. Mai 1961 Alan Shepard auf eine suborbitale Reise ins Weltall. Am 20. Februar 1962 kam mit John Glenn an Bord endlich der erste Flug der Amerikaner in die Erdumlaufbahn.

Im Unterschied zu Gagarins relativ geräumiger Kapsel *Wostok 1* ging es in Glenns *Friendship 7* ausgesprochen beengt zu. Für den Fall einer – nicht vorgesehenen – Landung im Südpazifik nach dem Wiedereintritt in die Erdatmosphäre hatte er einen Zettel dabei, auf dem in mehreren Sprachen stand: »Ich bin ein Fremder. Ich komme in friedlicher Absicht. Bringen Sie mich zum Führer Ihres Landes, und in der Ewigkeit wird Sie eine riesige Belohnung erwarten.« Im Jahr darauf schickte die Sowjetunion mit Valentina Tereschkowa die erste Frau ins All. Dieses weitere historische Ereignis fand seine amerikanische Entsprechung erst am 18. Juni 1983, als Sally Ride an der Spaceshuttle-Mission STS-7 teilnahm. Die Technologie der Raumfahrzeuge bei diesen Missionen unterschied sich auf den verschiedensten Gebieten. Einen gemeinsamen Nenner, ohne den all diese Raumfahrer und Raumfahrerinnen niemals ins All und wieder zurückgelangt wären, um uns davon zu berichten, gibt es aber doch: einen funktionsfähigen Raumanzug.

Seit der Erfindung des Druckanzugs in den 1930er-Jahren nutzte die US Air Force zahlreiche verschiedene Fluganzüge für ihre Piloten im Einsatz, die jenseits der Armstrong-Grenze von 62 000 Fuß (ca. 19 000 Meter) flogen. In diesen Höhen beginnen Wasser und andere Flüssigkeiten wegen des geringen Luftdrucks bereits bei Körpertemperatur zu kochen. Bis zum Ende der 1950er-Jahre war der Druckanzug »Mark IV« der US Navy, den auch Jetpiloten während des Koreakriegs trugen, zum bevorzugten Anzug geworden, weil er nicht übermäßig voluminös oder schwer und vor allem wesentlich beweglicher war als andere Modelle. Der Mark IV wurde schließlich von der NASA übernommen und für das Projekt Mercury (1958 bis 1963) an die Anforderungen des Weltraums angepasst; auch John Glenn trug ihn bei seinem historischen Flug. Spätere Modelle von Raumanzügen waren zudem mit beweglichen Handgelenklagern und, besonders wichtig, einem Urinaufnahmesystem ausgestattet.

Da Druckanzüge im Weltraum dazu neigen, sich aufzublähen, brauchte es Gurte, die das verhinderten. Unter Druck ist es in einem solchen Anzug auch schwieriger, bestimmte Gelenke zu bewegen: Zu diesem Zweck mussten drehbare Lager eingebaut werden, damit sich die Astronauten vernünftig bewegen und ihre Arbeiten verrichten konnten. Die Anzüge waren aus silberfarbenem oder weißem Material gefertigt, weil dies das Sonnenlicht am besten reflektiert; dunklere Anzüge heizten sich so schnell auf, dass es darin schon nach Minuten nicht mehr auszuhalten gewesen wäre. Zur Zeit der ersten Flüge des Gemini-Programms in den 1960er-Jahren war auch ein Kühlsystem hinzugekommen. Dadurch wurden die Raumanzüge für Weltraumspaziergänge oder für Ausflüge auf der Mondoberfläche allerdings auch sperriger. Herkömmliche Pilotenanzüge, die für Notfallbedingungen beim Start oder beim Wiedereintritt in die Atmosphäre getragen wurden, ähnelten in ihrem Design auch dann noch den schlanken und relativ leichten Anzügen aus Mercury-Zeiten.

Satellit *Syncom 2*

Die Übertragung der Eröffnungsfeier
der Olympischen Spiele in Tokio 1964

66

Syncom 2 (und 3)

Der Weltraum wird kommerziell nutzbar

1963

Eine geosynchrone Erdumlaufbahn ist eine, die auf die Geschwindigkeit der Erdrotation abgestimmt ist. Ein geosynchroner Satellit bleibt dementsprechend Tag und Nacht am gleichen Standort relativ zur Erdoberfläche. Die Hughes Aircraft Company machte sich mit ihrem Syncom-Programm in den 1960er-Jahren daran, das Kommunikationspotenzial solcher Orbits zu nutzen, in denen ein Satellit konstant Informationen an die gleiche Stelle auf der Erde schicken konnte.

Der erste Syncom-Satellit fiel aus, bevor er seine endgültige Umlaufbahn erreicht hatte, aber der zweite, *Syncom 2*, wurde nach seinem Start am 26. Juli 1963 zum weltweit ersten geosynchronen Übertragungssatelliten. Die NASA führte Tests mit der Übertragung von Sprache, Telefax und Fernschreiben durch und machte dann ein weiteres Mal Geschichte mit der Ausstrahlung der ersten TV-Übertragung auf geosynchroner Basis sowie der ersten satellitengestützten Kommunikation zwischen Staatsoberhäuptern, als Präsident John F. Kennedy einen Monat später mit dem Premierminister Nigerias telefonierte. Die Art und Weise, in der Informationen um die Welt geschickt wurden, hatte sich für immer verändert.

Auch *Syncom 3* verdient Beachtung, weil er den Fortschritt der Technologie weiter vorantrieb und das Potenzial der geosynchronen Übertragung einem Massenpublikum nahebrachte. *Syncom 3*, ein zylinderförmiger Satellit, gerade einmal 38 Zentimeter lang mit einem Durchmesser von gut 70 Zentimetern, war am 19. August 1964 gestartet worden. Er war mit 3800 Silizium-Solarzellen bedeckt. Diese erzeugten die für den Betrieb seiner zwei Transponder notwendigen 29 Watt. Als erster absolut geostationärer Satellit stellt er einen eigenen Rekord auf – er befand sich nicht nur geostationär im Orbit, er schwebte auch direkt über dem Äquator. Seine Entfernung zum Erdmittelpunkt betrug 42 163 Kilometer über dem Äquator, auf dem 180. Längengrad über dem Pazifischen Ozean.

Der Satellit diente für eine Reihe von Tests, darunter auch die Fernsehübertragung der Olympischen Spiele in Japan 1964 sowie die Weiterleitung von Fernschreiberdaten für Fluggesellschaften auf der Route San Francisco–Honolulu. Im Januar 1965 ging der Satellit in den Besitz des Verteidigungsministeriums über, das *Syncom 3* in den ersten Jahren des Vietnamkrieges einsetzte.

Zwar bezahlten Kanada, Europa, Japan und die USA gemeinsam eine Million Dollar für den Zugang zu dem Satelliten während der Olympischen Spiele, allerdings sahen die Menschen in Kanada und Europa mehr von den via *Syncom 3* laufenden Übertragungen – NBC bevorzugte für das US-Publikum die Ausstrahlung von Videobandaufzeichnungen: Die Bänder, die täglich aus Tokio eingeflogen wurden, sollten dem amerikanischen Publikum eine höhere Bildqualität bieten. Jeder Amerikaner, der bereit und willens war, am Abend der Eröffnungsfeier bis 1 Uhr nachts Ostküstenzeit aufzubleiben, konnte sich das Ereignis aber auch live aus Japan ansehen.

Der Satellit musste, um seinen Orbit erreichen zu können, sehr leicht gebaut werden, deshalb gab es in den Weiterleitungen via *Syncom 3* kein Audiosignal. Die Übertragung des Tons erfolgte über ein Transpazifikkabel. Die Audio- und Videodaten wurden in einer Bodenstation in Point Mugu (Kalifornien) empfangen und in einen Vorort von Burbank weitergeleitet, wo sie zusammengeführt und synchronisiert wurden.

67

Die Vidicon-Kamera

Elektronische Bildaufnahme von Objekten im Weltraum

1964

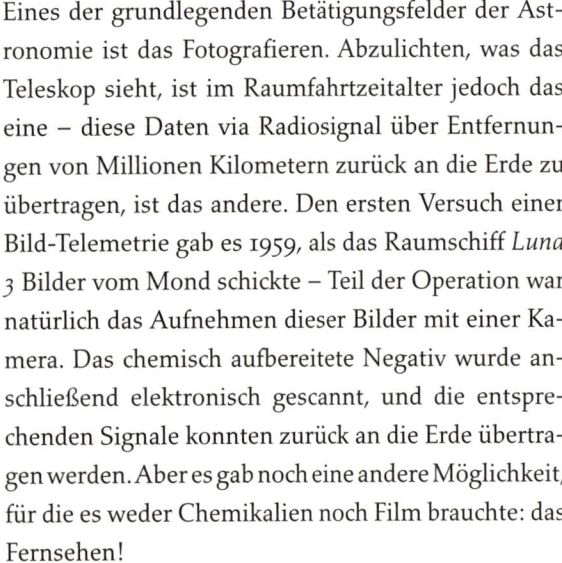

Die Vidicon-Röhre des Voyager (Schenkung des NASA Jet Propulsion Laboratory in Kalifornien). Das Stück befindet sich derzeit im Herschel Museum of Astronomy in Bath (Vereinigtes Königreich).

Eines der grundlegenden Betätigungsfelder der Astronomie ist das Fotografieren. Abzulichten, was das Teleskop sieht, ist im Raumfahrtzeitalter jedoch das eine – diese Daten via Radiosignal über Entfernungen von Millionen Kilometern zurück an die Erde zu übertragen, ist das andere. Den ersten Versuch einer Bild-Telemetrie gab es 1959, als das Raumschiff *Luna 3* Bilder vom Mond schickte – Teil der Operation war natürlich das Aufnehmen dieser Bilder mit einer Kamera. Das chemisch aufbereitete Negativ wurde anschließend elektronisch gescannt, und die entsprechenden Signale konnten zurück an die Erde übertragen werden. Aber es gab noch eine andere Möglichkeit, für die es weder Chemikalien noch Film brauchte: das Fernsehen!

Schon vor den 1920ern wurden zahlreiche terrestrische Versuche unternommen, Bilder elektronisch zu übertragen. Erst 1926 patentierte der ungarische Ingenieur Kálmán Tihanyi eine Methode, die wirklich funktionierte. Die Grundidee bestand darin, ein Bild auf der Oberfläche einer speziell geformten Vakuumröhre zu fokussieren. Die Röhre musste eine flache Oberfläche haben und mit einem lichtempfindlichen Material wie Selen beschichtet sein. Fällt Licht auf die Oberfläche, werden Elektronen in einer zur Lichtintensität proportionalen Anzahl generiert. Dann konnte ein Kathodenstrahl diese Oberfläche abtasten und das Bild »auslesen«. Die Firma RCA entwickelte 1946 Orthikon-Bildröhren, die immer weiter perfektioniert wurden, sodass sie mit immer geringerer Lichtintensität funktionierten. Dies führte letztlich zu einem neuen Design, der *Vidicon-Bildröhre*. Für den Betrieb in einem Raumfahrzeug heißt das: Ein Teleskop fokussiert ein Bild auf der Vidicon-Röhre, und dieses Bild wird elektronisch abgetastet und telemetrisch an die Erde übermittelt, ohne dass Zwischenschritte für die Filmentwicklung anfallen.

Der *Television Infrared Observation Satellite* (*TIROS-1*), 1960 ursprünglich als Wettersatellit gestartet, bewies, dass die neue Vidicon-Technologie im Weltraum wirklich funktionierte. Auf *TIROS-1* folgte im Jahr 1962 das Raumschiff *Ranger 3*. Es war mit einem Videosystem ausgerüstet, erreichte aber nicht das vorgesehene Ziel – den Mond. Einer der berühmtesten frühen Erfolge der Vidicon-Bildgebungstechnologie stellte sich bei der Marsmission *Mariner 4* ein, die im Jahr 1964 gestartet wurde. Die Marsoberfläche war damals Gegenstand von allerlei Spekulationen, bei Kindern ebenso wie bei Astronomen, und vom Bildmaterial, das *Mariner 4* liefern sollte, erwartete man endlich und definitiv die Antwort auf jene fundamentale Frage: Gab es wirklich Kanäle auf dem Mars? Die Antwort, die die per Telemetrie an die Erde geschickten 22 Bilder und 634 Kilobyte Daten lieferten, war nicht das, womit alle gerechnet hatten: Es gab keine Kanäle. Nur Krater.

Für *Mariner 4* wurde die vom Jet Propulsion Laboratory entwickelte Videokamera im Fokus eines kleinen 1,5-Zoll-Teleskops mit einem 1-Grad-Sichtfeld und einer Auflösung von ca. drei Kilometern montiert. Das Teleskop sollte die Oberfläche des Mars auf einer Vidicon-Röhre abbilden, die die variierende Lichtintensität in ein elektrisches Signal konvertierte. Die Intensität dieses Signals wurde anschließend digitalisiert zu 6 Bit (64 Intensitätsstufen) und 240 000 Bit pro Bild mit je 200 × 200 Pixeln. Die telemetrische Übertragung zur Erde war bei der riesigen Entfernung natürlich langsam, deshalb sorgte ein an Bord befindliches Magnetaufzeichnungsgerät mit einem 100 Meter langen Endlosband und einer Kapazität von 5 Millionen Bit für die Zwischenspeicherung, bis die Daten mit einer Geschwindigkeit von ca. 8 Bit pro Sekunde an die Erde übertragen werden konnten.

Die Vidicon-Bildgebungstechnologie ermöglichte vielen Weltraummissionen ihre historischen Entdeckungen, wie etwa bei *Pioneer 10* und *11*, *Viking 1* und *2* und *Voyager 1* und *2*. Der letzte derartige Einsatz eines Vidicon-Systems war beim Raumschiff *Voyager*, gestartet im Jahr 1977, aber schon ab Anfang 1972 unter der Bezeichnung »Mariner Jupiter/Saturn Project« konstruiert und gefertigt. Bis 1975 hatte sich die digitale Kameratechnologie allerdings so weit entwickelt, dass die NASA beschloss, bei der Galileo-Mission, die 1989 an den Start ging, eine auf Halbleitertechnik basierende Kamera zu nutzen. Die digitale Bildgebung war auch ein integrierter Bestandteil der »Wide Field and Planetary Camera« (800 × 800 Pixel), die 1982 als Imager für Hubble ausgewählt und schließlich im Jahr 1990 ins All geschickt wurde.

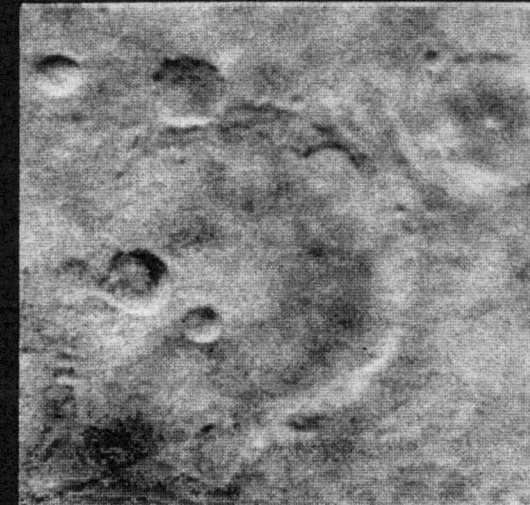

Der Mariner-Krater (Durchmesser 151 Kilometer) in der Nähe des Phaetontis-Gradfelds (man beachte die Pixelung) ▶

68

Die Rettungsdecke

Eine einfache Möglichkeit, Hitze drinnen – und draußen – zu halten

1964

Manche der für die Raumfahrt entwickelten Technologien bringen nicht nur die Weltraumforschung voran, sondern stellen auch bedeutende Verbesserungen für die Lebensqualität normaler Erdenbürger dar. Eine besonders unscheinbare und entsprechend kaum gewürdigte Technologie ist ein schlichtes Stück Kunststoff, beschichtet mit einer reflektierenden Metallfo-

lie. Techniker nutzen diese sogenannten *Isolier- oder Rettungsdecken* zur Wärmeregulierung in Raumfahrzeugen.

Diese Isolierdecken entwickelten Ingenieure am NASA Marshall Space Flight Center im Jahr 1964, in der Anfangszeit des US-Raumfahrtprogramms. Die Herstellung dieser metallisierten Folien ist kein ganz einfacher Prozess. Das vaporisierte Aluminium muss so auf die Eigenschaften der Mylar-Kunststofffolie abgestimmt werden, dass Infrarotwellen (also Hitzestrahlung) nicht weitergegeben, sondern umgeleitet werden. Zeigt die reflektierende Folie zum Körper hin, werden bis zu 97 Prozent der Infrarotenergie, die am Körper ankommen, reflektiert und halten damit

Eine bei der Mission *Skylab-3*
eingesetzte Sonnenschutzfolie ▶

den Körper warm. Liegt die reflektierende Folien-
schicht dagegen außen, kann die Decke auch als spie-
gelartiger Reflektor genutzt werden, der die Infrarotenergie quasi abprallen lässt und damit den Körper
kühl hält.

Die Isolierdecken dienen nicht allein zur Regulie-
rung der Körpertemperatur; tatsächlich kommen sie
bei praktisch allen Weltraummissionen – bemannt
und unbemannt – zum Einsatz: von den Apollo-
Mondlandefähren, die mit den goldenen, reflektierenden Decken umhüllt waren, bis hin zum Hubble-
Weltraumteleskop und dem Mars-Rover. Das vielleicht berühmteste Beispiel für die wichtige Rolle, die
diese Thermodecken im Weltraum spielen, war ein

Vorfall im Jahr 1973 im Rahmen der Skylab-Mission,
als ein äußerer Sonnenschutzschild ausfiel. Die Astronauten mussten aus einer Thermodecke notdürftig
einen Ersatzschild basteln, um die Innentemperatu-
ren in ihrer Raumstation zumindest unterhalb eines
lebensbedrohlichen Niveaus zu halten.

Heutzutage gehören Rettungsdecken zur unver-
zichtbaren Standardausstattung von Campern, For-
schungsreisenden und anderen Freizeit-Abenteurern.
Im Zielbereich des New York Marathon von 1979
reichte man den Läufern diese Decken zum Schutz
gegen Unterkühlung. Inzwischen sind sie am Ziel von
Langstreckenläufen überall auf der Welt gang und
gäbe.

69

Die Handsteuerung

Selbstständiges Bewegen im Weltraum

1965

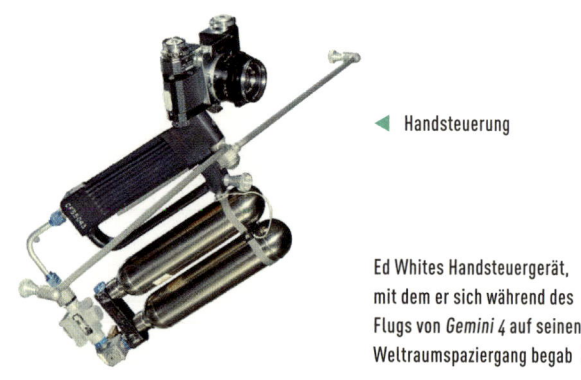

◄ Handsteuerung

Ed Whites Handsteuergerät, mit dem er sich während des Flugs von *Gemini 4* auf seinen Weltraumspaziergang begab ▶

Es war ein sonniger Tag im Juni 1965, als Astronaut Edward White beschloss, die Enge der *Gemini-4*-Weltraumkapsel hinter sich zu lassen und sich auf einen Spaziergang zu begeben – im Weltraum. Während sein Partner, Astronaut James McDivitt, in der Kapsel blieb, im Raumanzug und festgeschnallt an seinem Sitz, verließ White die Kapsel zusammen mit seiner »Nabelschnur« (einem Kabel, das ihn mit Sauerstoff und der Kommunikationsleitung versorgte) und verbrachte 23 Minuten außerhalb der Kapsel im All. Bei seinen Bewegungen, die er mittels einer Manövrierpistole mit Sauerstoffdüse durchführte, hatte er einen Aktionsradius von sieben Metern – so lang war die Sicherungsleine, die ihn neben der Nabelschnur mit der Kapsel verband. Dieser Weltraumspaziergang, oder *extravehicular activity* (EVA) im offiziellen NASA-Sprech, beglückte ihn derart, dass White am liebsten draußen geblieben wäre, als er vom Kontrollzentrum die Anweisung bekam, in die Kapsel zurückzukehren. »Das ist der traurigste Moment meines Lebens«, meinte er, als er wieder in die Raumkapsel stieg.

Die mit einer Kamera ausgestattete Handsteuerung, mit der White in der Umgebung der Gemini-Kapsel manövrierte, war, vorsichtig ausgedrückt, ein ziemlich primitiver Apparat: Das Druckgas reichte gerade einmal für drei Minuten Betrieb. Whites Partner McDivitt hielt das Ding sogar für einen glatten Fehl-

schlag – schließlich musste es immer exakt auf seinen Massenschwerpunkt ausgerichtet sein, sonst brachte es ihn nämlich nicht voran, sondern versetzte ihn bloß in Rotation. Die Techniker hatten es offenbar versäumt, die komplizierte Physik in der Schwerelosigkeit einzukalkulieren, und waren davon ausgegangen, man müsste mit dem Gerät einfach nur entgegen der Bewegungsrichtung zielen und den Abzug betätigen.

Bei späteren Missionen kamen ähnliche Vorrichtungen zum Einsatz, aber schließlich wurden sie durch robustere, festgeschnallte Raketentornister (Manned Maneuvering Units – MMU) ersetzt – erstmals im Rahmen des 1984 gestarteten Spaceshuttle-Programms. Die Astronauten Bruce McCandless – einer der Entwickler des MMU – und Robert L. Stewart nutzten solche Tornister für ihre historischen Weltraumspaziergänge ohne Sicherungsleine am 7. Februar 1984. Ein Foto von McCandless bei einem dieser Ausflüge, das ihn in rund 100 Meter Entfernung von der Raumfähre *Challenger* zeigt, wurde zu einer der markantesten Aufnahmen eines Astronauten im Weltall überhaupt.

Whites Handsteuerung war nicht gerade der letzte Schrei in Sachen Funktionalität, aber mit irgendetwas muss man anfangen. Sein Einsatz an diesem Gerät stellt den ersten historischen Schritt auf dem Weg zu der erstaunlichen Mobilität dar, deren sich Astronauten im Weltraum heutzutage erfreuen.

Das berühmte Foto von Bruce
McCandless beim Weltraumspaziergang ▶

70

Apollo 1 – Die Block-I-Luke

Ein grauenvoller Weckruf über die Gefahren der Raumfahrt

1967

Nur sechs Jahre nach Alan Shepards erfolgreichem Suborbitalflug ereignete sich eine der denkbar schrecklichsten Katastrophen für das so rasch voranschreitende Weltraumprogramm der USA. Das im Jahr 1963 aus der Taufe gehobene Projekt Apollo sollte Amerika Ruhm und Ehre bringen und im Jahr 1969 tatsächlich den Mond erobern. Es begann jedoch mit einer Tragödie. Beim ersten Bodentest einer voll einsatzfähigen Apollo-Kapsel, der *Apollo 1*, brach 1967 ein tödliches Feuer aus. Ein elektrischer Funke in Verbindung mit der Druckatmosphäre aus reinem Sauerstoff und dem Vorhandensein brennbaren Nylongewebes verwandelte das Innere der Kapsel für mehrere Sekunden in eine Feuerhölle, in der die drei Astronauten Virgil »Gus« Grissom, Edward White und Roger Chaffee ums Leben kamen. Im offiziellen Unfallbericht heißt es, neun Sekunden vor dem Ausbruch des Feuers wäre ein kurzzeitiger Spannungsanstieg am AC-Bus 2, einem bestimmten elektrischen Anschluss, festgestellt worden. Die Ursache dieses Anstiegs hatte man allerdings noch nicht gefunden.

Die Autopsien ergaben, dass die Astronauten nicht durch die Flammen zu Tode kamen, sondern durch Ersticken aufgrund von Kohlenmonoxid. Die Kommission, die den Unfall untersuchte, identifizierte mehrere elektrische Lichtbogen in der Nähe des Umgebungskontrollsystems (Environmental Control Unit – ECU) des Raumfahrzeugs. Insbesondere war bei einem versilberten Kupferdraht durch häufiges Öffnen und

Schließen einer kleinen Zugangsklappe die Isolierschicht aus Teflon abgerieben. Der Draht verlief nahe an einer mit Ethylenglycol ($C_2H_6O_2$) gefüllten und potenziell undichten Kühlmittelleitung. Wie Simulationen ergaben, war es gut möglich, dass solche undichten Stellen in einer reinen Sauerstoffatmosphäre einen Zündfunken auslösen konnten. Ethylenglycol ist ein gängiges und wirksames Kühlmittel, das z. B. im Kühlsystem von Automobilen eingesetzt wird. Bei der Zirkulation absorbiert es Hitze effektiver als Wasser, und es hat auch einen höheren Siedepunkt. Im Kühlsystem von Raumanzügen ist es in die Unterbekleidung integriert und sorgt für die dringend benötigte Kühlung in der beengten Umgebung einer Raumkapsel wie derjenigen des Apollo-Programms.

Das alles ist kein Problem, solange das Kühlmittel nicht in Kontakt mit Sauerstoff und einer Zündquelle kommt.

Aber der vielleicht verhängnisvollste Konstruktionsfehler war die Luke selbst. Selbst wenn alles andere versagt hätte, hätte eine einfache Möglichkeit, die Kapsel zu verlassen, das Leben der Astronauten retten können, jedenfalls in der Theorie. Die Block-I-Luke der *Apollo 1* beruht jedoch darauf, dass der Druck innerhalb der Kapsel höher ist als außerhalb – das sorgt dafür, dass die Kapsel sicher verschlossen bleibt. Außerdem ließ sich dieser Teil der Luke nur nach innen öffnen, und auch das erst, nachdem der Druck im Innenbereich abgesenkt wurde. Diese Konstruktion sollte ein versehentliches Öffnen der Luke während der Mission verhindern, aber die Tragödie der *Apollo 1* offenbarte die tödlichen Nachteile dieser Bauweise. Das Entlüftungsventil, das betätigt werden musste,

um den Druck abzusenken und die Luke öffnen zu können, war durch die Flammenwand nicht mehr zugänglich, und die Luke war ohnehin nicht für die Art schneller Druckabsenkung ausgelegt, die in einem derartigen Notfall lebenswichtig gewesen wäre.

Die Konstruktion der Apollo-Raumkapsel wurde daraufhin komplett überarbeitet, um zukünftige Probleme in Verbindung mit Feuerausbrüchen zu vermeiden. Dies begann mit der Luke, die sich jetzt nach außen öffnen ließ, und zwar notfalls auch ohne vorherigen Druckausgleich. Die Kabinenluft wurde auf ein Gemisch aus 60 Prozent Sauerstoff und 40 Prozent Stickstoff umgestellt. Das leicht entflammbare reine Nylon der Raumanzüge wurde durch andere, nicht entflammbare Textilien ersetzt. Von Rohren aus Aluminium wurde auf weniger reaktiven Edelstahl umgestellt, und Kabel und Drähte erhielten eine feuerfeste Isolierung.

Die Luke der *Apollo 1* bestand aus zwei Elementen: Die innere Luke wies den verhängnisvollen Öffnungsmechanismus auf. ▶

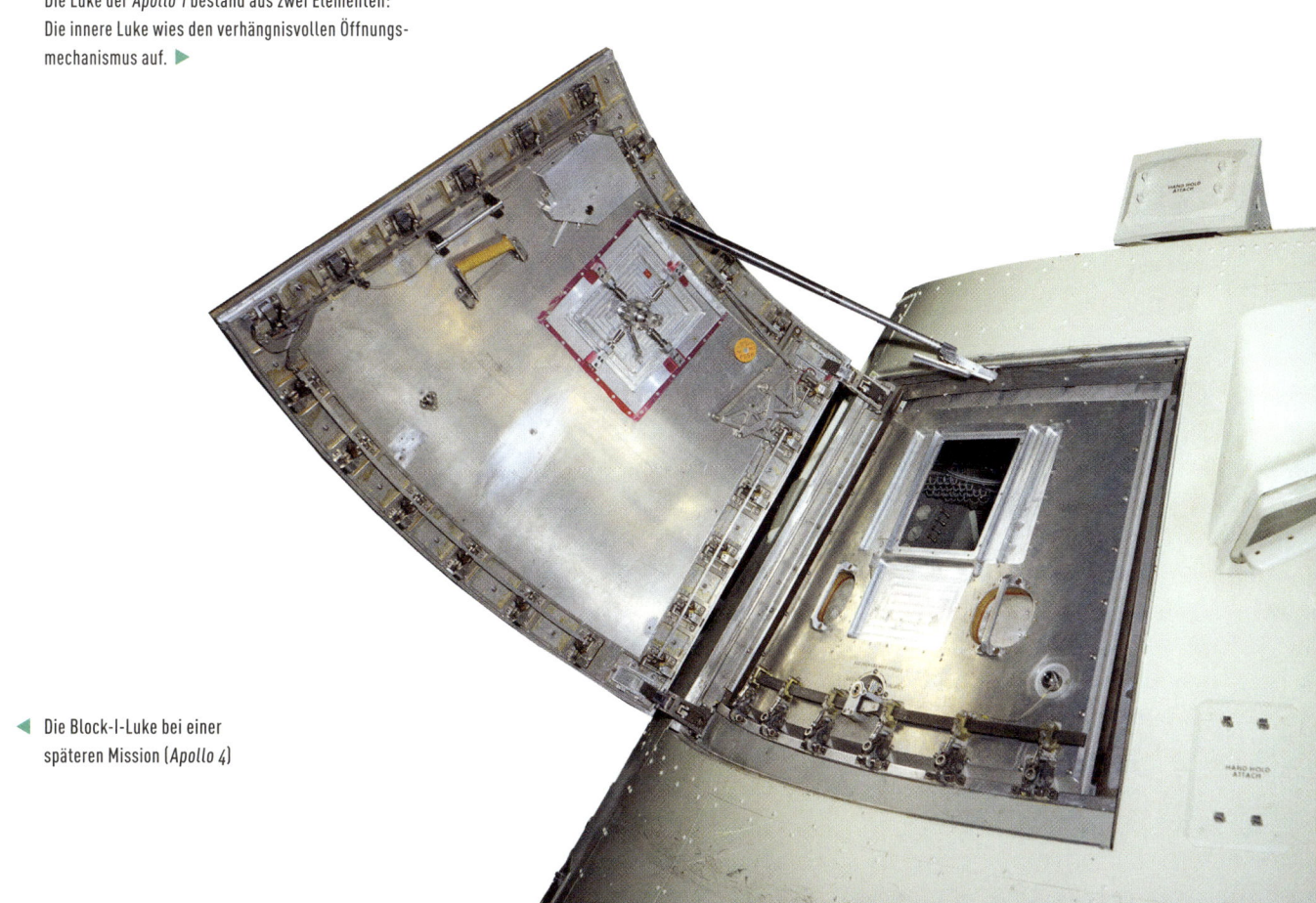

◀ Die Block-I-Luke bei einer späteren Mission (*Apollo 4*)

71

Der Interface Message Processor

Die Anfänge des World Wide Web

1967

Der Interface Message Processor (IMP) war eine Schlüsseltechnologie, entwickelt für ein experimentelles Computernetzwerk, bekannt unter dem Namen ARPANET, der frühesten Version dessen, was letztlich zum Internet werden sollte. Ein IMP diente dabei als Gateway – ein kleiner Computer, der den Computer eines Teilnehmers mit dem Backbone des ARPANET bzw. Internet verband. Heute bezeichnen wir diese Geräte als *Router*. Seine Aufgabe bestand darin, Datenpakete vom Host-Computer an andere Computer im Netzwerk unter Verwendung des Datenübertragungsprotokolls TCP/IP weiterzuleiten, was man auch unter dem Begriff der Paketvermittlung kennt.

Die ersten IMPs wurden 1966 von Donald Davies für das NPL-Netzwerk am National Physical Laboratory in London entwickelt sowie – unabhängig von Davies – 1967 vom ARPANET-Implementierungsteam unter Leitung von Larry Roberts. Wesley Clark von der Washington University in St. Louis brachte die Idee ins Spiel, den IMP als kleinen Computer zwischen Host und Netzwerk zu platzieren. Für den Bau von vier dieser IMPs, basierend auf dem Honeywell DDP-516 Minicomputer, wurde 1969 ein Vertrag mit der in Massachusetts ansässigen Firma Bolt, Beranek, and Newman abgeschlossen. Zum Ende des Jahres waren die IMPs auf alle am Netzwerk beteiligten Knoten verteilt. Die Übertragung der ersten paketvermittelten Nachricht erfolgte am 29. Oktober 1969

zwischen Charley Kline an der UCLA und Bill Duvall am Stanford Research Institute. Sie bestand aus ganzen zwei Buchstaben: *LO*. Es hätte eigentlich *LOGIN* heißen sollen, aber während der Übertragung brach die Netzwerkverbindung zusammen. Übrigens wurde eine Version des DDP-516, der DDP-316, als »Honeywell-Küchencomputer« vermarktet, angeblich ein nützlicher Helfer zum Speichern von Rezepten. Kostenpunkt nach heutiger Kaufkraft: stolze 73 000 US-Dollar.

Viele Jahre nutzten Astronomen über ihre lokalen Großrechner ARPANET-Verbindungen für die Übertragung von Daten und Nachrichten. Ende 1972 gehörten insgesamt 24 Knoten zum ARPANET, darunter die NASA und die National Science Foundation. Die E-Mail wurde im Jahr 1971 aus der Taufe gehoben, gefolgt vom File Transfer Protocol (FTP) 1973. Schon 1972 konnte man sich über den neuen Telnet-Service sogar fern an einem Computer anmelden. Das ARPANET wurde letztlich 1990 außer Dienst gestellt und durch NSFnet ersetzt. All diese technischen Innovationen trugen zur Entstehung des World Wide Web bei, das der englische Computerwissenschaftler Tim Berners-Lee 1989 erfand. Er schrieb den ersten Web-Browser mit Namen *World Wide Web* im Jahr 1990. Damals arbeitete er am CERN, dem bekannten Labor für Teilchenphysik in der Nähe von Genf.

Das Internet ermöglicht den raschen Austausch von Informationen und Daten über Computerschnittstellen, die im Büro praktisch jedes Astronomen verfügbar sind, und ist aus der astronomischen Forschung längst nicht mehr wegzudenken. Überdies hat die gleiche Technologie, die das Internet universell verfügbar gemacht hat, auch Entwicklungen zu einer enormen Steigerung der Verarbeitungsgeschwindigkeit von Computern vorangetrieben, die beim Betrieb von Raumfahrzeugen und zur Durchführung verschiedenster mathematischer Modellberechnungen eingesetzt werden.

Der IMP des ARPANET, der weltweit erste Router ▶

INTERFACE
MESSAGE
PROCESSOR

72

Die Hasselblad-Kamera

Erste Selfies aus dem All

1968

Die Hasselblad 500EL/M, die im Apollo-Programm zum Einsatz kam

Im Oktober 1962 nahm Walter Schirra eine Kamera der Marke Hasselblad 500C mit auf seine Mercury-Mission und schoss die ersten Weltraumfotos. Seitdem sind Hasselblad-Modelle die Fotokameras der Wahl bei der NASA. Hergestellt von der Firma Victor Hasselblad AB mit Sitz im schwedischen Göteborg kamen die Kameras bei den Programmen Gemini, Apollo und Skylab ausgiebig zum Einsatz. Etliche der legendärsten Fotos aus dem Weltall wurden mit Hasselblad-Kameras aufgenommen.

Das Modell 500EL begleitete sämtliche Apollo-Missionen, und ein Dutzend der kastenförmigen, silberfarbenen Kameras blieben auf der Oberfläche des Mondes zurück – lediglich die kristallklaren Negative der damit gemachten Fotos durften mit zurück zur Erde. Am Weihnachtsabend 1968 schoss William Anders, Astronaut der *Apollo 8*, das berühmte Bild mit dem Titel *Earthrise* (Erdaufgang) mit einer 70 mm Hasselblad 500EL, ausgestattet mit einem 250-mm-Teleobjektiv. Er hatte gerade eine längere Fotosession mit Aufnahmen der Mondoberfläche abgeschlossen und eine neue Filmpatrone eingelegt: ein handelsüb-

licher Ektachrome-Film von Kodak. Wie alle anderen Hasselblad-Kameras der NASA war auch Anders' 500EL speziell für den Einsatz im All konzipiert. Die silberne Farbe diente auch dazu, den im Weltraum herrschenden Temperaturbelastungen standzuhalten. Sie war mit einer speziellen Glasplatte mit eingeätztem Réseaugitter ausgestattet, einem Muster aus Kreuzen, das für die Bestimmung der Geometrie einer Umgebung und zum Schätzen von Entfernungen hilfreich ist. Auch die Kameraobjektive waren präzise darauf kalibriert, Feldverzerrungen auszuschließen.

In wenigen fieberhaften Sekunden erkannte Anders die Schönheit der Szenerie, die sich ihm durch das Fenster der Apollo-Kommandokapsel darbot, und schoss in aller Eile eine Serie von Standbildern. *Earthrise* ist das am besten fokussierte und ästhetisch gelungenste Bild dieser Serie. Und es ist nicht bloß ein wunderschönes Foto. Es regte die Fantasie vieler Millionen Menschen auf der heimatlichen Erde an und lieferte auch eine Inspiration für die im Entstehen begriffenen Umweltbewegungen und künftige Feierlichkeiten zum Earth Day.

Erdaufgang, aufgenommen von Bill Anders an Bord der *Apollo 8*

73

Apollo 11 – Mondgestein

Die ersten systematisch gewonnenen geologischen Proben aus einer anderen Welt

1969

Woraus genau besteht eigentlich der Mond? Diese Frage treibt die Menschen seit Jahrtausenden um, aber nach dem Aufkommen des Fernrohrs 1609 bewegten sich die Antworten allmählich aus dem spekulativen Bereich heraus und eher in Richtung Realität. Viele indirekte Methoden wurden entwickelt, etwa das Messen der Reflektivität des Mondes, aber am Ende konnte man auch nicht mehr sagen, als dass er aus irgendeiner Art von Gestein bestehen musste. Die ersten »handfesten« Informationen über seine geologische Zusammensetzung kamen von den Astronauten, die die Oberfläche besuchten und selbst nachsehen konnten – das felsige Mondgestein und die Brocken, die sie mitbrachten, lieferten die verbindlichen Aussagen, die jahrhundertelange Spekulationen logischerweise nicht bieten konnten.

Die 21 Stunden und 36 Minuten, die Neil Armstrong und Buzz Aldrin auf der Oberfläche des Mondes verbrachten, umfassten einen einzigen, zweieinhalbstündigen Aufenthalt außerhalb der Mondfähre, bei dem sie 21,6 Kilogramm Gesteins- und Bodenproben sammelten. Außerdem platzierten sie mehrere Aufbauten für Experimente. Sie hatten eine komplizierte Agenda sorgfältig durchgeplanter Aktivitäten zu absolvieren – der Mondaufenthalt war ein Wettlauf gegen die Zeit.

Zu den Gesteinsproben zählte auch die Nummer 10072,80. Der 447 Gramm schwere Stein, beschrieben als »bläschenförmiger, feinkörniger Basalt, reich an Kalium und Titaneisenerz«, wurde auf ein Alter von 3,6 Milliarden Jahre datiert, die Datierung anhand kosmischer Strahlung ergab allerdings ein Alter von nur 235 Millionen Jahren. Das bedeutet, dass er den größten Teil seiner Existenz verborgen unter der Oberfläche zugebracht hat und vor 235 Millionen Jahren an die Oberfläche gelangt ist, möglicherweise durch die von einem Meteoriteneinschlag verursachte Explosion im Regolith, der obersten Staubschicht der Mondoberfläche. Im Gestein der *Apollo 11* wurde auch ein neues Mineral gefunden, das bis dahin auf der Erde noch nicht nachgewiesen worden war. Es erhielt die Bezeichnung Armalcolit, nach den Astronauten der *Apollo 11*: ARM-strong, AL-drin, COL-lins.

Diese und andere Gesteinsproben zeigten, dass die Mondoberfläche reich an Silikat ist, genau wie die Erdkruste. Das gehäufte Vorkommen von Titan- und Aluminiumoxid, die zusammen 20 Prozent der Proben vom Mond ausmachen, bedeutet allerdings, dass der Mond nicht ausschließlich aus Stoffen gebildet wurde, die der Erdkruste ähnlich sind. Der Mond muss also irgendwie anders entstanden sein als die Erde. Diese neue Erkenntnis führte zur Theorie eines Mega-Einschlags. Laut dieser Hypothese kollidierte der Protoplanet der Erde vor Milliarden Jahren mit einem Himmelskörper von der Größe des Mars. Aus dessen Material, zusammen mit den bei der Kollision aus der Erdkruste herausgeschlagenen Bestandteilen, wäre dann die Materie entstanden, aus der sich der Mond bildete.

Apollo 11 – Mondgestein, Probe Nr. 10072,80, ausgestellt im Besucherzentrum des Canberra Deep Space Communication Complex ▶

Moderner CCD-Imager

Historisches Foto vom Pluto-Mond Charon, aufgenommen am 14. Juli 2015 mit der LORRI-Digitalkamera (Long Range Reconnaissance Imager). Zu dem Zeitpunkt befand sich New Horizons in ca. 4,8 Milliarden Kilometer Entfernung von der Erde.

74

Der CCD-Imager

Filmloses Bildmaterial von Planeten, Sternen und Galaxien

1969

1961 zeigte Eugene Lally am Jet Propulsion Laboratory, wie digitale Bildgebungstechnologie, die es damals noch gar nicht gab, theoretisch dazu dienen könnte, die Ausrichtung eines Raumfahrzeugs im All sowie dessen aktuelle Flugbahn zu definieren. Der Begriff *digitale Fotografie* geht tatsächlich auf Lally zurück. Der Begriff *Pixel*, eine Zusammensetzung aus *picture* und *element*, ist seit 1965 in Gebrauch.

Es gab in den 1960ern zahlreiche Versuche, ein röhrenfreies Bildgebungssystem auf den Weg zu bringen. Das ladungsgekoppelte Halbleiterelement (Charge-Coupled Device – CCD), das erste echte Halbleiterbauteil mit allen modernen Merkmalen eines digitalen Bildgebungssystems, wurde 1969 von George Smith und Willard Boyle entwickelt. Sie waren damals als Ingenieure für die AT&T Bell Laboratories tätig und erhielten später (im Jahr 2009) den Physiknobelpreis in Anerkennung dieser Arbeit. Eigentlich hatten sie das Gerät nur als Ersatz für den Magnetblasenspeicher konzipiert, der im Design eines »Bildtelefons« vorgesehen war. Erst ein Jahr später entdeckten Techniker, dass das Halbleitermaterial dieser CCDs lichtempfindlich war. Das bedeutete, dass die CCD-Speichereinheiten auch für die Bildgebung verwendbar waren. Rasch begannen mehrere Computerunternehmen mit der Entwicklung von CCD-Arrays und experimentierten damit für die Anwendung in Digitalkameras, wobei zunächst die Firma Fairchild Semiconductor die führende Rolle übernahm.

Das CCD201ADC von Fairchild Semiconductor, ein CCD-Array mit 100 × 100 Pixel, konnte zwar ein Standbild »aufnehmen« und in den akkumulierten Ladungen in jeder Bildzelle (d.h. jedem Pixel) speichern, allerdings verblasste das Bild sehr rasch. Im Jahr 1973 entwarf Steven Sasson für Eastman Kodak einen Schaltkreis, der die Daten auf einem Audio-Magnetband festhielt. Das Revolutionäre an diesem bescheidenen Anfang lag in der Tatsache, dass der gesamte Prozess elektronisch vonstattenging und völlig ohne Chemikalien auskam. Außerdem konnte die Kamera auf längere Aufnahmen eingestellt werden und auch nur schwach sichtbare Szenerien festhalten. Es dauerte 23 Sekunden, bis ein mit der 0,01-Megapixel-Kamera von Sasson aufgenommenes Foto auf der CCD-Speichereinheit fixiert war. (Allein im Jahr 2017 wurden über 1,2 Billionen digitale Fotos aufgenommen, hauptsächlich auf Smartphones.)

Die erste Anwendung der digitalen Fotografie in der Astronomie erfolgte ein paar Jahre später, als 1976 Bradford Smith, ein Astronom an der University of Arizona, eine 400-x-400-Pixel-CCD von Texas Instruments mit dem 60-Zoll-Teleskop auf dem Mount Lemmon verband und die ersten, noch sehr grobkörnigen Aufnahmen vom Uranus machte. Diese zeigten erstmals Details der Atmosphäre des Planeten.

Die NASA setzte CCD-Imager schon bald in ihren Raumfahrzeugen ein und nutzte sie nicht nur für Fotos von der Oberfläche von Planeten, sondern auch als zentrale Komponente in ihren Navigationssystemen. Die CCD-Bildgebung hat die Weltraumforschung und Astronomie von Grund auf verändert und ist bis heute von zentraler Bedeutung: Sie wird in der größten jemals gebauten Digitalkamera zum Einsatz kommen, einem 3-Gigapixel-Imager innerhalb des Large Synoptic Survey Telescope (heute Vera C. Rubin Observatory – Anm. d. Ü.), das 2022 in Betrieb gehen soll. Dieses wird in der Lage sein, hochauflösende Bilder vom gesamten Nachthimmel aufzunehmen.

75

Lunar Laser Ranging RetroReflector

Lasergestützte Vermessung des
Abstands zwischen Mond und Erde

1969

Wie weit ist der Mond von der Erde entfernt? Diese grundlegende Frage wird seit Jahrhunderten diskutiert; in den 1950ern schafften wir es, diese Entfernung per Radar bis auf einige Kilometer genau zu bestimmen. Das Aufkommen der Lasertechnologie und die damit verbundene phänomenal genaue Messtechnik versprachen ein ganz neues Universum von Möglichkeiten zur Ermittlung dieses wichtigen und grundlegenden astronomischen Werts. Für eine exakte Berechnung des Abstands brauchte es allerdings nichts weniger als eine bemannte Mission: das Apollo-Programm der NASA.

Das bloße Aufstellen eines Spiegels auf dem Mond würde allerdings für die Laser-Messung nicht ausreichen: Wegen der sperrigen Raumanzüge der Astronauten und der manuellen Ausrichtungsmethode war die präzise Ausrichtung, die es brauchte, um einen Laserimpuls zurück an das Teleskop auf der Erde zu reflektieren, von dem er ausging, keineswegs garantiert. Aber das Aufkommen der Radartechnik während des Zweiten Weltkriegs hatte uns auch eine neue Reflektortechnik beschert, die in der Lage war, das optische Signal unabhängig von der Ausrichtung des Reflektors an den Absender zurückzugeben. Das Gerät nennt sich *Winkelreflektor* und besteht aus drei Spiegeln, angebracht an der Ecke eines Würfels, wobei die reflektierenden Flächen nach innen zeigen. Jedes Signal, das – aus jedem beliebigen Winkel – innerhalb

des Felds des Retroreflektorwürfels ankommt, wird exakt in Richtung des Einfallswinkels zurückgeworfen.

1964, nur ein paar Jahre nach der Erfindung des Lasers, bekam die NASA ihre erste Laser-Rückmeldung vom Satelliten *Explorer 22*, der mit einem solchen Reflektorwürfel ausgerüstet war. Die Technologie wurde rasch übernommen und sollte zu einer der wesentlichen experimentellen Einrichtungen werden, die die Astronauten von *Apollo 11, 14* und *15* ab 1969 auf die Mondoberfläche transportierten: der Lunar Laser Ranging RetroReflector. Ein starker Laserstrahl ist, wenn er von der Erde ausgeht, zunächst nur wenige Millimeter breit, erreicht aber bis zu seinem Eintreffen auf der Mondoberfläche einen Durchmesser von über sechs Kilometern. Von den 100 000 Billionen Photonen, die der Laser von der Erde aussendet, wird nur alle paar Sekunden ein einziges Photon reflektiert; diese Rückmeldungen erkennt ein großes Teleskop mithilfe eines empfindlichen Fotometers. Am Ende lieferten uns die Experimente des Apollo-Programms endlich die ersehnte Antwort: Die Entfernung des Mondes von der Erde variiert übers Jahr, beträgt aber im Durchschnitt ca. 384 400 Kilometer. Mit ihrer millimetergenauen Präzision machten diese Instrumente übrigens noch eine weitere bemerkenswerte Entdeckung: Unser Mond entfernt sich von der Erde pro Jahr um knapp vier Zentimeter.

76

Apollo Lunar Television Camera

Die Bildikone von Neil Armstrongs erstem kleinen Schritt

1969

Am 21. Juli 1969 um 2 Uhr 56 und 15 Sekunden (koordinierte Weltzeit) setzte der Astronaut Neil Armstrong seinen Fuß auf die Oberfläche des Mondes und wurde damit zum ersten Menschen, der einen fremden Himmelskörper betrat. Während er die neun Stufen der Metallleiter hinabstieg, zog er an einem an einer Kordel befestigten Ring, brachte damit eine Gerätebox in Stellung und aktivierte die Fernsehkamera. Man sollte eigentlich denken, das Video, das diesen historischen Schritt dokumentarisch festhielt, müsste von höchster Qualität sein, aber in Wirklichkeit war es doch recht unscharf, als es an die über 600 Millionen Menschen an ihren Fernsehgeräten übertragen wurde. Die Schwarz-Weiß-Videokamera der Marke Westinghouse maß ca. 28 × 18 × 8 Zentimeter und wog gut drei Kilogramm. Ihr Betrieb verbrauchte etwa sieben Watt, und das Gerät war speziell für die extremen Temperaturunterschiede auf dem Mond ausgelegt – von rund 120 Grad Celsius bei Tageslicht bis -157 Grad in der Nacht. Sie benötigte außerdem eine langsame Abtastung (ca. ein Bild pro Sekunde), da die Mondoberfläche sehr dunkel war. Und noch wichtiger: Das Videosignal musste eine Bandbreite von nur 700 kHz einhalten, um die Übertragung über die S-Band-Antenne der Mondlandefähre gewährleisten zu können.

Aufgrund ihres speziellen Designs war die Videokamera mit ihrer langsamen Abtastrate eigentlich gar nicht kompatibel mit der normalen TV-Qualität. Das an die internationalen Überwachungsstationen der NASA geleitete Videosignal musste auf einem speziellen Monitor angezeigt und dann mit einer herkömmlichen, auf diesen Spezialmonitor gerichteten TV-Kamera neu ins Bild gesetzt werden. Das Ergebnis war Filmmaterial von ziemlich bescheidener Qualität – man sah immer wieder geisterhafte Restabbilder der Astronauten im Fernsehbild. Etwa zwölf Minuten nach der Aufnahme jener historischen Videosequenz platzierten die Astronauten die Kamera auf ein Stativ und machten Panoramaaufnahmen. Die historischen Fotos von der Landung der *Apollo 11* stammen derweil sämtlich aus einer Hasselblad-Profikamera. Die Astronauten schossen Hunderte hochauflösende Bilder von der bizarren Landschaft.

So unscharf das Filmmaterial war, ist dennoch das Standbild des Moments, in dem Armstrong erstmals den Fuß auf den Mond setzt, eine der legendärsten Aufnahmen der Geschichte der Weltraumforschung. Die Technologie entwickelt sich unablässig weiter, aber die frühesten Bilder unserer ersten Schritte in neue Bereiche des Wissens haben ihren eigenen Reiz, das gilt für die antike Himmelsscheibe von Nebra ebenso wie für die allerersten Daguerreotypie-Aufnahmen von Sonne und Mond – so unvollkommen die Bilder auch sein mögen.

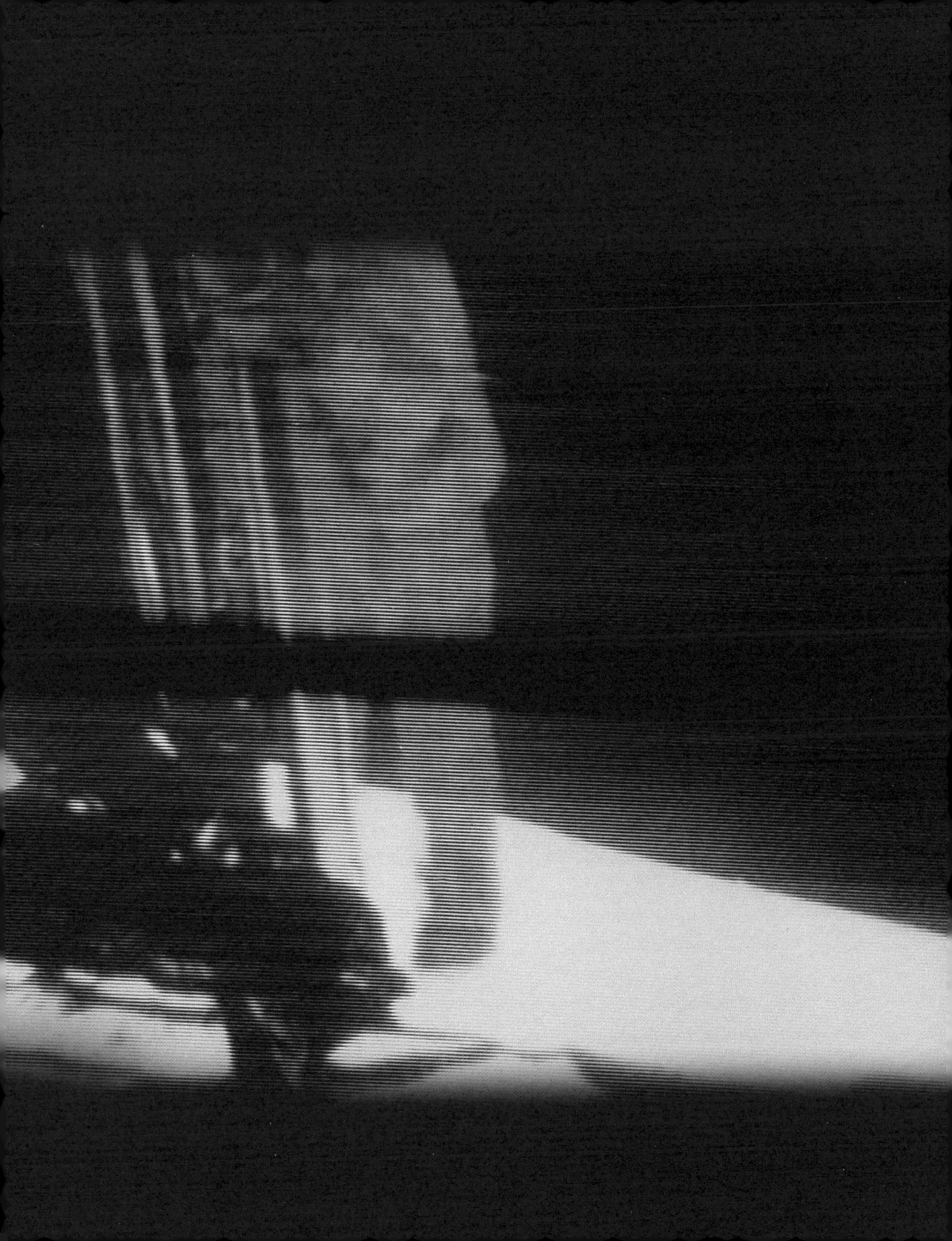

77

Der Neutrino-Detektor in der Goldmine von Homestake

Der erste Neutrino-Detektor

1970

Elektronen, Neutronen und Protonen sind gängiger Teil der modernen Nuklearphysik, doch schon vor der Entdeckung des Neutrons im Jahr 1932 ließen Studien des radioaktiven Zerfalls in den 1920er-Jahren darauf schließen, dass es noch andere Arten subatomarer Teilchen geben könnte. Es war bekannt, dass bestimmte radioaktive Isotope zu stabilen Atomkernen zerfielen, dabei aber ein Elektron abgaben. So zerfällt beispielsweise radioaktiver Kohlenstoff-14 zu Stickstoff-14 und emittiert dabei ein Elektron. Die Transaktion im Atomkern erfordert, dass eines der Neutronen im Kohlenstoffkern in ein Proton im Stickstoffkern umgewandelt wird. Dieser Beta-Zerfallsprozess wurde 1930 von Wolfgang Pauli erforscht. Seine Arbeit führte zu der Idee, dass neue Teilchen, die später *Neutrinos* getauft wurden, die fehlende Energie aus dem Zerfallsprozess quasi mitnehmen mussten.

Sobald die thermonukleare Fusion von Wasserstoff als Quelle der Energie der Sonne identifiziert war, erkannten die Wissenschaftler schnell, dass die Sonne auch eine mächtige Neutrino-Quelle sein musste. Die Entdeckung der Neutrinos wiederum wurde als weiterer Beleg dafür gesehen, dass der Wasserstoff-Fusi-

onsprozess die Quelle solarer und stellarer Energie darstellt. In den späten 1960er-Jahren führten Berechnungen des Astronomen John Bahcall und ein von Raymond Davis entworfenes Experiment zur Schaffung eines einzigartigen Neutrino-Detektors.

Der Detektor bestand aus einem riesigen Tank mit einem Fassungsvermögen von 450 000 Litern, gefüllt mit Perchlorethylen, einem handelsüblichen Reinigungsmittel. Der Tank lag rund eineinhalb Kilometer unter der Erde in der Goldmine von Homestake in South Dakota. Wenn ein Neutrino mit der Flüssigkeit reagierte, verwandelte sich einer der Chlor-37-Atomkerne durch Absorption des solaren Neutrinos in einen Argon-37-Kern. Die radioaktiven Argon-Atome wurden gesammelt und gezählt, was Auskunft über die Anzahl solarer Neutrinos gab, die pro Sekunde im Tank dazukamen. Über mehrere Jahre kam bei der Zählung nur ein Drittel der erwarteten Anzahl Neutrinos zusammen. Damit hatte die Physikergemeinschaft eine harte Nuss zu knacken. 2001 kam dann die Entdeckung der Neutrino-Oszillation und damit die Erklärung dafür, wie sich Neutrinos von der Sonne auf ihrem Weg zur Erde in andere Arten von Neutrinos verwandelten. Deshalb konnte Davis' Experiment nicht die eigentlich erwartete Zahl an Neutrinos finden. Die Diskrepanz löste sich auf, wenn man auch die beiden anderen Neutrino-Typen (Myon und Tauon) berücksichtigte.

Aber warum der ganze Wirbel um die Neutrinos? Weil wir dadurch die Chance haben, die Energieerzeugung der Sterne zu sehen und zu verstehen, und weil wir so die frühesten Vorkommen von Neutrinos nach der Entstehung unseres Universums vor rund 14 Milliarden Jahren untersuchen können. Davis' Erforschung der Neutrinos brachte ihm im Jahr 2002 den Physiknobelpreis ein. Heute sind mehrere unterschiedliche Neutrino-Detektoren in Betrieb, und am etwas ferneren Horizont sind schon Detektoren zu erahnen, die in der Lage sein werden, den kosmischen Neutrino-Hintergrund zu erkunden, den uns der Urknall selbst zurückgelassen hat.

◀ Tief unter der Erde steht ein Wissenschaftler über dem riesigen Perchlorethylentank des Neutrino-Detektors.

78

Lunochod 1

**Der erste Roboter zu Besuch
in einer anderen Welt**

1970

Einen Planeten, Mond oder Asteroiden mit Robotertechnik zu erkunden ist natürlich billiger, als Menschen ins All zu schicken – wir brauchen Nahrung, Wasser, Luft und eine Druckatmosphäre im Raumschiff. Eine Perfektionierung der Robotertechnik vorausgesetzt, können wir de facto jede Art von Himmelskörper erforschen, und dies zu einem Bruchteil der Kosten verglichen mit einem bemannten Raumfahrtprogramm.

Kurz nachdem die NASA mit ihren Apollos erfolgreich Menschen zum Mond geschickt hatte, setzte auch die Sowjetunion Zeichen und schickte am 10. November 1970 die Mission *Luna 17* zum Erdtrabanten. In dem Raumschiff befand sich ein Rover, *Lunochod 1*, der die Mondlandefähre verlassen und gut ein Jahr lang wissenschaftliche Erkenntnisse von seiner insgesamt ca. 110 Kilometer langen Fahrstrecke zurück an die Erde melden sollte.

1973 folgte *Lunochod 2*, der über vier Monate verteilt 37 Kilometer Strecke schaffte und über 80 000 Bilder zur Erde schickte. 1993 wurde *Lunochod 2* vom New Yorker Auktionshaus Sotheby's für 68 500 US-Dollar versteigert und wurde damit zum ersten in Privatbesitz befindlichen Raumfahrzeug im gesamten Sonnensystem.

Diese Rover hatten in etwa die Form einer Badewanne. Sie waren gut zwei Meter lang und mit Radioisotopen-Heizungen ausgestattet, um ein Auskühlen in der eisigen Mondnacht zu verhindern. Die acht Räder waren einzeln steuerbar, es bedurfte allerdings spezieller Schmierstoffe, um Getriebe und Motoren unter den Bedingungen des Vakuums und der extremen Temperaturunterschiede funktionsfähig zu halten. In vielerlei Hinsicht ist das Betreiben eines solchen Rovers auf dem Mond viel anspruchsvoller als vergleichbare Operationen auf dem Mars. Die endgültigen Ruhestätten der beiden Rover blieben lange ein Geheimnis. Im März 2010 wurden *Luna 17* und *Lunochod 1* schließlich auf Aufnahmen der NASA-Sonde *Lunar Reconnaissance Orbiter* entdeckt. Diese hatte eigentlich die Aufgabe, die Mondoberfläche mit einer Auflösung von ca. zwei Metern abzubilden, und nebenher fand sie die beiden Fahrzeuge und hielt sie in einer Bilderserie fest.

Seit den Ausflügen der Lunochod-Rover über die Mondoberfläche wurden inzwischen vier weitere Rover erfolgreich auf dem Mars abgesetzt. Dem Mond stattete erst am 14. Dezember 2013 wieder ein Roboterfahrzeug einen Besuch ab: diesmal *Yutu* (dt. auch *Jadehase*), ein Rover der Chinesen. Ein Nachfolgermodell, *Yutu 2*, landete am 3. Januar 2019 auf der erdabgewandten Seite des Mondes und ging damit als erstes Vehikel dort in Betrieb.

Lunochod 1, das erste ferngesteuerte Fahrzeug auf einem fremden Himmelskörper ▶

79

Der Skylab-Hometrainer

Fit bleiben im Weltall

1973

Im Unterschied zu den bekannten Science-Fiction-Geschichten geht es beim Leben und Arbeiten im Weltraum nicht ganz ohne Gesundheitsrisiken zu – Risiken weit jenseits von Meteoritenstürmen und Sonneneruptionen. Nach drei Millionen Jahren der Evolution auf der Erde ist der menschliche Organismus nicht gerade gut an das Leben im Weltraum unter den Bedingungen der Mikrogravitation angepasst. Das sprach sich irgendwann Mitte der 1960er-Jahre herum, als man bei den Astronauten der Missionen *Gemini 4, 5* und *7* und später, im Jahr 1970, bei den Kosmonauten der *Sojus 9* eine milde Form von Knochenschwund diagnostizierte. Zusätzlich zu diesem raumfahrtspezifischen Knochenschwund, Raumfahrtosteopenie genannt, wurden weitere physiologische Auswirkungen erkennbar, etwa eine verstärkte Verlagerung des Blutes in den Oberkörper und anhaltende Schwindelgefühle und Übelkeit – typische Symptome der »Weltraumkrankheit«.

Die Raumstation Skylab wurde am 14. Mai 1973 in den Orbit geschickt und stellte den ersten Versuch dar, ein dauerhaft bemanntes Labor in einer niedrigen Erdumlaufbahn einzurichten. Der Plan war, wechselnde Astronautenteams mit Saturn-1B-Trägerraketen zum Skylab zu schicken und an diesen Astronauten detaillierte medizinische Untersuchungen zur Anpassung an eine Umgebung unter den Bedingungen der Mikrogravitation durchzuführen. Vor Skylab waren die längsten erfolgreich durchgeführten be-

mannten Raumflüge *Gemini 7* (14 Tage) und *Sojus 9* (18 Tage) gewesen. Die dritte Skylab-Crew blieb bis zum Ende der Mission im Februar 1974 volle 84 Tage in der Station. Skylab war zu diesem Zweck mit einem Hometrainer und einem Mini-Fitnessstudio ausgestattet, einer Art Zentrifugen-Trainingsapparat, mit dem sich die Astronauten körperlich fit halten sollten.

Das Skylab-Programm lieferte bedeutende wissenschaftliche Erkenntnisse, nicht nur was die Erforschung der Sonne betraf, sondern auch über die Folgen, die längere Aufenthalte im All auf den menschlichen Organismus haben konnten. Bei der Untersuchung der Folgen des Knochenschwunds, der Verlagerung des Bluts in die obere Körperhälfte und die Auswirkungen intensiven körperlichen Trainings auf diese Problembereiche wurde Pionierarbeit geleistet.

Astronaut Pete Conrad auf dem Hometrainer in der Raumstation Skylab

▼

80

Der Laser Geodynamics Satellite (LAGEOS)

Entdeckung der wahren Gestalt der Erde

1976

Im 17. Jahrhundert stellte Isaac Newton erstmals die These in den Raum, die Erde sei keine perfekte Kugel, und im 18. Jahrhundert kam der Beweis für seine Hypothese. Unser Planet ist vielmehr auf komplizierte Art und Weise durch die Gravitationskraft der Sonne und des Mondes zu einem abgeplatteten Sphäroid verformt – das sind wichtige Informationen für die Navigation gerade in der Seefahrt, die auf eine maximal präzise Kartierung des Globus angewiesen ist. Im Verlauf des 19. und 20. Jahrhunderts widmeten sich intensive wissenschaftliche Bemühungen der Vermessung der Gestalt unserer Erde mit immer größerer Präzision. Dabei stellte sich heraus, dass dies nahezu unmöglich war, wenn man die Land- und Meeresflächen ausschließlich direkt von der Erdoberfläche aus erfassen wollte. Mit dem Aufkommen von Raumfahrt und Satellitentechnik in den 1960er-Jahren wurden die Karten im Spiel der Geo-Metrologie ganz neu gemischt.

Wenn ein Satellit die Erde umkreist, wirken auf seiner Umlaufbahn leicht unterschiedliche Gravitationskräfte auf ihn ein. Dies hat zur Folge, dass der Satellit die Flughöhe in seinem Orbit entsprechend geringfügig nach oben oder unten anpasst. Aus den erfassten Daten dieser Höhenschwankungen, gekoppelt an exakte Zeitpunkte von Radio- oder Lasersignalen, lässt sich die Form der Erdoberfläche ableiten.

Der erste speziell auf solche Messungen ausgelegte Satellit war der Laser *Geodynamics Satellite (LAGEOS),* der 1976 ins All geschickt wurde. 1992 ging der Nachfolger *LAGEOS-2* an den Start, eine Kooperation der NASA mit der italienischen Raumfahrtbehörde. Beide Raumfahrzeuge waren Messingkugeln mit einer Aluminiumummantelung, hatten einen Durchmesser von ca. 60 Zentimetern und wogen 411 bzw. 405 Kilogramm. Beide waren bedeckt mit insgesamt 426 Winkelreflektoren, was ihnen das Aussehen eines überdimensionalen Golfballs verlieh. Von der Erde aus wurde ein Laserimpuls auf die Satelliten gerichtet und von diesen zurück zur Bodenstation reflektiert. Dort wurde die Zeitdifferenz in Höhendaten umgewandelt – basierend auf der bekannten Lichtgeschwindigkeit von 300 000 Kilometern pro Sekunde. Aus Millionen dieser Punktmessdaten konnte die Form der Erde bis auf wenige Zentimeter genau ermittelt werden. Diese Daten genügten allemal als Nachweis von höchster Präzision: Unser Planet ist tatsächlich an den Polen abgeflacht und am Äquator leicht ausgewölbt.

Aber die Daten ergaben noch etwas viel Interessanteres: Im Gravitationsfeld der Erde gibt es noch weitere Unregelmäßigkeiten über die Landmassen der Kontinente und die ausgedehnten Ozeanbecken verteilt. Die Darstellung im Modell, angefertigt vom in Potsdam ansässigen Geoforschungszentrum, zeigt einen einigermaßen unförmigen Klumpen, die »Potsdamer Schwerekartoffel«. Die winzigen Höhendifferenzen werden vieltausendfach vergrößert und erzeugen damit einen übertrieben verformten Globus, der die beschriebenen Unregelmäßigkeiten extrem betont.

Die »Potsdamer Schwerekartoffel«: Ein Modell des Gravitationsfelds der Erde, produziert vom Deutschen Geoforschungszentrum (GFZ) in Potsdam, zeigt stark überhöht die Verteilung der Erdmassen und damit das räumlich ungleichförmige Schwerefeld der Erde. ▶

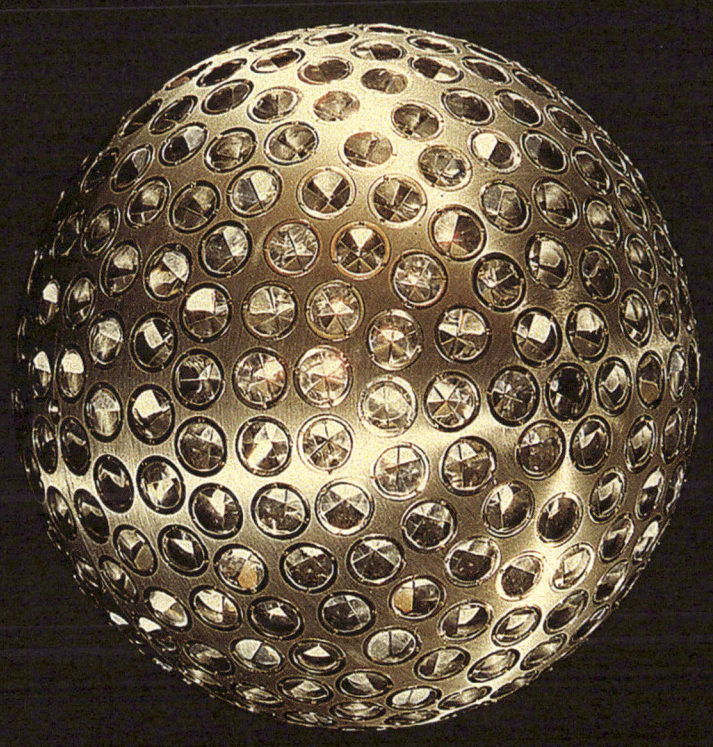

81

Differenzielles Mikrowellenradiometer von Smoot

Bestätigung der Urknall-Kosmologie

1976

Von 1976 bis 1978 versuchte der Astrophysiker George Smoot, die Dopplerbewegung der Erde auf ihrer Bahn durchs Weltall bezogen auf die kosmische Mikrowellen-Hintergrundstrahlung zu identifizieren. Diese Strahlung ist das Licht, das der Urknall selbst hinterlassen hat und das heute nur noch im Bereich von Radiowellenlängen sichtbar ist. Smoots Messinstrument, das differenzielle Mikrowellenradiometer (ein Gerät, das elektromagnetische Strahlung im Mikrowellenbereich erfassen kann), wurde 1976 auf ein in großen Flughöhen eingesetztes U-2-Spionageflugzeug montiert. Diese historische Studie – die u. a. die gleichförmige Ausdehnung des Universums und das Fehlen von Rotation in dieser Ausdehnung belegte – und das Design des Radiometers waren die Vorläufer des NASA-Raumschiffs COBE (Cosmic Background Explorer). Dieses wurde 1989 ins All

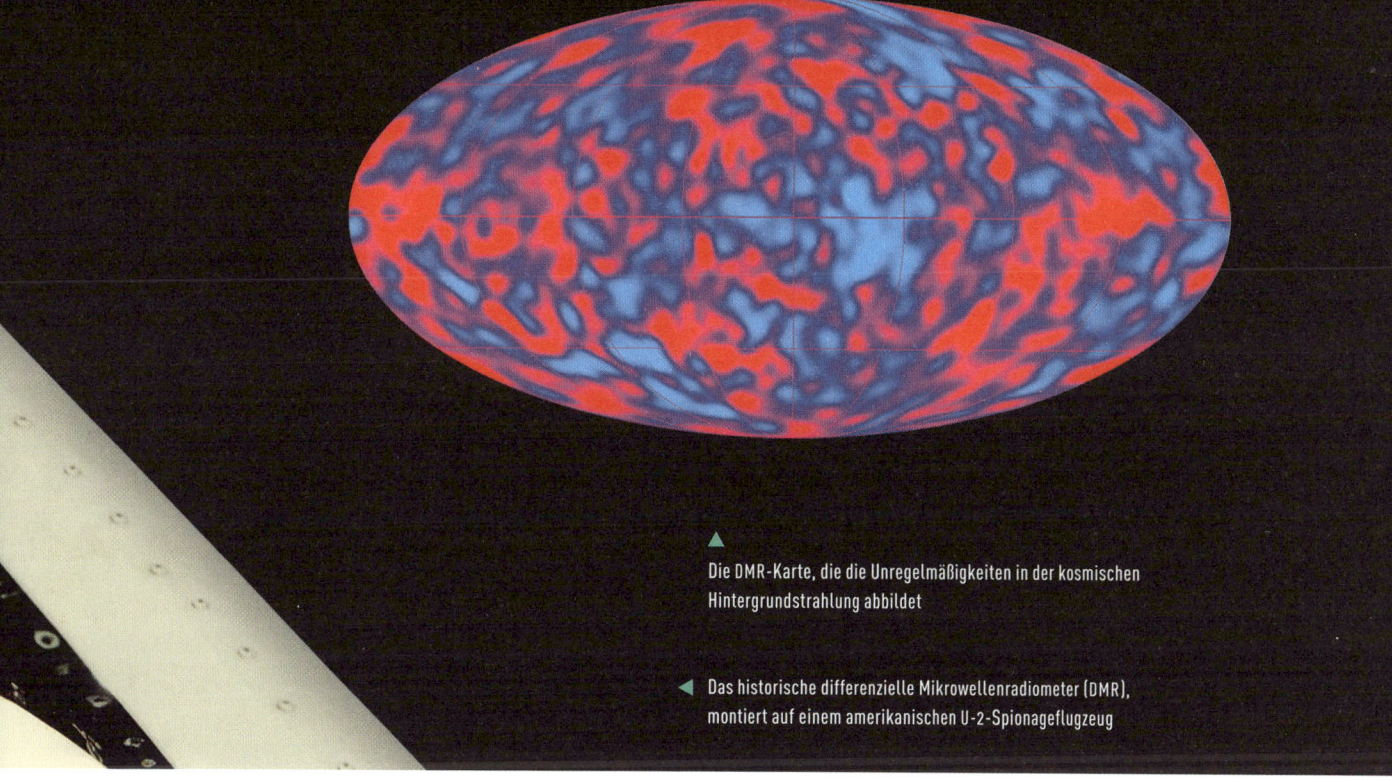

Die DMR-Karte, die die Unregelmäßigkeiten in der kosmischen Hintergrundstrahlung abbildet

◀ Das historische differenzielle Mikrowellenradiometer (DMR), montiert auf einem amerikanischen U-2-Spionageflugzeug

geschickt, um die vom Urknall übrig gebliebenen Lichtimpulse zu kartieren und zu analysieren.

Smoots Instrument war ein hochempfindlicher Mikrowellenempfänger mit zwei Fenstern, die um exakt 60 Grad gegeneinander versetzt in den Himmel gerichtet waren. Zwei Frequenzen, 33 GHz und 54 GHz, wurden über zwei Paare mit Hornstrahlern beobachtet. Das größere Paar auf 33 GHz sollte die Emission aus der mit interstellarem Gas und ionisiertem Plasma angefüllten Galaxie minimieren. Das kleinere, hochfrequentere Paar auf 54 GHz überwachte Unregelmäßigkeiten in der oberen Erdatmosphäre, während das Flugzeug in einer Höhe von über 20 000 Metern seine Bahn zog. Durch die Intensitätsdifferenz zwischen den beiden Beobachtungsrichtungen konnten viele Quellen lokaler Interferenzen ausgeschlossen werden; zurück blieb nur das schwache Signal, das von der Bewegung der Milchstraße durch den Raum ausgeht.

Das Instrument maß mit Erfolg die Bewegung der Milchstraße relativ zur kosmischen Hintergrundstrahlung. Darauf aufbauend nutzte COBE eine verbesserte und raffiniertere Version der gleichen Technologie. Auch dieses Gerät nannte sich differenzielles Mikrowellenradiometer (DMR), und es verortete erfolgreich Unregelmäßigkeiten in der kosmischen Mikrowellen-Hintergrundstrahlung. Die den gesamten Himmel erfassende DMR-Karte war schon für sich eine bahnbrechende Bestätigung der Urknalltheorie. Ein ähnliches Instrument wurde mit der NASA-Mission WMAP (Wilkinson Microwave Anistropy Probe) und dem Planck-Satelliten der Europäischen Raumfahrtagentur ESA auf die Reise geschickt und läutete damit eine neue Ära der Präzisions-Kosmologie ein.

82

Der ferngesteuerte Roboterarm der Viking

Bearbeiten einer fremden Planetenoberfläche per Roboter

1976

Seit der ersten Mondlandung im Rahmen des Surveyor-Programms im Jahr 1966 sind Wissenschaftler daran interessiert, auf der Oberfläche von Planeten herumzustochern, um Gräben für Mineralienproben zu ziehen oder das Material gleich vor Ort chemisch zu analysieren. Es ist keine leichte Aufgabe, einen Roboterarm mit Motoren, Gelenken und Schmierflüssigkeit so zu konstruieren, dass er mit den besonderen Anforderungen im All zurechtkommt. Für die Surveyor-Sonden brauchte man nichts weiter als eine Art Schaufel an einem ausfahrbaren Arm. Selbst wenn dieser Mechanismus nicht funktionierte, wäre die primäre Mission dennoch weitgehend als Erfolg zu werten – immerhin hätte man eine Maschine unfallfrei auf der Mondoberfläche gelandet und Fotos von der dortigen Umgebung gemacht. Das Viking-Programm von 1976 hatte sich da schon deutlich komplexere und anspruchsvollere Ziele gesteckt. Der ganze Erfolg der Mission hing davon ab, dass der ein- und ausfahrbare Roboterarm mit der daran befestigten Schaufel ein paar Gramm Marsboden einsammelt und in ein mitgeführtes Labor befördert, wo das Material auf exotische Moleküle mit Hinweisen auf organisches Leben

untersucht werden sollte – von dessen Existenz so ziemlich jeder Science-Fiction-Autor offenbar ausging.

Der erste Teil des Roboterarms – im typischen NASA-Sprech »Surface Sampler Acquisition Assembly« (SSAA), zu Deutsch etwa Oberflächenprobenentnahmeeinheit – war einfach ein Mechanismus, der den Arm bis zu drei Meter weit an eine Stelle ausfahren konnte, die das Kamerasystem zuvor erfasst hatte. Dort diente eine ca. 20 Zentimeter lange Mehrzweckschaufel (»Surface Sampler Collector Head«) dazu, einen kleinen Graben zu ziehen und aus dem Bereich unmittelbar unter der Marsoberfläche mehrere Gramm unberührten Bodenmaterials zu gewinnen. Diese Probe wurde dann zügig zur Zugangsklappe des Chemielabors transportiert. Durch Drehen und Schütteln der Probe wurden kleinere Körner für die Weiterverarbeitung im Labor herausgesiebt. Es musste also ziemlich viel perfekt klappen, damit diese historische Analyse gelingen konnte; Dutzende Subsysteme mussten automatisch und in der genau richtigen Reihenfolge ablaufen.

Am Ende fanden sich im Marsboden keine Hinweise auf organisches Material. Spätere Untersuchungen der Daten vom Chemielabor haben diese Einschätzung allerdings wieder in Zweifel gezogen. Im Probensammler der *Curiosity*, der auf der Grundlage der bereits bei der *Viking* eingesetzten Technologie arbeitete, war die SSAA allerdings ein entscheidendes Stück weiterentwickelt worden: Der Kopf zur Probenentnahme bestand nun aus einem ganzen Instrumentensatz, der auch als Bohrer fungieren und Proben an Ort und Stelle chemisch analysieren konnte. Die Ergebnisse mehrerer Hundert Proben scheinen zu zeigen, dass die Chemie der Marsoberfläche komplexer ist, als zunächst angenommen, und dass der Nachweis organischer Prozesse nicht gänzlich ausgeschlossen werden kann – zumindest vorerst.

Der vordere Teil des Roboterarms zur Aufnahme von Bodenproben am Viking-Mars-Lander, aufbewahrt in den Archiven des NASA Langley Research Center in Hampton, Virginia

83

Der »Gummispiegel«

Aufkommen der adaptiven Optik, verbessertes Sehen für Teleskope

1977

Seit Jahrhunderten ist es der Fluch der astronomischen Forschung: Wenn das Licht der Sterne die wechselvolle und turbulente Erdatmosphäre passiert, scheinen diese Sterne zu flimmern. Dieses Flimmern kommt dadurch zustande, dass das eigentlich punktartige Bild eines Sterns innerhalb von Millisekunden seine Position am Himmel um wenige Bogensekunden zu verändern scheint – es wirkt wie ein wilder Tanz, den wir als Flimmern wahrnehmen. Das Bild verschiebt sich und verschwimmt aufgrund dieser verzerrten Sicht, und Fotoaufnahmen des Weltalls werden oft unscharf, da kann das auf Sterne, auf winzige Details der Mondoberfläche oder auf den Mars gerichtete Teleskop noch so perfekt sein. Es gibt drei Möglichkeiten, diesen störenden Effekt zu eliminieren: Zwei davon sind aufwendig, eine ist relativ einfach.

Die – im Prinzip jedenfalls – einfache Methode besteht darin, viele Fotos schnell nacheinander aufzunehmen, sodass jedes Bild der scheinbaren Bewegung des Himmelsobjekts folgt. Dafür kann es erforderlich werden, mehrere Hundert Bilder pro Sekunde aufzunehmen. Dann löscht man die misslungenen Fotos, behält die besseren und kombiniert die gelungenen Fotos, indem man jedes einzelne auf die gleiche Stelle zentriert und so den Flimmereffekt eliminiert. Da die Belichtungszeiten extrem kurz sind, eignet sich diese Methode nur für sehr helle Objekte wie die Sonne,

den Mond und einige der helleren Planeten. Lichtschwache Objekte wie weit entfernte Nebulae oder Galaxien sind dafür schlicht nicht hell genug. Diese scheinbar einfache Methode, auch *Szintillationsunterdrückung* genannt, hat in der Praxis nie besonders gut funktioniert, dagegen haben die beiden komplizierten Methoden spektakuläre Resultate hervorgebracht.

Die erste der beiden komplizierten Methoden demonstriert das Hubble-Weltraumteleskop: Man platziert das Teleskop weit jenseits der störenden Erdatmosphäre. Das ist allerdings teuer und bleibt auf relativ kleine Teleskope beschränkt, verglichen mit den riesigen Apparaten, die heute auf der Erde in Betrieb sind.

Die zweite komplizierte Methode arbeitet mit adaptiver Optik und wurde erstmals 1953 vom Astronomen Horace Babcock ins Gespräch gebracht. Wenn Licht die turbulente Atmosphäre passiert, können die Teile eines Bilds, die das Teleskop erfasst, phasenver-

schoben sein, weil sie auf geringfügig unterschiedlichen Wegen in den Fokus gelangten. Diese Phasenverschiebung macht am Ende das gesamte Bild unscharf. Babcock schlug einen verformbaren Spiegel vor, um solche Verzerrungen auszugleichen.

Bei der frühen Entwicklung von Babcocks Theorie hatte auch das US-Militär die Hand im Spiel. Ein entscheidender Durchbruch ist allerdings dem Experimentalphysiker und Nobelpreisträger Luis Alvarez und seinem Team am Lawrence Berkeley National Laboratory zu verdanken. 1977 konstruierten sie eine Art Gummispiegel für die Bildkorrektur – genau das also, was Babcock angeregt hatte. Das Team, zu dem auch der Physiker Frank Crawford zählte, entwickelte ein Funktionsmodell eines Teleskops mit einem solchen flexiblen »Gummispiegel« und wies damit grundsätzlich nach, dass das Konzept für die Beobachtung von Sternen brauchbar war.

Die Idee war allerdings ihrer Zeit voraus. Es sollten noch 20 Jahre vergehen, bis die Technologie konzeptionell so weit ausgereift war, dass sie die für den Einsatz in der Astronomie ausreichende Präzision lieferte. Heute beruht die adaptive Optik auf Babcocks Konzept und nutzt Laser zum Erzeugen eines »Sterns« am Himmel, dessen Phaseneigenschaften genau bekannt sind. Wenn ein perfekt fokussiertes Bild entsteht, ist das Eintreffen der elektromagnetischen Welle über das gesamte Bild genau phasengleich. Die atmosphärische Szintillation führt dazu, dass verschiedene Teile der ankommenden Welle phasenverschoben sind, da

die Teile verschiedene Wege durch die Atmosphäre zurücklegen. Der Laserstern wird von einer absolut phasengleichen Quelle erzeugt, Änderungen an dessen Phasen über das ganze Bild sind damit also auf die atmosphärische Szintillation zurückzuführen. Die Phasendaten vom Laserstern werden dann tausendfach pro Sekunde dazu genutzt, die Form des kleineren Sekundärspiegels in einem Teleskop anzupassen und dadurch die Phasenungenauigkeiten über das gesamte astronomische Bild auszugleichen. Im Ergebnis erhalten wir ein perfekt phasengleiches Bild, bei dem das atmosphärische Flimmern herauskorrigiert wurde. Die Technik ist sowohl bei hellen als auch bei lichtschwachen Objekten einsetzbar, das Teleskop kann also sein volles optisches Potenzial ausschöpfen.

Der Einsatz adaptiver Optik ist heute Standard: Alle wichtigen astronomischen Observatorien bedienen sich dieser Technik, und da sie mit weitaus größeren Spiegeln arbeiten können als das Hubble-Weltraumteleskop, übertreffen erdgebundene Teleskope Hubble regelmäßig bei bestimmten Untersuchungen, und das zu weit geringeren Kosten.

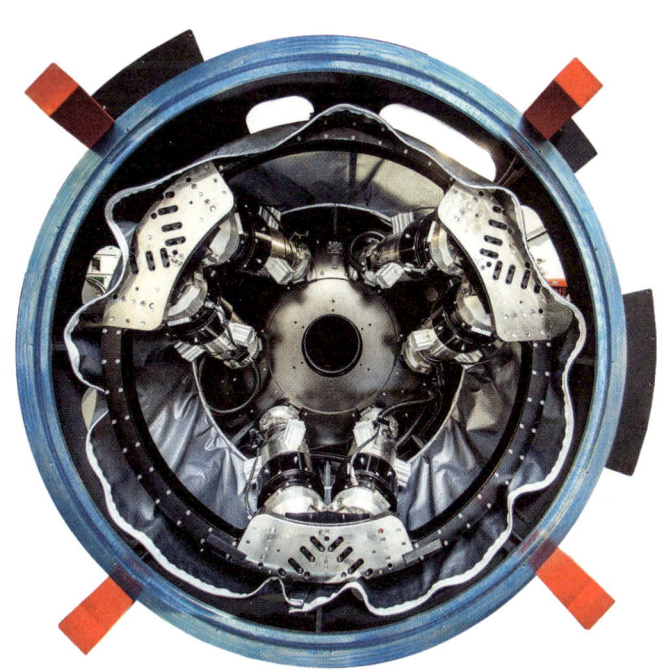

◀ Diese Bilder des Planeten Neptun wurden mit dem MUSE/GALACSI-Instrument am Very Large Telescope des European Southern Observatory (ESO) aufgenommen (Quelle: ESO/P. Weilbacher, AIP).

Eine Detailansicht des Very Large Telescope im Norden Chiles zeigt dessen dünnen, verformbaren Spiegel (Quelle: ESO). ▶

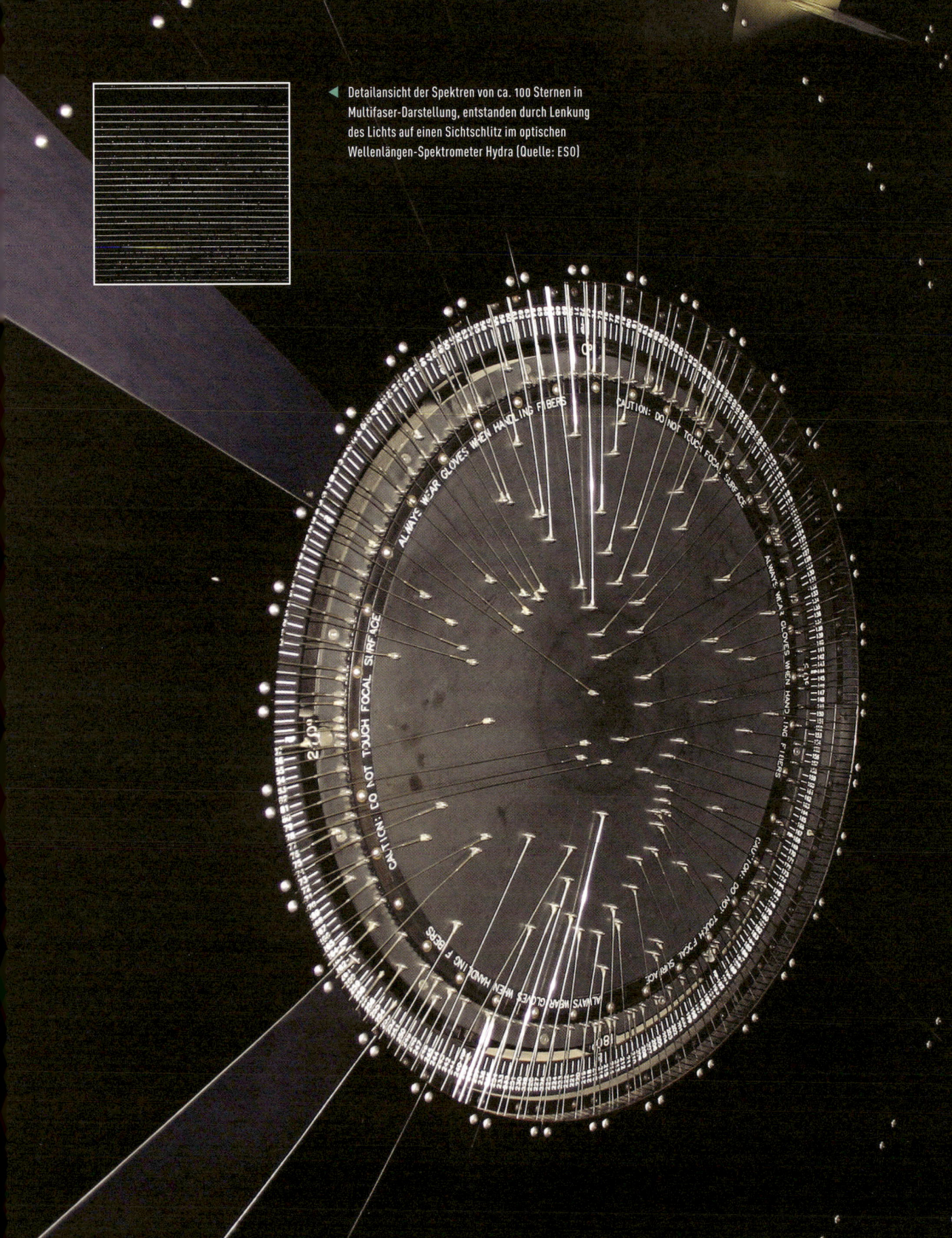

84

Der Multifaser-Spektrograf

Beobachtung von 100 Galaxien auf einmal

1978

Jahrzehntelang hatten Astronomen hochauflösende spektrografische Daten (d.h. Kartierungen gestreuter elektromagnetischer Strahlung) immer nur Objekt für Objekt erfassen können. Manche Systeme ermöglichten – bei entsprechend geringerer Auflösung – das Fotografieren eines kompletten Sternfelds mit einer einzigen langen Belichtung, aber um die feineren Details eines Spektrums zur chemischen Analyse auflösen zu können, musste das Licht des betreffenden Sterns das Spektroskop jeweils individuell passieren. Die Herausforderung bestand darin, das Licht gleich mehrerer Einzelobjekte in solcher Weise in den Spektrografen einfallen zu lassen, dass sich die Lichtimpulse nicht vermischten. Die Lösung stellte sich in den 1970er-Jahren ein, dank der Entwicklung hochwertiger Glasfasern für die Kommunikationsbranche.

Der Astronom Roger Angel und seine Hochschulabsolventen an der University of Arizona testeten die Qualität dieser neuen optischen Fasern im Jahr 1978, indem sie das Licht des Quasars 3C273, betrachtet in einem 90-Zentimeter-Teleskop, durch einen 20 Meter langen Faserstrang in den Spektrografen leiteten. Die Ergebnisse waren äußerst vielversprechend. Ein

Jahr später erfolgte die Fertigung des ersten 20-faserigen Spektrografen mit der Bezeichnung Medusa. Dabei wurde jede einzelne Faser auf jeweils eine Position von acht Galaxien innerhalb des Clusters Abell 754 ausgerichtet.

In den Anfangsjahren dieser Technologie musste ein Astronom jeweils genau den Bereich des Himmels fotografieren, der ihn interessierte, und dann auf einer Metallplatte Löcher an den Stellen der Einzelobjekte bohren, die er untersuchen wollte – und zwar genau in dem Maßstab der Fotografie, wie sie in der Brennpunktebene des Teleskops aufgenommen wurde. Dieser zeitraubende Prozess geschah meist Wochen vor der eigentlichen Beobachtungssitzung. Dann musste die Metallplatte in die Brennpunktebene des Teleskops eingesetzt werden, und an jedem dieser vorgebohrten Löcher wurde ein Glasfaserkabel angeklebt oder mechanisch befestigt. Dann wurde das komplette Kabel mit dem Teleskopspektrografen verbunden. Dieses mühselige Verfahren nannte sich Plug-Plate-Technik, aber immerhin konnten die Wissenschaftler am Ende die Spektren mehrerer Dutzend Objekte gleichzeitig analysieren. Bis zu den 1980ern war diese stumpfsinnige Aufgabe weitgehend automatisiert, und heute haben alle großen Observatorien solche Multi-Objekt-Spektrografen optional einsatzbereit und können damit jede Nacht 400 oder noch mehr Objekte gleichzeitig ins Visier nehmen.

Ohne die historischen Weiterentwicklungen der Spektroskopie wäre keine der Galaxiebeobachtungen der vergangenen zwei Jahrzehnte überhaupt erst versucht worden. Eine der umfangreichsten Himmelsdurchmusterungen überhaupt, das Großprojekt »Sloan Digital Sky Survey«, wurde ursprünglich zwischen 1998 und 2008 am Apache Point Observatory in New Mexico durchgeführt. Das 2,5-Meter-Teleskop war mit einem Spektrografen ausgestattet, der 640 Galaxien gleichzeitig und fast 6000 Galaxien in einer Nacht beobachten konnte. Das Projekt wird bis heute fortgeführt und liefert uns entscheidende neue Erkenntnisse über die Struktur des tiefen Kosmos.

◀ Der Multifaser-Spektrograf Hydra des National Optical Astronomy Observatory

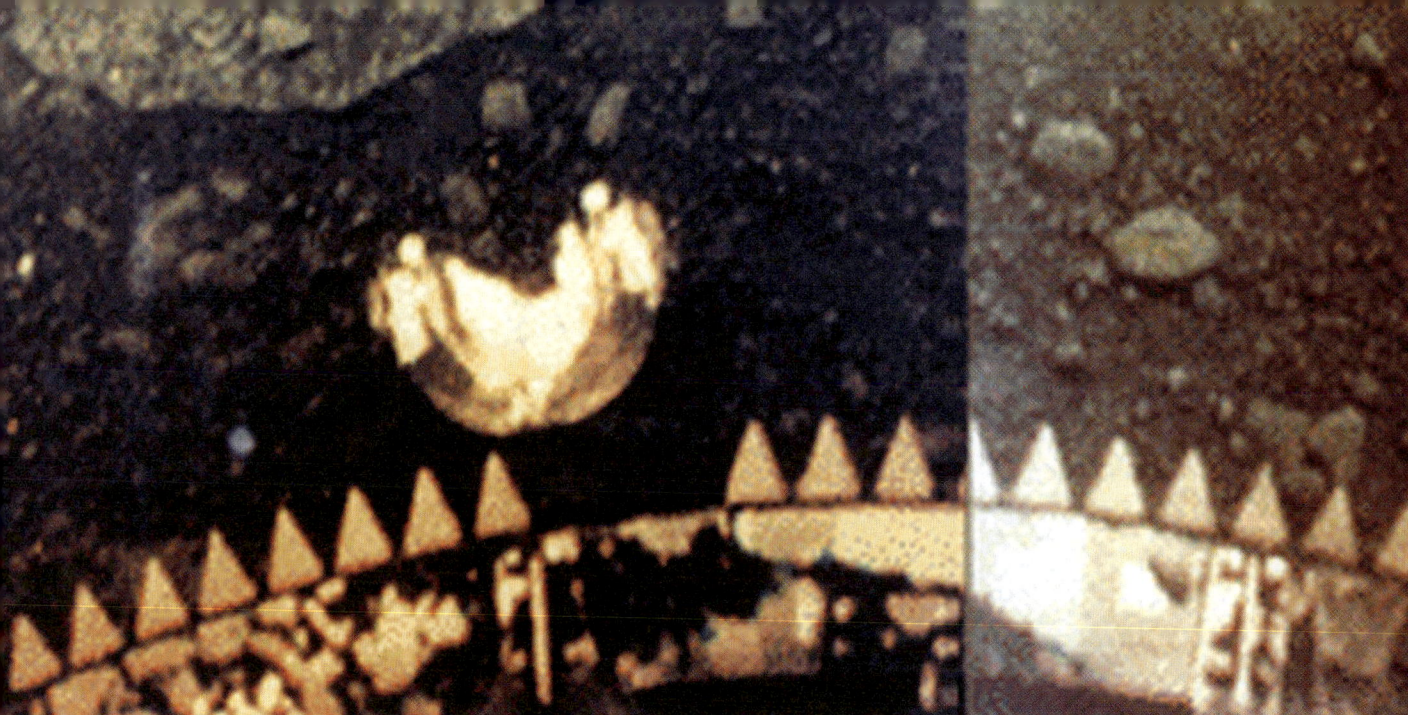

85

Die Venera Lander

Erforschen
der Venusoberfläche

1981

Zwischen 1961 und 1983 schickte die Sowjetunion insgesamt 16 Raumschiffe zur Erforschung der Venus auf die Reise – eine Serie von Orbitern, Atmosphärensonden und Landemodulen. Mehrere dieser Missionen – *Venera 7* bis *14* – landeten erfolgreich auf der Oberfläche des Planeten und brachten dort Instrumente zum Einsatz. *Venera 13* hielt am längsten durch, immerhin mehr als zwei Stunden, dann waren die Batterien verbraucht. 1966 krachte *Venera 3* auf die Oberfläche der Venus und wurde dadurch zur ersten von Menschen gemachten Sonde, die auf einem frem-

den Planeten aufprallte. *Venera 3* und *6* schickten, während sie am Fallschirm in Richtung Planetenoberfläche schwebten, jeweils eine knappe Stunde lang Daten über die Venusatmosphäre an die Erde. 1970 erreichte *Venera 7* die Oberfläche der Venus und übertrug 23 Minuten lang Daten – es war die erste Sonde, die auf einem fremden Planeten landete. *Venera 9, 10, 11* und *12* in den Jahren 1975 bis 1978 waren sehr große Lander mit einem Gewicht zwischen zwei und fünf Tonnen. *Venera 9* und *10* machten Fotos und hielten jeweils etwa eine Stunde durch. Nummer *11* und *12* sendeten jeweils ca. 100 Minuten lang Daten, aber weil die Objektivabdeckungen sich nicht öffneten, konnten sie keine Fotos schicken. Das letzte Paar dieser Landemodule, *Venera 13* und *14*, ging 1981 an den Start. Sie hielten 127 bzw. 57 Minuten lang durch und schossen Fotos von der Planetenoberfläche. Wegen der Oberflächentemperatur von über 420 Grad Celsi-

Modell eines Venera-Landemoduls ▶

us und des gegenüber der Erde 90-fachen Atmosphärendrucks auf der Venus rechnete man bei diesen Landemodulen damit, dass sie nach spätestens 30 Minuten überhitzen und ausfallen würden. Trotzdem trugen alle zu unserem Verständnis des Planeten bei, vor allem, was das Ausmaß der technischen Herausforderungen betrifft, die dieser Planet für uns darstellt.

Die verzerrten Bilder, die wir von *Venera 9, Venera 10, Venera 13* und *Venera 14* bekamen, erlaubten faszinierende Blicke auf abgerundete Steinchen und flache Felsen am Horizont, wenn auch aus der Perspektive der zumeist nach unten gerichteten Kameras, d.h., das, was uns als Horizont erscheint, war höchstens einige Meter vom jeweiligen Landemodul entfernt.

Operationen auf der Venus sind mit gewaltigen technischen Herausforderungen verbunden. Die Venera-Landemodule basierten auf der konventionellen Elektronik der 1960er- und 1970er-Jahre – darunter integrierte Schaltkreise aus Silizium. Bei diesen Bauteilen kommt es bereits im Temperaturbereich von etwa 250 Grad zu Funktionsstörungen. Nach der Landung auf der Venus war ein aktives Kühlen der Module nicht mehr möglich, da dafür schwere und energieintensive Kühlsysteme erforderlich gewesen wären. Auch Batterien fallen bei zu großer Hitze aus. Die NASA hat zuletzt Elektronikelemente und Kabel auf der Basis von Siliziumcarbid entwickelt, die auch unter den extremen Bedingungen auf der Venus viele Tage lang durchhalten können. In der Zukunft – für den Fall, dass wir zur Venus zurückkehren – werden die Landemodule der neuen Generation erheblich mehr Leistung bringen als die veralteten Veneras. Und wer weiß, was sie alles finden werden, wenn sie ein wenig mehr Zeit zum Suchen haben.

86

Die schadhaften O-Ringe der *Challenger*

Eine einfache Dichtung löst eine historische Katastrophe aus

1986

Es ist nicht klar, wer den ersten vollkommen runden Gummidichtring erfand, den heute jeder Heimwerker als O-Ring kennt. Das früheste Patent wurde 1896 in Schweden von J. O. Lundberg angemeldet, allerdings könnte Thomas Edison auch mit einer eigenen Version gearbeitet haben, die er in seinen Entwürfen für die elektrische Beleuchtung (Patent Nr. 264,653) schon 1882 als *elastic stopple* beschrieben hatte. Oft wird diese Erfindung auch dem dänischen Maschinenschlosser Niels Christensen, der dafür 1937 sein eigenes amerikanisches Patent anmeldete (Nr. 2,180,795), zugeschrieben. Er hatte nach Wegen gesucht, Hydraulikdichtungen für die Verwendung mit Metallkolben nutzbar zu machen, und durch Ausprobieren kam er darauf, dass ein ringförmiges Gummistück, entsprechend eingefettet und unter Druck komprimiert, die Lösung für sein Problem war.

Aber wer auch immer die Dinger als Erster entworfen hat: O-Ringe sind heute gar nicht mehr wegzudenken. Wir haben sie in Gartenschläuchen und Wasserhähnen ebenso wie in der Nuklearphysik und in Raumschiffen. Der kleinste jemals hergestellte O-Ring hat einen Durchmesser von nur 0,1 Millimetern und kommt in medizinischen Geräten und Instrumenten zum Einsatz. Zu den größten Modellen gehören O-Ringe beim Raketenbau, die für die dichte Verbindung zwischen den einzelnen Segmenten von Feststoff-Trägerraketen sorgen. Hier kann der Durchmesser bis 2,50 Meter oder sogar noch mehr betragen. In aller Regel funktionieren sie einwandfrei, und kaum jemand verschwendet einen ernsthaften Gedanken darauf. Ins Blickfeld geraten sie nur, wenn sie versagen. Das bei Weitem folgenschwerste und schrecklichste Versagen eines O-Rings ereignete sich am 28. Januar 1986, dem Tag der schlimmsten Katastrophe in der Geschichte der Raumfahrt: die Explosion des Spaceshuttles *Challenger*.

Am Tag des *Challenger*-Starts lag die Lufttemperatur deutlich unter den vorgesehenen Betriebsgrenzen der riesigen O-Ringe, die die Verbindungen zwischen den einzelnen Segmenten der Feststoff-Trägerrakete abdichten sollten. Einer der O-Ringe büßte in der Kälte seine Elastizität ein, und so konnte die Dichtung brechen, die dafür sorgen sollte, dass der Verbrennungsvorgang ausschließlich im Triebwerk stattfindet. Die Flammen breiteten sich aus, fraßen sich durch den Treibstofftank und erzeugten einen gigantischen Feuerball. Das Spaceshuttle wurde dabei von der Trägerrakete mit den Booster-Triebwerken und dem Treibstofftank abgetrennt. Die Raumfähre war den enormen aerodynamischen Kräften nicht gewachsen und zerbrach in mehrere große Teile. Der Cockpitbereich stürzte in den Atlantik. Alle sieben Astronauten kamen ums Leben.

Die Tragödie erinnert uns daran, was für eine immens komplexe Angelegenheit die Raumfahrt in Wirklichkeit ist: Jedes einzelne Element, selbst etwas so scheinbar Banales wie eine Gummidichtung, hat eine lebenswichtige Aufgabe und muss hundertprozentig funktionieren, damit eine Mission zum Erfolg werden kann. Es mag schon sein, dass O-Ringe in der Regel keine große Beachtung finden, aber die Weltraumforschung ist auf die schlichten Bauteile aus Gummi ebenso angewiesen wie auf jedes andere Objekt, das mit der Technik der Weltraumfahrt zu tun hat.

◀ Der schwarze Dichtungsring aus Gummi in der Feststoff-Trägerrakete des Spaceshuttles

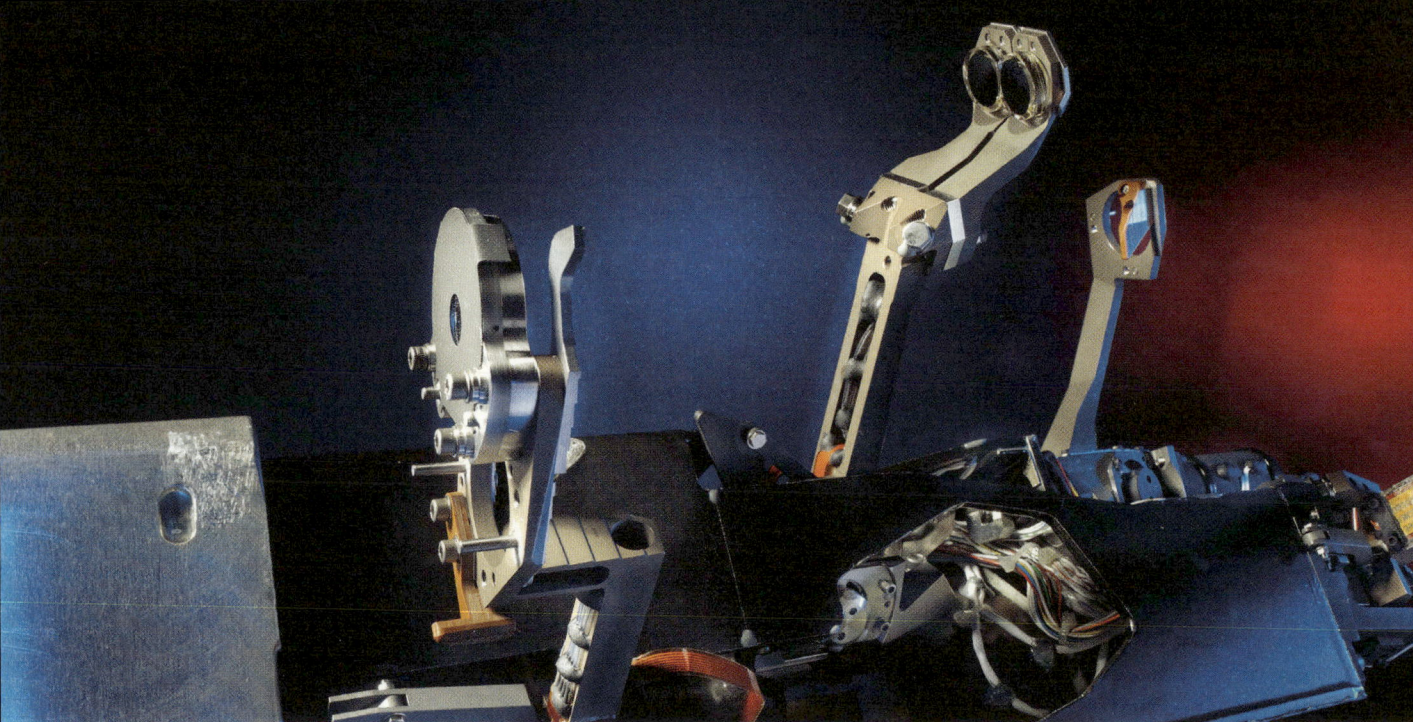

87

COSTAR

Der Sehfehler des Hubble-Weltraumteleskops wird korrigiert

1993

Seit Jahrzehnten wünschen sich Astronomen eine gigantische »Mutter aller Teleskope« im Weltall. Und natürlich nicht irgendein Teleskop, sondern ein System auf dem Leistungsniveau eines Observatoriums, mit einem Objektiv von mindestens einem Meter Durchmesser, um auch schwach sichtbare, weit entfernte Objekte im All untersuchen zu können. Die Störungen durch die Erdatmosphäre, die das Flimmern der Sterne bewirken, machen bei allen erdgebundenen Teleskopen auch die beste Auflösung zunichte, deshalb galt seit jeher das Weltall selbst als der

optimale Standort für ernsthafte astronomische Forschung. Am 24. April 1990 bekamen die Astronomen, was sie haben wollten. Mit dem Spaceshuttle schickte die NASA das Hubble-Weltraumteleskop ins All, ausgestattet mit einem gewaltigen Spiegel von 2,40 Meter Durchmesser. Etwa alle drei Jahre konnte das Teleskop gewartet werden, um gegebenenfalls auftretende Probleme zu beheben oder neue Instrumente einzusetzen, je nach den Anforderungen der Astronomen und der sich ständig weiter verbessernden Technologie.

Leider funktionierte das, was eigentlich der neue Goldstandard in der Welt der Teleskope hätte sein sollen, nicht ganz einwandfrei: Die ersten Bilder, die Hubble lieferte, waren unscharf. Schnell wurde klar, dass sich das Teleskop nicht sauber fokussieren ließ, ganz gleich, wie man den Mechanismus einstellte. Aber die Art und Weise, in der diese Unschärfe vari-

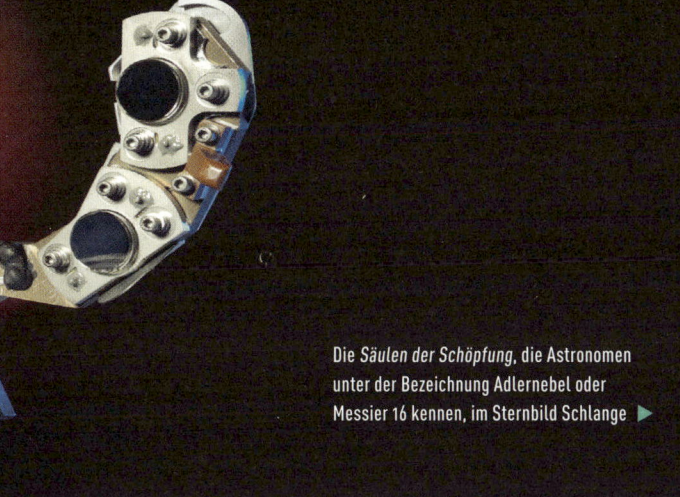

Die *Säulen der Schöpfung*, die Astronomen unter der Bezeichnung Adlernebel oder Messier 16 kennen, im Sternbild Schlange ▶

▲

COSTAR enthielt fünf Paare kleiner Korrekturspiegel auf verstellbaren Armen, die die korrigierten Lichtimpulse an andere Instrumente des Hubble-Teleskops übertragen sollten: an die Faint Object Camera, den Faint Object Spectrograph und den Goddard High Resolution Spectrograph.

ierte, wies auf einen optischen Defekt am Hauptspiegel hin, eine sogenannte *sphärische Aberration*, durch die jeder Kreisring des Spiegels sein fokussiertes Licht an eine bestimmte, aber eben jeweils andere Stelle auf der optischen Achse des Teleskops sendete. Mit einiger Detektivarbeit fand man heraus, dass das für die Herstellung des Primärspiegels zuständige Unternehmen das Testgerät (Nullkorrektor) mit einer um 1,3 Millimeter versetzten Feldlinse zusammengebaut hatte. Den Primärspiegel vor Ort im Weltall auszutauschen war unmöglich, deshalb baute man ein neues optisches Gerät mit der sperrigen Bezeichnung Corrective Optics Space Telescope Axial Replacement (COSTAR). Es wurde 1993 mit dem ersten Wartungsflug (STS-61) zum Hubble-Teleskop transportiert. Die Originalkamera des Teleskops (WPFC – Wide Field/ Planetary Camera) wurde durch eine aktualisierte Version ersetzt (WFPC2), in die das COSTAR-Korrektursystem integriert war, und dieser Kamera verdanken wir einige der schönsten Aufnahmen, die uns Hubble seitdem geschickt hat.

Dank dieser optischen Korrekturen ist die Anzahl bedeutender Entdeckungen durch das Hubble-Weltraumteleskop ins sprichwörtlich Astronomische gewachsen. Nach einer Betriebsdauer von erstaunlichen 29 Jahren hat es über eine Million Fotos von fast 40 000 astronomischen Objekten aufgenommen. Für den Betrieb seiner sämtlichen Systeme braucht es nur 2400 Watt – nicht viel mehr als ein kleines Einfamilienhaus. Jede Woche überträgt Hubble etwa 150 Gigabyte Daten, größtenteils Bilder, an die Erde. Das berühmte Foto mit dem Titel *Säulen der Schöpfung* nahmen die Astronomen Jeff Hester und Paul Scowen am 1. April 1995 mit der WFPC2 auf. Ohne die optische Korrektur durch COSTAR wäre Hubble niemals das berühmte Teleskop geworden, das es heute ist.

189

88

CMOS-Sensoren

Astronomisches Bildmaterial in höchster Präzision

1995

Jahrzehntelang war der bevorzugte Halbleiter-Bildsensor das im Jahr 1969 erfundene »ladungsgekoppelte Bauteil« (Charge-Coupled Device – CCD). Die erste Digitalkamera, 1975 erfunden vom Ingenieur Steven Sasson bei Kodak, war im Prinzip ein CCD-Imager. Derweil gab es die sogenannte *CMOS-Technologie* (Complementary Metal-Oxide Semiconductor) bereits seit 1963 als eine Möglichkeit, integrierte Schaltkreise für Mikroprozessoren, RAM-Speicher und andere digitale Bauteile zu konstruieren. Mit dem enormen Wachstum des Computermarkts in den 1980er-Jahren wurde CMOS zur Technologie der Wahl, wenn es um den Bau großer Arbeitsspeicher mit vergleichsweise geringem Energiebedarf ging.

Die kommerziellen Entwicklungen bereiteten die Bühne für ein Ingenieursteam am Jet Propulsion Laboratory (JPL) der NASA unter der Leitung von Eric Fossum. Die Experten wollten das Potenzial der CMOS-Architektur und Fertigungsverfahren bei der Entwicklung kompakter, energiesparender Imaging-Sensoren für die Raumfahrt erkunden. Der von Fossum Anfang der 1990er-Jahre erfundene Active Pixel Sensor übertraf das herkömmliche CCD-Imaging gleich in doppelter Hinsicht: Es hatte einen geringeren Energiebedarf und weniger Bildrauschen, d. h., es produzierte schärfere Bilder. Und es bot noch einen weiteren wichtigen Pluspunkt: Der Bildsensor konnte auf dem gleichen Chip wie die begleitenden CMOS-Komponenten untergebracht werden. Damit ließ sich eine Kamera im Miniaturformat mit der kompletten erforderlichen Bildgebungstechnologie auf einem einzigen Chip herstellen. Das brachte eine dramatische Ersparnis an Fertigungszeit und Kosten mit sich.

Trotz Fossums erfolgreicher Konstruktion des ersten CMOS-Bildsensors hielt die NASA weiter an der CCD-Technologie fest und verfolgte den CMOS-Imager nicht weiter. Fossum erkannte schnell das enorme kommerzielle Potenzial der Imager auf CMOS-Basis, und er beschloss zusammen mit seiner JPL-Kollegin Sabrina Kemeny, selbst in diese Technologie zu investieren. 1995 gründeten sie die Photobit Corporation und übernahmen die Lizenz für die CMOS-Technologie von JPL. 1998 hatten sie ihren ersten Chip für Digitalkameras entworfen und vermarktet: den PB-159. Bald darauf folgte der PB-100; Letzterer wurde zum Herzstück der Intel Easy PC Camera, einer Webcam, und der Logitech QuickCam. Dank dieser Kameras fanden PC-Videokonferenzen weite Verbreitung, und sie überzeugten die gesamte Branche, dass CMOS die Zukunft war. Photobit wurde am Ende von Micron übernommen, und bis 2013 hatte die Zahl der jährlich hergestellten CMOS-Imager die Milliardengrenze erreicht. Heutzutage findet sich diese Technologie in jedem Smartphone.

Praktisch alle NASA-Weltraummissionen arbeiten weiterhin mit CCD-Bildgebungstechnik, weil die CMOS-Sensoren nicht das hohe Niveau an Imaging-Performance bieten können, das die NASA braucht. Aber die CMOS-Sensoren sind ein klassisches Beispiel dafür, wie die Weltraumtechnologie Eingang in unseren Alltag findet – in diesem Fall hat heute praktisch jeder von uns eine Bildgebungstechnologie in seiner Tasche, die in einem Raumfahrtprogramm das Licht der Welt erblickte.

CMOS-Chip ▶

89

Der Meteorit von Allan Hills

Die Suche nach Außerirdischen wird seriös

1996

▲

Die Aufnahme eines Rasterelektronenmikroskops zeigt angeblich Nanobakterien innerhalb eines Karbonitkörnchens des Mars-Meteoriten ALH84001.

Am 6. August 1996 verkündete der NASA-Wissenschaftler David McKay, in dem 1984 in Allan Hills (Viktorialand) in der Antarktis gefundenen Meteoriten mit der Bezeichnung ALH84001 den Nachweis mikroskopischen Lebens auf dem Mars gefunden zu haben. Was er gefunden hatte, sah nach kleinen linearen Objekten aus, die Ähnlichkeit mit segmentierten Nanobakterien hatten. Die Nachricht war so erstaunlich, dass selbst Präsident Clinton tags darauf bei einer Pressekonferenz auf dem Südrasen des Weißen Hauses darauf einging. Allerdings traf die Entde-

ckung auch auf einige Skepsis. Um den verstorbenen Astronomen Carl Sagan zu zitieren: »Außergewöhnliche Behauptungen verlangen nach außergewöhnlichen Beweisen.«

Die intensive Untersuchung der radioaktiven Altersbestimmung verschiedener Komponenten in dem knapp zwei Kilogramm schweren Meteoriten wies auf eine komplizierte Herkunftsgeschichte hin, die auf dem Mars ihren Anfang nahm. Vor ca. 17 Millionen Jahren wurde der Brocken bei einem Asteroideneinschlag aus dem Mars herausgeschleudert. Vor ca. 13 000 Jahren schlug er dann in der Gegend von Allan Hills auf der Erde ein, wo er im Eis verborgen lag, bis er 1984 gefunden und später geborgen wurde. Die Mineralogie des Steins deutet auf ein Alter von über vier Milliarden Jahren hin. Demnach hatte er sich gebildet, als es auf dem Mars noch größere Mengen Wasser gab. Vor ca. 3,6 Milliarden Jahren fand eine mit Karbonatmineralien angereicherte Flüssigkeit – vermutlich Wasser – ihren Weg in die Ritzen und Spal-

Der 4,5 Milliarden Jahre alte Stein mit der Bezeichnung ALH84001 ist eine von zehn Gesteinsproben vom Mars, in denen Forscher organische Kohlenstoffverbindungen fanden, die ohne Beteiligung biologischer Prozesse auf dem Mars entstanden sind. ▷

ten des vulkanischen Gesteins, wo sich daraus im weiteren Verlauf verschiedene Mikrofossilien bildeten oder ablagerten.

Diese Mikrofossilien hatten einen Durchmesser von nur 20 bis 100 Nanometern – weitaus kleiner als herkömmliche, DNA enthaltende Viruspartikel, allerdings nicht kleiner als Viren, die aus reiner RNA bestehen. Eine Reihe späterer Untersuchungen schien schlüssig zu beweisen, dass sie nicht biologischen Ursprungs waren, sondern im Wege natürlicher geologischer Prozesse entstanden sein könnten.

Auch wenn der Fund dieses Meteoriten keinen hieb- und stichfesten Beweis für Leben auf dem Mars zu liefern vermochte, zog er eine grundlegende Veränderung in unserer Haltung zur Suche nach extraterrestrischem Leben nach sich. Bis dahin bewegte sich, wer nach Aliens suchte, im Bereich der Fantasterei. Danach wurde es zu einem anerkannten wissenschaftlichen Unterfangen, vor allem bei der NASA. Ein entscheidender Perspektivwechsel war die Er-

kenntnis, dass wir nicht wirklich wussten, wie wir Leben identifizieren konnten, wenn wir es vor uns sahen. Rasch wurden Programme zur Erforschung extremophiler Bakterien aufgesetzt und die Experimente der NASA zur Suche nach Leben unter extremen Bedingungen besser ausgestattet. Dies führte zur aufregenden Entwicklung von Landemodulen und Rover-Vehikeln nach der Zeit der Viking-Missionen und mündete schließlich im aktuellen Rover *Curiosity*, mit seinem hochmodernen Chemielabor an Bord. Der Meteorit ALH84001 ist zum Wegbereiter einer beachtlichen Reihe bedeutender Entdeckungen und Forschungsprojekte geworden. Dazu zählt auch die Suche nach Exoplaneten jenseits unseres Sonnensystems und der Nachweis flüssigen Wassers unter der Oberfläche verschiedener Monde von Jupiter und Saturn. Eines Tages könnten diese Forschungen vielleicht irgendwo im Universum auf Fossilien von Lebensformen stoßen, oder sogar – wer weiß? – auf noch lebende.

▲
Der Sojourner

90

Sojourner

**Die Erforschung des Mars
per Roboter beginnt**

1997

Am 4. Juli 1997 landete mit dem Rover *Sojourner* eine mobile Kamera auf Rädern auf dem Mars, quasi huckepack auf dem Lander *Pathfinder,* in einer Region namens Ares Vallis. Es war der erste Rover dieser Art, der jemals den Boden eines fremden Planeten erreichte. In den nächsten 83 Tagen legte der 10,6 Kilogramm schwere Marsroboter, gesteuert von Technikern daheim auf der Erde, eine bescheidene Strecke von rund 100 Metern zurück und schickte etwa 550 Bilder von der Marsoberfläche an die Erde. In der gleichen Zeit übertrug der in der Nähe stehende Lander *Pathfinder* mehr als 16 000 Bilder.

Der Rover hatte drei Kameras: zwei Schwarz-Weiß-Kameras vorne und eine Farbbildkamera hinten. Die beiden Frontkameras hatten jeweils eine CCD-Bildmatrix mit 484 × 768 Pixel (Höhe x Breite). Jede Kamera wog ca. 40 Gramm und hatte ein Objektiv mit 4 mm Durchmesser – nicht viel mehr also als der Durchmesser eines heute üblichen Smartphone-Objektivs. Der *Sojourner* schickte seine Bilder an den

Pathfinder zurück, der nach seiner erfolgreichen Landung in »Carl Sagan Memorial Station« umbenannt wurde, zu Ehren des 1996 verstorbenen Wissenschaftlers und Schriftstellers. Anschließend wurden die Bilder per Telemetrie an die Erde übertragen. Insgesamt 287 Megabyte Daten wurden auf diese Weise gesendet. Mit einer Auflösung, die nur wenig schwächer war als die des menschlichen Auges, waren diese Fotos von enorm hoher Qualität und von historischer Bedeutung – sie erlaubten uns einen ganz neuen Blick auf den Roten Planeten. Und auch wissenschaftlich waren sie bedeutend, denn sie belegten, dass das Klima auf dem Mars einst wärmer und feuchter war, als es heute ist.

So bahnbrechend die Sojourner-Mission war: Die grundlegende Technologie dahinter war eigentlich »alte Schule«. Die sowjetischen Lunochod-Rover hatten schon in den frühen 1970er-Jahren ihre Spuren auf der Oberfläche des Mondes hinterlassen. Für den Betrieb eines Rovers auf dem Mars gab es allerdings eine entscheidende neue Herausforderung: Während die Lunochod-Rover von ihren Bedienern auf der Erde in Echtzeit gesteuert werden konnten, war dergleichen auf dem Mars nicht möglich, denn dort konnte die Funkverzögerung in jede Richtung bis zu 20 Minuten betragen. Und in 40 Minuten können mit einem sich selbst überlassenen Rover eine Menge üble Dinge passieren! Deshalb war der *Sojourner* auf halb autonomen Betrieb programmiert, d. h., er führte bestimmte Elemente seiner wissenschaftlichen Experimente durch, ohne dafür konstant Input von den Bedienern im Kontrollzentrum auf der Erde zu benötigen. So gesehen ist der *Sojourner* nicht nur ein Meilenstein der Weltraumforschung, sondern auch ein historisches Ereignis für die Robotertechnik – eine unglaubliche Maschine, die in der Lage ist, quasi als elektronischer Geologe tätig zu werden: Untersuchen, Kartieren und chemisches Analysieren der Oberfläche eines Planeten, Millionen Kilometer entfernt vom nächsten menschlichen Wesen.

91

Gravity Probe B

Die allgemeine Relativitätstheorie auf dem Prüfstand

2004

Gravity Probe B (GP-B) war eine am 20. April 2004 gestartete NASA-Satellitenmission, die die Aufgabe hatte, zwei bis dahin unbestätigte, aber wichtige Voraussagen in Albert Einsteins allgemeiner Relativitätstheorie zu prüfen: der geodätische Effekt (die These, dass der Raum selbst elastisch ist und sich dehnen kann, um die Energie eines Teilchens zu absorbieren, die durch seine Rotation erzeugt wird) und der *Lense-Thirring-Effekt* oder *Frame-Dragging-Effekt* (dabei zieht die rotierende Masse den Raum um sich herum wie eine zähe Flüssigkeit mit – die Raumzeit wird gewissermaßen *verdrillt*). Zu diesem Zweck wurden hochpräzise Messungen winziger Veränderungen der Drehrichtung von vier Gyroskopen vorgenommen. Diese befanden sich in einem Satelliten, der die Erde in ca. 650 Kilometer Höhe umkreiste und dessen Bahn genau über die Pole führte. In ihren Gehäusen kamen die Gyroskope in keinerlei Kontakt mit anderen Teilen des sie umgebenden Satelliten, d. h., jede dieser Kugeln war quasi ein eigener Satellit, der die Erde umkreiste. Überwacht wurden die Einheiten mit Sensoren, die ihre exakte Ausrichtung im Raum registrierten.

Gemäß Einsteins allgemeiner Relativitätstheorie müsste sich der Winkel der Rotationsachse eines Gyroskops im Verlauf Tausender Runden, die GP-B um die Erde dreht, um eine Winzigkeit verschieben. Um diese kleine Winkelveränderung zuverlässig messen

zu können, brauchte es allerdings erst einmal ein praktisch perfektes Gyroskop. Nach jahrelanger Arbeit und der Erfindung neuer Technologien war das Ergebnis eine Kugel aus reinem Quarzglas mit knapp vier Zentimeter Durchmesser, bis auf wenige atomare Schichten auf perfekte Glätte poliert. Laut dem *Guinness-Buch der Rekorde* sind es die rundesten Objekte, die je von Menschenhand gefertigt wurden. Würde ein GP-B-Gyroskop auf die Größe der Erde gebracht, dann wäre die höchste Erhebung oder der tiefste Ozeangraben gerade einmal 2,40 Meter hoch (bzw. tief)! Nur Neutronensterne sind noch perfekter gerundet. Faszinierend an dieser Kreiseltechnologie ist auch, dass diese Kugeln mit 4000 Umdrehungen pro Minute rotieren, und überließe man sie im extrem reibungsarmen Vakuum im All sich selbst, würden sie erst nach rund 15 000 Jahren zum Stillstand kommen.

Im Jahr 2011 wurde der *Lense-Thirring-Effekt* mit 37,2±7,2 Milli-Bogensekunden vermessen; damit war das erwartete Ergebnis von 39,2 Milli-Bogensekunden innerhalb einer Toleranzabweichung von 5 Prozent bestätigt. Der geodätische Effekt, gemessen mit 6602±18 Milli-Bogensekunden, lag mit einer Toleranzabweichung von unter 0,06 Prozent extrem nahe am erwarteten Wert von 6606 Milli-Bogensekunden. Das GP-B-Experiment bleibt damit einer der präzisesten Tests dieser wichtigen Effekte der Relativitätstheorie.

Orbital Express, bestehend aus zwei Satelliten

92

LIDAR

Automatisierte Andockmanöver ohne aktives Eingreifen des Menschen

2007

In den 1960er-Jahren blieb den sowjetischen Kosmonauten nicht allzu viel Handlungsfreiheit bei ihren Raumflügen; die Kontrolle lag zum größten Teil bei den Experten in der Bodenstation. Für das Raumfahrtprogramm der Sowjets war es daher nur konsequent, auch bei Rendezvous- und Andockmanövern eine weitgehende Automatisierung anzustreben. Dies führte zum erfolgreichen Koppeln der beiden unbemannten Raumschiffe *Kosmos 186* und *188* am 30. Oktober 1967.

Ganz im Gegensatz dazu vertraute das amerikanische Raumfahrtprogramm, beginnend mit der Mission *Gemini 8* mit den Astronauten Neil Armstrong und David Scott an Bord, auf vollständig manuell gesteuertes Andocken, d. h., die Astronauten hatten eine Menge zu tun. Es war sogar eines der wesentlichen Ziele des Gemini-Programms, diese manuellen Techniken in Vorbereitung des Apollo-Programms zu perfektionieren, bei dem es am Ende, also nach der Rückkehr von der Mondoberfläche, um das Andocken der Mondlandefähre an die Kommandokapsel in der Mondumlaufbahn ging. Diese manuelle Andocktechnik wurde später auch auf das Spaceshuttle und die ISS ausgeweitet. Allerdings hatten die manuellen Andockmanöver zumindest einen gravierenden Nachteil: Sie waren keine Option für die Wartung von Satelliten von der Erde aus und für unbemannte Versorgungsflüge zur Raumstation.

Jahrzehnte später verhalf das sogenannte *LIDAR* (oder auch LADAR) zur Umstellung auf das automatisierte Andocken. LIDAR funktioniert ganz ähnlich wie Radar: Es erkennt Form und Abstand von Objekten durch Aussenden von Laserimpulsen (im Unterschied zu den Radiowellen des Radars) und registriert dann das reflektierte Signal. Und das System wurde mit spektakulärer Wirkung während der Mission »Orbital Express« des US-Verteidigungsministeriums im April 2007 eingesetzt. Orbital Express bestand aus zwei Raumfahrzeugen, die in der Lage waren, sich unter autonomer Steuerung voneinander zu trennen und wieder aneinanderzukoppeln. Dazu diente der Advanced Video Guidance Sensor (AVGS) – eine Art LIDAR-System, bei dem ein Laser ein Ziel beleuchtet, um sein Bild aufzunehmen und anhand fest installierter Retroreflektoren am Zielobjekt Position und Geschwindigkeit für die Annäherung des anzudockenden Fahrzeugs zu ermitteln. Es war das erste Rendezvous- und Andockmanöver ohne aktives menschliches Eingreifen in der Geschichte des US-Raumfahrtprogramms.

Der vielleicht nachhaltigste Eindruck, den LIDAR in der Welt hinterlassen hat, liegt aber möglicherweise auf einem ganz anderen Gebiet, der Augenheilkunde nämlich.

Das Unternehmen Autonomous Technologies wandte das Laser-Tracking-Verfahren, zu dessen Entwicklung es im Auftrag der NASA beigetragen hatte, auf die Überwachung des Auges bei Operationen an. Die neue Operationstechnik wurde 1998 unter dem Namen »LADARVision CustomCornea« der Öffentlichkeit vorgestellt. Heutige LADARVision-Systeme bewältigen über 4000 Messungen pro Sekunde und können damit der Bewegung des Auges exakt folgen, während sie zugleich die Form der Hornhaut verändern. Ironischerweise erlaubte die NASA erst im Jahr 2007 den Astronauten, ihre Augen via Laser-Operation auf die für die Raumfahrt geforderte hundertprozentige Sehkraft korrigieren zu lassen.

93

Das Kepler-Weltraumteleskop

Die weltgrößte Digitalkamera im All

2009

Stellen Sie sich vor, Sie schauen auf Ihrer Veranda an einem warmen Sommerabend auf eine Außenleuchte und eine große Motte schwirrt um die Lichtquelle herum. Wenn die Motte Ihre Sichtlinie kreuzt, blockiert sie einen Teil des Lichts und verdunkelt es auf diese Weise ganz geringfügig. Diese grundlegende Erkenntnis wird seit Ende der 1990er-Jahre dazu genutzt, Planeten zu entdecken, die andere Sterne umkreisen. Bis 2008 hatten die Astronomen auf diese Weise über 250 Exoplaneten entdeckt, die beim Transit vor ihrem jeweiligen Heimatstern dessen Licht teilweise verdeckten und abschwächten.

Derweil schritt die Technologie der Messung geringer Helligkeitsschwankungen bei Sternen immer weiter voran. Ein Astronomenteam unter Leitung von William Borucki am kalifornischen Ames Research Center entwickelte eine neue Strategie zur Entdeckung von Exoplaneten: Mithilfe digitaler Bildgebungstechnologie sollte die Helligkeit mehrerer Tausend Sterne gleichzeitig gemessen werden. Das Bild eines einzigen Sterns, beobachtet mit einem Teleskop geeigneter Größe, würde nur einige Pixel im Sichtfeld der Kamera einnehmen. Misst man die Helligkeit dieses Sterns elektronisch, können viele Fotos ein und

◀ Keplers vollständiges Sichtfeld, zusammengesetzt aus 42 CCD-Imagern

Keplers »Focal Plane Array«

desselben Sternfelds schnell nacheinander aufgenommen werden und so alle paar Minuten die Lichtschwankungen Hunderttausender Sterne erfasst werden. Damit würde erkennbar, um welche Sterne andere Himmelskörper kreisen.

Die Mission Kepler, gestartet am 7. März 2009 (sie endete 2018) hatte ein Teleskop mit einem Hauptspiegel von 140 Zentimeter Durchmesser und ein Sichtfeld von 12 Grad. Untergebracht war das Gerät in einem von der Ball Aerospace Corporation gebauten Raumfahrzeug, das dauerhaft auf einen bestimmten Ausschnitt des Sternfelds im Sternbild Schwan ausgerichtet war. Dafür sorgten Stunde für Stunde, Tag um Tag Gyroskope mit entsprechenden Antriebsmechanismen. Im Fokus des Teleskops befand sich eine moderne Digitalkamera – die größte Kamera, die jemals im All eingesetzt wurde. Sie umfasste 42 CCD-Imager, jeder einzelne mit einer Auflösung von 2200 × 1024 Pixel, insgesamt also 95 Megapixel. Durch das Teleskop konnte diese Kameramatrix mehr als 150 000 Sterne in einer Himmelsregion erfassen, die etwa 150 Mal so groß ist wie der Vollmond.

Die riesige Datenmenge, die die Kamera alle sechs Sekunden produzierte, war zu groß, um komplett an Bord des Raumschiffs gespeichert zu werden. Deshalb wurden die am Ende zu sichernden Informationen (ca. 5 Prozent des gesamten Bildmaterials) nach einer vorgegebenen Strategie ausgewählt und einmal pro Monat an die Erde übertragen. Trotzdem konnten an jedem Stern täglich noch mehrere Hundert Messungen vorgenommen werden, wobei sogar bei sehr lichtschwachen Sternen von nur 12 mag noch Helligkeitsschwankungen von gerade einmal 30 Millionstel erfasst wurden. Zum Vergleich: Die lichtschwächsten Sterne, die gerade noch mit bloßem Auge auszumachen sind, haben eine Magnitude von ca. 6, d.h., die von Kepler beobachteten Sterne können 300 Mal schwächer leuchten als diejenigen, die das bloße menschliche Auge am Himmel gerade noch erkennt. Keplers moderne Kamera mit ihrer hochempfindlichen Lichterkennung machte es möglich, Planeten,

Künstlerische Darstellung von Kepler-186f ▶

die so klein sind wie die Erde, daran zu erkennen, dass sie das Licht ihres Heimatsterns beim Transit geringfügig abschwächten.

Im Jahr 2014 gelang Kepler eine bahnbrechende Entdeckung: Kepler-186f, der erste in etwa erdgroße Planet außerhalb unseres Sonnensystems, der nachweislich innerhalb der habitablen Zone liegt, der also den richtigen Abstand von seinem Heimatstern hat, damit sich flüssiges Wasser, nach allgemeiner Ansicht ein entscheidendes Kriterium für Leben, auf dem Planeten ansammeln könnte.

Bis 2018 hatte Kepler weitere 2600 Exoplaneten entdeckt und bestätigt, und fast 3000 weitere wurden entdeckt, sind aber noch nicht bestätigt. In unserer uralten Suche nach einer Antwort auf die Frage, wie »einmalig« unser Planet und das Leben, das sich darauf entwickelt hat, letztendlich ist – wenn es denn einmalig ist –, spielt das Kepler-Weltraumteleskop eine Schlüsselrolle: Es hat uns den Blick darauf eröffnet, wie viele weitere Planeten, auf denen Leben potenziell entstehen und gedeihen könnte, es »da draußen« in Wirklichkeit gibt. Auf der Basis der von Kepler gefundenen Exoplaneten, die in etwa die Größe der Erde haben und in der habitablen Zone liegen, laufen die Hochrechnungen der Wissenschaft darauf hinaus, dass Milliarden von Planeten diese Bedingungen erfüllen und daher zumindest theoretisch Leben ermöglichen würden – jedenfalls die Art von organischem Leben, die wir kennen!

94

Curiosity Rover

Ein faszinierender Roboter in der Weltraumforschung

2012

Jeder Weltraumwissenschaftler und jeder Astronom weiß, wo er oder sie am 6. August 2012 um 5 Uhr 17 UTC war. In diesem Moment befand sich der eine Tonne schwere Rover *Curiosity* – die offizielle Bezeichnung lautet Mars Science Laboratory (MSL) – auf seinem haarsträubenden Anflug auf die Marsoberfläche. Es war nicht der erste Rover auf dem Mars – es gab vorher schon deren drei –, aber es ist bis heute der modernste und ausgereifteste. Auf seinem Weg zur Oberfläche des Planeten trug er auch die Hoffnung der Menschheit, Dinge über den Mars zu erfahren, die unsere Sicht auf den Nachbarplaneten grundlegend verändern würden, und er sollte diese Hoffnung nicht enttäuschen.

Mehr als drei Millionen Menschen sahen bei der Landung via Videofeeds zu, die das kalifornische Jet Propulsion Laboratory über das Internet streamte. Die Landung bekam später den Beinamen »Sieben Minuten Angst«. So lange mussten die Wissenschaftler zittern, bis sie erfuhren, ob die zeitlich präzise geplante Abfolge von Manövern erfolgreich abgelaufen war. Die Spannung wurde zusätzlich noch dadurch angeheizt, dass sich das ganze Geschehen mit einer entnervenden Verzögerung der telemetrischen Übertragung von 14 Minuten abspielte – Grund dafür ist einfach die riesige Entfernung des Mars von der Erde. Zum Glück lief alles nach Plan: Die Bremstriebwerke der Landekapsel zündeten wie vorgesehen, der Hitze-

schild fiel ab, die Fallschirme öffneten sich, und die Landestufe schwebte rund 20 Meter über dem Marsboden, bevor sie das MSL sicher auf dem Boden des Gale-Kraters absetzte.

Der Rover *Curiosity* hat ungefähr die Größe eines kleineren SUV, und er ist ein ausgesprochen komplexes und hoch entwickeltes mobiles Labor und Vermessungsinstrument in einem – das Neueste vom Neuen in einer langen Serie von Marsmissionen, die bis zur Landung von *Viking 1* im Jahr 1976 zurückreichen. Er kann extrem hochauflösende Fotos von der Umgebung aufnehmen. Er kann Bohrungen in Gestein vornehmen, die gewonnenen Proben in einem Chemielabor analysieren und die Zusammensetzung der enthaltenen Mineralien und anderen Stoffe identifizieren. Mit seinen Strahlungs- und Gassensoren kann er Umgebungsbedingungen messen, über die Bescheid zu wissen für zukünftige Astronauten sehr wichtig ist. Für den Betrieb all dieser Instrumente und das Übertragen von Daten an den Marssatelliten *Orbiter*, der sie an die Erde weiterleitet, ist *Curiosity* mit einem Radioisotopengenerator (RTG) mit 110 Watt Leistung ausgestattet, der seine Energie aus dem Zerfall radioaktiven Plutoniums bezieht. Eigentlich war er nur für eine Betriebsdauer von 700 Tagen ausgelegt, aber Ende 2018, nach 2300 Tagen Aktivität, funktionierte *Curiosity* noch immer. Er hatte knapp 20 Kilometer innerhalb der Kraterebene zurückgelegt und bereits vier Jahre lang die Ausläufer des zentralen Bergs, Mount Sharp, erkundet. Dennoch hat er noch einiges vor sich, bis er die zwölfjährige Lebensdauer des Rovers *Opportunity* aus dem Jahr 2004 erreicht haben wird. (Bei *Opportunity* waren die Wissenschaftler sogar von nur drei Monaten Betriebszeit ausgegangen.)

Die Mastkamera (kurz *Mastcam*) ist eines der auffälligsten Merkmale der *Curiosity*. Die Kamera sitzt auf einem knapp zwei Meter langen Ausleger und ist für die Aufnahme von Panoramafotos konzipiert. Das System kann mehrere Stunden HD-Videomaterial oder bis zu 5000 hochauflösende Farbbilder aufnehmen und speichern, in der Qualität vergleichbar mit denen einer 2-Megapixel-Kamera in einem Smartphone. Neben der Übertragung faszinierender Bilder einer Vielzahl geologischer Formationen und Landschaften hat *Curiosity* auch Belege für ein ehemaliges Flussbett auf dem Mars gefunden, in dem einst viele Tausend Jahre lang Wasser geflossen sein muss. Außerdem fand der Rover heraus, dass die Strahlenbelastung auf der Oberfläche des Planeten nicht höher ist als die, mit der Astronauten auf der ISS konfrontiert sind. Das Chemielabor des Rovers hat Elemente wie Schwefel, Stickstoff und Phosphor nachgewiesen, alles entscheidende Voraussetzungen für Leben, sowie Tonerden, die darauf schließen lassen, dass es im Gale-Krater irgendwann in früherer Zeit größere Mengen stehenden Wassers gegeben haben muss. *Curiosity* hat überdies auch eine von der Jahreszeit abhängige Präsenz von Methangas nachgewiesen. Ob dieses Gas organischen oder anorganischen Ursprungs ist, bleibt eine offene und faszinierende Frage, mit deren Erforschung sich künftige Rover-Missionen beschäftigen werden.

Ein »Selfie« des Rovers ▶

Diese Ansicht des ferngesteuerten Sensormasts am Marsrover *Curiosity* zeigt sieben der insgesamt 17 Kameras des Rovers.

▼

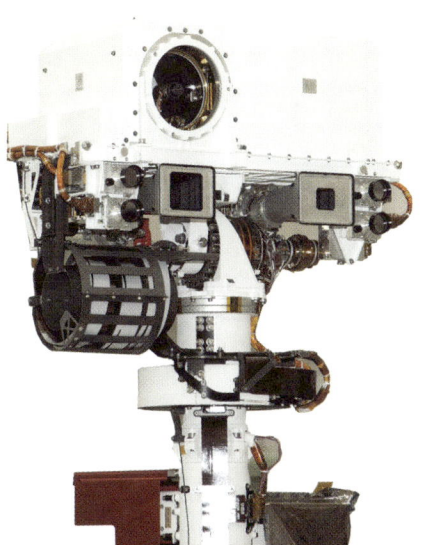

95

Ein Schraubenschlüssel aus dem 3-D-Drucker

Drucken, was gebraucht wird, wenn es gebraucht wird – im Weltall

2014

Der technische Fachausdruck für den 3-D-Druck lautet *additive Fertigung,* einfach weil es bei dem Prozess um das Hinzufügen (nicht das Entfernen) von Material geht: Anstatt ein Stück Metall in eine Drehmaschine einzusetzen und ein Objekt durch Abnehmen des überschüssigen Materials zu modellieren, könnte man dieses Objekt doch auch formen, indem man das aus einem Extruder zugeführte Metall Schicht für Schicht aufbaut! Die Technologie hinter dem 3-D-Druck wurde erstmals 1981 für die Herstellung von Kunststoffteilen entwickelt. Seitdem sind die Kosten für diese Fertigungsart dramatisch gesunken: 2018 bekam man schon für ein paar Hundert Euro ein

bemerkenswert vielseitig nutzbares computergesteuertes System, das zu neuen kommerziellen Anwendungen inspirierte und eine Nutzung im Ausbildungsbereich und für Heimwerker erlaubte.

Die NASA begann sich für den 3-D-Druck als direkt vor Ort einsetzbare Fertigungstechnik zu interessieren. Es kostet eine Menge Zeit und Ressourcen, auf der Erde produzierte Dinge ins Weltall zu befördern – dank der 3-D-Drucker könnte dieser Schritt bei Weltraummissionen komplett entfallen. Stattdessen würden die Astronauten Ersatzteile und Werkzeuge auf der ISS einfach selbst herstellen: Sie müssten lediglich die entsprechende Druckdatei laden, und der Borddrucker der ISS würde das gewünschte Objekt ausgeben. Dies wäre eine enorme Verbesserung gegenüber der Bevorratung von Ersatzteilen auf der ISS – es spart nicht nur Kosten, sondern auch wertvollen Stauraum.

2014 testete die NASA ihre Theorie durch Drucken ihres ersten Werkzeugs an Bord der ISS unter Verwendung einer vom Kontrollzentrum auf der Erde hochgeladenen Datei: ein einfacher Schraubenschlüs-

SpaceX ist Marktführer in Sachen 3-D-Druck von Raketenantriebskomponenten, z. B. diejenigen für ihre Merlin-Triebwerke . ▶

sel aus Kunststoff. Der Schlüssel, ein Entwurf von Noah Paul-Gin von der Firma Made in Space, Inc. – die NASA beauftragte externe Unternehmen mit Entwurf, Bau und Betrieb des Druckers –, misst knapp 13 × 4 Zentimeter. Der Entwurf war in weniger als einer Woche fertig und zum Druck freigegeben. Der eigentliche Druckvorgang dauerte nur vier Stunden und stellt einen echten Paradigmenwechsel dar. Die Versorgung der Raumstation mit Materialien, die ansonsten mehrere Monate in Anspruch nehmen könnte, kann so zu einem einfachen Druckauftrag verkürzt werden, der viel schneller vonstattengeht – und es werden auch nur die Ersatzteile produziert, die vor Ort in dem Moment tatsächlich gebraucht werden.

Bis dato steckt die additive Fertigung nicht aus Kunststoff bestehender Komponenten für die Raumfahrt noch in den Kinderschuhen, aber die Technologie hat ein enormes Zukunftspotenzial. Im Jahr 2013 wurden die Brennkammern für die SuperDraco-Triebwerke – allerdings auf der Erde – im 3-D-Druckverfahren hergestellt. Dasselbe gilt für die Sauerstoff-Zufuhrventile für die Merlin 1-D-Triebwerke im Jahr

2014. In der Luftverkehrsbranche fertigte Aerojet Rocketdyne 2017 die aus einer Kupferlegierung bestehende Brennkammer für das Raketentriebwerk RL10. Man geht davon aus, im kommenden Jahrzehnt immer größere Segmente von Raketentriebwerken und Systemen für den Weltraumflug im Drucker herstellen zu können. Manche Wissenschaftler denken gar bereits an den 3-D-Druck von Unterkünften für die Besiedelung von Mond und Mars. Wenn die Abhängigkeit von Nachschublieferungen von der Erde wegfällt, rückt die langfristige Besiedelung der unendlichen Weiten des Weltraums der Realität einen großen Schritt näher.

NASA und ESA arbeiten an der Entwicklung von Bodentests für die Herstellung von Gebäuden auf Basis der 3-D-Drucktechnologie. Die Idee sieht so etwas wie eine mobile Zementfabrik vor: Das Druckmaterial würde aus vor Ort vorhandenen Zutaten in Kombination mit einem Bindemittel hergestellt und am Ende mehrstöckige Gebäude entstehen lassen, basierend auf einer digitalen Blaupause – und lange vor dem Eintreffen der zukünftigen Bewohner.

96

Der LIGO Gravitationswellen-Interferometer

Kleinste Wellen in der Raumzeit

2015

1915 veröffentlichte Albert Einstein seine allgemeine Relativitätstheorie, die die Schwerkraft als eine Verzerrung in der Krümmung der Raumzeit beschrieb. Für ihn selbst war es kein besonders großer Schritt, zugleich zu erkennen, dass Veränderungen in einem Gravitationsfeld, verursacht durch beschleunigte Massen, Veränderungen in der Krümmung der Raumzeit hervorrufen würden, welche sich in Lichtgeschwindigkeit entfernen und Gravitationswellen auslösen würden.

Aber seine Theorie der Gravitationswellen blieb genau dies – eine Theorie –, bis jemand diese Wellen tatsächlich nachwies. In den 1960er-Jahren baute Joseph Weber, Professor an der University of Maryland, den ersten Resonanzdetektor: mehrere massive Aluminiumzylinder, jeder einzelne über eine Tonne schwer, ausgestattet mit hochempfindlichen Dehnungsmessstreifen. Wenn eine Gravitationswelle in der richtigen Frequenz das Labor passierte, würde sie bei einem oder mehreren dieser Zylinder oder »Weber bars« eine Veränderung der Abmessungen und damit Vibrationen auslösen, die wiederum an den Dehnungsmessstreifen ablesbar wären. Bislang wurden auf diese Weise noch keine derartigen Ereignisse ent-

deckt und bestätigt, aber Webers Arbeit weckte das Interesse der Physikergemeinschaft an der Suche nach Gravitationswellen. Dies zog wiederum die Konstruktion immer ausgefeilterer und schließlich viel genauerer Detektoren nach sich.

Eine der exaktesten Messmethoden für minimale Abstandsänderungen bietet das Interferometer, das der amerikanische Physiker Albert Michelson schon 1887 erfand. In seinem Apparat wird ein einzelner Lichtstrahl auf einen halbdurchlässigen Spiegel, einen sog. *Strahlteiler* gerichtet, der 50 Prozent des Lichts auf einen zweiten, rechtwinklig zum ursprünglichen Lichtstrahl platzierten Spiegel reflektiert. Die anderen 50 Prozent des Lichtstrahls passieren den Spiegel und fallen auf einen dritten Spiegel. Beide Strahlen – oder »Arme« – werden wieder zurück auf den Strahlteiler reflektiert, wo das kombinierte Licht aus beiden Quellen mit sich selbst zur Interferenz gebracht wird. Dabei entstehen Interferenzstreifen oder Muster mit dunklen und hellen Bereichen. In einem Gravitationswellen-Interferometer verändert sich die Länge jedes dieser Arme in spezifischer Weise als Reaktion auf das Erscheinungsbild der Gravitationswelle, was an der Veränderung der Streifenmuster ersichtlich wird.

Im Jahr 1994 begann die Konstruktion des LIGO (Laser Interferometer Gravitational-Wave Observatory) in Hanford, dem Standort einer ehemaligen Nuklearfabrik im Staat Washington, zusammen mit einem Zwillingssystem in Livingston (Louisiana). Durch die Nutzung zweier Standorte lassen sich irdische Störungen, die Radiowellenrauschen verursachen, zuverlässig eliminieren. Es wurde zum weltweit größten Observatorium seiner Art. Jedes System besteht aus zwei jeweils vier Kilometer langen Betonröhren, durch die Laserstrahlen geschickt und von Spiegeln reflektiert werden. Ein raffiniertes optisches System misst Veränderungen in der Länge der Laserstrahlen oder »Arme« bis auf ein Zehntausendstel des Durchmessers eines Protons genau. Das entspricht

▲
LIGOs »Zwilling« in Hanford (Bundesstaat Washington)

einer Genauigkeit von einem Millimeter bei der Vermessung der Entfernung der Erde zu Alpha Centauri, dem nächstgelegenen Stern außerhalb unseres Sonnensystems.

2015, nicht lange nach der Inbetriebnahme des Observatoriums, aber ein Jahrhundert nach Einsteins Vorhersage, entdeckte LIGO erstmals das Auftreten von Gravitationswellen. Die Wissenschaftler gehen davon aus, dass der Ursprung zwei gewaltige schwarze Löcher sind, die einander mit halber Lichtgeschwindigkeit umkreisen und sich dann zu einem einzigen schwarzen Loch vereinigten, was mit einer Krümmung der Raumzeit und dem Aussenden entsprechender Gravitationswellen einherging.

Bis Ende 2018 waren elf Ereignisse mit Gravitationswellen registriert worden, was auch die Zahl möglicher Ausgangspunkte der Wellen im Kosmos erhöht hat. Mittlerweile hat eine sorgfältige Untersuchung der Form dieser Wellen in Zeit und Raum detailgenaue Modelle der Gravitationsquellen hervorgebracht. Die einfachste Erklärung – und eine, die der Form der empfangenen Impulse exakt entspricht – liegt in der Vereinigung schwarzer Löcher in binären Systemen, die sich in einer Milliarde Lichtjahren Entfernung von der Sonne abspielt. Lange nach Einsteins genialer Erkenntnis hat LIGO die Bestätigung für eine monumentale Theorie darüber geliefert, wie der Kosmos funktioniert.

◄ LIGO in Livingston (Louisiana)

97

Der Tesla Roadster

Die Werbung kommt im
Weltraumzeitalter an

Februar 2018

Wozu eine Pseudo-Nutzlast aus Zement, wenn man auch einen echten eigenen Sportwagen ins All schicken kann? SpaceX, das Raumfahrtunternehmen von Elon Musk, hat sämtliche Grenzen dessen gesprengt, was einmal die allein Staaten vorbehaltene Welt der Raumfahrt war. Dazu zählt auch der erfolgreiche Start, die Erdumrundung und die Rückkehr des Lasten-Raumtransporters *Dragon* im Jahr 2010 – auch dies eine Premiere für ein Privatunternehmen. Die vielleicht bislang bekannteste und bahnbrechendste Aktion von SpaceX war der Test der Schwerlast-Trägerrakete *Falcon Heavy*. Dabei ging es allerdings weniger um das Raumfahrzeug selbst, sondern um die Nutzlast, die es transportierte. Musk twitterte am 1. Dezember 2017: »Nutzlast ist mein kirschroter Tesla Roadster, in dem ›Space Oddity‹ laufen wird. Ziel ist der Orbit des Mars. Das Ding wird so etwa eine Milliarde Jahre im Weltall bleiben, wenn es nicht beim Start explodiert.« Der Start war am 6. Februar 2018.

Musks Roadster ist schon deshalb ein Meilenstein in unserer Geschichte des Weltraums, weil er für das neue Zeitalter der privaten Raumfahrt das Symbol schlechthin ist: Die Autofirma eines Unternehmers liefert die Nutzlast für die Rakete ebendieses Unternehmers. Die finanzielle Ausstattung der NASA ist gegenüber der Höchstmarke aus den 1960er-Jahren deutlich gesunken – sie beträgt heute ca. 21 Milliarden Dollar, das macht nicht einmal ein halbes Prozent

des US-Bundeshaushalts aus, und damit weniger als ein Achtel des höchsten Vergleichswerts aus dem Jahr 1966. Dagegen wächst die Anzahl privater Raumfahrtunternehmen (und damit auch die betreffenden Budgets) beständig. Es ist offenkundig, dass die Weltraumforschung in Zukunft verstärkt auf die Privatwirtschaft bauen wird.

Der Roadster ist auch deshalb bemerkenswert, weil er dem Konsumdenken die Tür zum Weltraum eröffnet. Es ist ein Gegenstand, den Sie einfach kaufen könnten, und damit ist er auch so etwas wie das allererste Stück Reklame im All – damit ist in Sachen Kommerzialisierung des Kosmos eine bedeutende Schwelle überschritten.

Und das vielleicht Wichtigste an der ganzen Sache: Bei der Vorstellung, dass ein Sportwagen durchs Weltall rast, reiben wir uns einfach nur staunend die Augen. Und genau so werden Meilensteine der Weltraumforschung gemacht. Ebenso wie bei Präsident John F. Kennedys berühmter Ankündigung aus dem Jahr 1961, Amerika würde noch vor dem Ende des Jahrzehnts einen Menschen zum Mond und sicher wieder nach Hause bringen. Das war ein kühnes Versprechen, das die Fantasie der Menschen beflügelte und dazu beitrug, dass die NASA ihr Vorhaben vorantreiben konnte. Und ein durch unser Sonnensystem düsender Roadster ist so abwegig, dass er die Grenzen des Machbaren in unseren Vorstellungen deutlich erweitert. Musk meinte später: »Ich mag die Vorstellung, wie ein Auto scheinbar unendlich durchs All schwebt und in ein paar Millionen Jahren vielleicht von einer außerirdischen Zivilisation entdeckt wird.« Ein Hinweis an Musk: So geht es auch vielen Astronomen!

Den letzten Sichtkontakt zum Roadster meldeten Astronomen der University of Arizona später im Februar 2018 – zu dem Zeitpunkt hatte er bereits fast fünf Millionen Kilometer »auf dem Tacho«. Zum Zeitpunkt der Übersetzung dieses Kapitels (April 2022) befindet sich der Roadster ca. 360 Millionen Kilometer von der Erde entfernt – die aktuelle Position kann auf der Website whereistheroadster.com verfolgt werden.

Das synthetisierte Bild des supermasse-reichen schwarzen Lochs in der Galaxie Messier 87. Der dunkle Fleck in der Mitte ist der Schatten des schwarzen Lochs, projiziert vor der einfallenden, leuchten-den Materie. Zur Einordnung der Größen-verhältnisse auf diesem Bild: Unser gesamtes Sonnensystem bis zum Pluto würde gerade in den dunklen Ereignishori-zontbereich passen. Die umgebende Materie in der Akkretionsscheibe rotiert im Uhrzeigersinn um das Loch, nahezu mit Lichtgeschwindigkeit. (Quelle: EHT Collaboration)

Das aktuelle EHT ist ein Netzwerk aus Radioteleskopen, das zusammengeschaltet ein
einziges Teleskop von der Größe des nahezu gesamten Erddurchmessers entstehen lässt.

▼

98

Das Event-Horizon-Teleskop

Der erste Blick
in ein schwarzes Loch

2019

Das Gebiet der Radio-Interferometrie, ursprünglich entwickelt im Jahr 1946 unter Verwendung paarweise gekoppelter Radioteleskope zur Synthetisierung hochauflösender Bilder, erweiterte sich mit dem technologischen Fortschritt. Die von jedem Teleskoppaar empfangenen Signale mussten aufgezeichnet werden, anfangs auf analogen Videobändern, später dann per superschneller Digitalaufnahme auf Computerfestplatten mit hoher Kapazität. Die Zeitsignale mussten mit der jeweiligen exakten Ankunftszeit mittels Atomuhren markiert werden, deren Präzision und Stabilität im Lauf der Jahrzehnte immer weiter zunahm. Supercomputer waren später in der Lage, in jeder Sekunde die Billionen von Rechenvorgängen zu bewältigen, die notwendig waren, um Radiowellensignale innerhalb eines Netzes Hunderter von Teleskoppaaren effizient zueinander in Beziehung zu setzen. Und nicht zuletzt bedurfte es dramatischer Verbesserungen in der Empfangstechnologie, damit Signale in immer höherer Frequenz bei zugleich minimalem Rauschen erkannt werden konnten. 2018 waren die Voraussetzungen da, ein riesiges Interferometer zu schaffen, das sogenannte *Event Horizon Telescope* (EHT).

Das EHT nahm seinen Anfang als Netzwerk von acht Radioteleskopen, allesamt in der westlichen Hemisphäre stationiert, elektronisch miteinander gekoppelt und auf unterschiedliche Bereiche des Him-

mels gerichtet. Betrieben bei einer Wellenlänge von 1,3 Millimetern verfügt dieses sogenannten *Apertursynthese-Teleskop* über eine Auflösung von 20 Mikrobogensekunden. Erstes Ziel war es, ein Bild vom Plasma in der Nähe des Ereignishorizonts des supermassereichen schwarzen Lochs in der Galaxie Messier 87 (M87) zu erfassen, ein Objekt, das geschätzt nahezu sieben Milliarden Mal mehr Masse aufweist als unsere Sonne. Zu diesem Zweck sammelte jedes Teleskop im Netzwerk ca. 350 Terabyte Daten pro Tag. Speziell konfigurierte Supercomputer durchforsteten dann die gigantischen Datenmengen (mehrere Petabyte). Auf diese Weise konnte ein und dieselbe Radiowellenfront, die an allen Teleskopen ankam, identifiziert werden. Aus der Synthese dieser Daten entstand schließlich ein Bild des Plasmas in der Nähe des fast 40 Milliarden Kilometer langen Ereignishorizonts. Das Resultat wurde bei einer weltweit ausgestrahlten Pressekonferenz am 10. April 2019 präsentiert: das erste jemals gewonnene Bild eines schwarzen Lochs, das groß genug wäre, um unser gesamtes Sonnensystem zu verschlucken. Am 12. Mai 2022 dann die nächste Sensation: Erstmals wurde ein Bild eines schwarzen Lochs in der Milchstraße präsentiert – »Sagittarius A*«. Künftige Studien werden unter anderem die Veränderungen am einfließenden Plasma um das schwarze Loch herum verfolgen.

99

Double Asteroid Redirect Test (DART) Impactor

Wie verhindern wir einen katastrophalen Asteroideneinschlag?

2022

Hollywood ist weltberühmt für seine oft grandios überzeichneten Dramen, aber wenn es um Filme über drohende Einschläge von Kometen oder Asteroiden auf der Erde geht – man denke an *Deep Impact* (1998), *Armageddon* (2007) oder *Don't Look Up* (2021) –, liegt in ihnen zumindest ein Körnchen Wahrheit. Die Vorstellung, ein gigantischer Himmelskörper könnte mit unserer Erde kollidieren – und alles Leben darauf vernichten –, ist durchaus plausibel. Immerhin wissen wir, dass etwas in der Art schon einmal passiert ist, vor 66 Millionen Jahren nämlich, als ein Asteroid in der Region des heutigen Mexiko einschlug und das Ende der Dinosaurier herbeiführte. Bei der Suche nach neuen Kandidaten für eine mögliche Kollision brauchen wir gar nicht sehr weit zu schauen: Allein in unserem Sonnensystem sind über eine Million bekannte Asteroiden unterwegs – vielleicht sind es noch viel mehr –, und ca. 28 000 von ihnen werden als erdnahe Asteroiden eingestuft. Die gute Nachricht: Ein derart kolossaler Einschlag bleibt ein extrem seltenes Ereignis. Außerdem folgen Objekte präzise berechenbaren Pfaden, und wir werden immer besser darin, sie zu entdecken und ihre Flugbahnen zu beobachten.

Trotzdem kann man gar nicht gut genug gerüstet sein. Die NASA führt eine Liste potenziell gefährlicher Objekte. Definiert sind diese als Objekte mit einem Durchmesser von mehr als 140 Metern, und zurzeit gibt es über 2200 Stück davon. 23 Objekte, bei denen die Wahrscheinlichkeit einer Kollision mit der Erde am größten ist, behält die NASA mit ihrem Sentry-Überwachungssystem gezielt im Auge. Praktisch alle mit diesem System beobachteten Objekte sind zumindest so groß, dass sie in einer Großstadt enormen Schaden anrichten können. Am bedenklichsten ist wahrscheinlich der Asteroid mit der Bezeichnung 1950 DA. Er hat einen Durchmesser von etwa 1,1 Kilometern und könnte bei einem Einschlag mindestens ein kleineres Land völlig verwüsten.

Atmen Sie mal kurz tief durch: Bei keinem dieser 23 gefährlichsten Himmelskörper liegt die Wahrscheinlichkeit einer Kollision mit der Erde höher als 5 Prozent, für die meisten Einschläge gilt sogar eine noch deutlich geringere Wahrscheinlichkeit, nämlich nur ein winziger Bruchteil eines Prozents: 1950 DA wird mit einer Wahrscheinlichkeit von 99,988 Prozent die Erde verfehlen, und mit seiner Annäherung ist nicht vor dem Jahr 2880 zu rechnen. Da ist also noch jede Menge Zeit, irgendwelche Notfallmaßnahmen zu planen – aber welche sind das genau?

Zu den Vorschlägen für die Gefahrenabwehr zählt, den Asteroiden mit einer Atombombe zu zerstören, oder auch einen Satelliten in eine Umlaufbahn zu schicken, der den Himmelskörper im Lauf von Jahrzehnten per Gravitation auf eine weniger bedrohliche Umlaufbahn lotsen soll. Die einfachste Idee besteht allerdings darin, ein anderes massives Objekt auf Kollisionskurs mit dem Asteroiden zu schicken, um seine Flugbahn zu verändern. Wir haben bereits einige Erfahrung mit diesem Manöver: Vom NASA-Raumschiff Ranger in den 1960er-Jahren und LCROSS im Jahr 2009, die beide auf dem Mond einschlugen, bis zur Kometenmission *Deep Impact* des Jahres 2005. Diese Projekte haben uns eine ganze Menge über die geologische Zusammensetzung von Mond und Kometen verraten, aber wir müssen erst noch beweisen, dass wir uns auch vor solchen Kometen schützen können.

Aus diesem Grund gibt es die NASA-Mission Double Asteroid Redirect Test (DART). Ziel dieser

Mission ist es, die grundlegenden physikalischen Bedingungen und die Machbarkeit der Ablenkung eines Asteroiden mithilfe eines »kinetischen Impaktors« zu erkunden – in diesem Fall wäre der Satellit selbst der Impaktor, der sich in einen Asteroiden rammen soll.

Gestartet wurde er am 23. November 2021 mit einer Falcon-9-Trägerrakete von SpaceX. Er wiegt 610 Kilogramm und hat abgesehen von einer Navigationskamera, einem Ionenraketenantrieb und einem Paar Sonnenkollektoren keine Instrumente dabei. Sein Ziel ist das binäre Asteroidensystem Didymos, und nach Plan soll er nach knapp einem Jahr Flug auf Dimorphos, dem kleinen Mond von Didymos, einschlagen. Dimorphos zählt mit seinen 160 Metern Länge zur Klasse der wahrscheinlichsten Bedrohungen für unsere Erde. Um eine Vorstellung von den Größenverhältnissen zu bekommen: Das entspricht ungefähr dem Auftreffen eines Sandkorns auf einem Fußball. Dennoch gehen die Wissenschaftler davon aus, die Orbitalgeschwindigkeit von Dimorphos auf diese Weise um 1,4 Meter pro Stunde abbremsen zu können. Das klingt nach nicht sehr viel, aber bei DART geht es um die prinzipielle Machbarkeit einer solchen Mission. Mit sorgfältiger Radar-Dopplervermessung und einer Untersuchung des neuen Orbits des Asteroidenmonds wird diese Veränderung – sofern DART Erfolg hat – erkennbar sein. Die Konzeption lässt sich dann in der Theorie auf größere Ausmaße hochrechnen, um mit einem entsprechend größeren Impaktor einen für uns bedrohlichen Asteroiden abzulenken, sollte denn jemals ein solcher Kurs auf die Erde nehmen – damit könnte ein Happy End à la Hollywood Wirklichkeit werden.

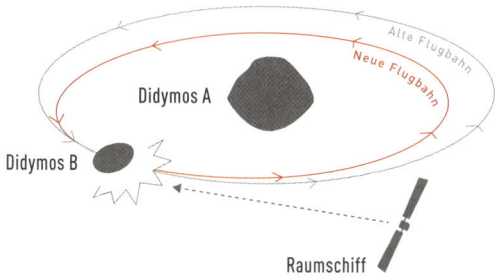

Ein Wunderwerk der Ingenieurskunst: Der Hauptspiegel des »Webb« ist sieben Mal lichtstärker als derjenige des Hubble-Teleskops.

100

Das James-Webb-Weltraumteleskop

Eine neue Ära der Weltraumforschung bricht an

2022

Es heißt, der Bau der Cheops-Pyramide hätte 20 Jahre gedauert und in heutiger Währung 5 Milliarden Dollar verschlungen. Ende 2021 begann die Reise des James-Webb-Teleskops ins All – nach 24 Jahren Entwicklungs- und Bauzeit und Kosten von 10,8 Milliarden Dollar. Wenn das Webb-Teleskop auch nur die Hälfte dessen erreicht, was sich die Wissenschaftler vorgenommen haben, könnte es sich schon einen Platz unter den Weltwundern verdient haben.

Je lichtempfindlicher ein Teleskop ist, desto tiefer kann es in die Vergangenheit blicken. Bei Webb sorgt die Verbindung aus revolutionärer Technologie und sorgfältiger Positionierung für eine so starke Lichtempfindlichkeit, dass das Teleskop in der Lage sein wird, Teile unseres Universums auszumachen, über die wir bisher bestenfalls spekulieren konnten.

Am anschaulichsten lässt sich das Leistungspotenzial des Webb – des größten Weltraumteleskops, das die NASA jemals in Stellung gebracht hat – vielleicht durch den Vergleich mit seinem berühmten Vorgänger Hubble beurteilen. Das Webb-Teleskop ist dafür ausgelegt, Infrarotlicht zu erkennen, das Hubble nicht registrieren kann – eine sehr wichtige Fähigkeit, da die Expansion des Universums Lichtwellen in die Länge zieht und sich deshalb einige davon in den Infrarotbereich verlagern. Aus diesem Grund muss Webb sehr kalt und weit entfernt von anderen Infrarotlicht-

quellen sein, um störenden Signalen aus dem Weg zu gehen. Deshalb kann das Teleskop auch nicht einfach dort geparkt werden, wo bisher Hubble steht – in 548 Kilometer Entfernung von der Erde –, das wäre ungefähr so, als wollte man neben einem riesigen Lagerfeuer seine Körpertemperatur messen. Webb wurde also an einem sog. *Lagrange-Punkt* (L2) in 1,5 Millionen Kilometer Entfernung von der Erde positioniert. Von dort kann das Teleskop seinen Sonnenschutzschirm so ausrichten, dass das Sonnenlicht nie bis zu seinen hochempfindlichen Detektoren gelangt.

Und dann ist da natürlich der Spiegel des Webb-Teleskops. Beim Hubble hat der Hauptspiegel – der Teil des Teleskops, der für Lichtstärke und Fokussierung eines Teleskops zuständig ist – 2,4 Meter Durchmesser, bei Webb sind es enorme 6,5 Meter. Bei solch gewaltigen Ausmaßen wäre eigentlich keine Rakete in der Lage, das Gerät ins All zu befördern. Deshalb kam eine innovative und historische Ingenieursleistung zum Tragen: Der Hauptspiegel des Webb wurde in 18 sechseckige, goldüberzogene Segmente aufgeteilt, jedes einzelne 1,3 Meter im Durchmesser, die dann sorgfältig zusammengefaltet wurden. Im Weltraum entfaltete sich der Spiegel verborgen hinter dem Sonnenschutzschild. Aufgrund der großen Entfernung wäre eine bemannte Reparaturmission (wie sie bei Hubble einmal notwendig wurde) nicht möglich. Astronomen überall auf der Welt atmeten erleichtert auf, als Webb diese akribisch geplante, aber nie zuvor in der Praxis getestete Abfolge komplexer Schritte absolviert hatte.

Zur Zeit des Schreibens an diesem Kapitel führt Webb eine über mehrere Monate laufende Testreihe durch. Wenn alles klappt, wird man beginnen können, das Webb-Teleskop auf tief im All liegende Phänomene auszurichten, in der Hoffnung, Antworten auf einige der größten Mysterien des Kosmos zu finden: Gibt es andere habitable Planeten? Was genau sind schwarze Löcher? Und während Hubble beim Blick zurück nur bis zu der Zeit 400 Millionen Jahre nach dem Urknall reicht, soll Webb uns in eine noch fernere Vergangenheit führen, die uns bisher verschlossen blieb.

QUELLEN UND BILDNACHWEISE

Die Informationen in diesem Buch beruhen weitgehend auf meinen eigenen Erfahrungen sowie einer Reihe wichtiger Quellen. Dazu zählen die NASA, das Magazin *Smithsonian*, Space.com und Britannica.com. Viele der hier beschriebenen Objekte sind in Museen, Ausstellungen und Sammlungen in aller Welt zu besichtigen. Sie können aber auch jederzeit mehr über diese Objekte erfahren, wenn Sie sich auf eine Reise im Internet begeben. Ich würde die genannten zentralen Quellen als Startrampe für Ihre Reise empfehlen. Die folgenden Angaben bezeichnen die für die einzelnen Artikel jeweils zusätzlich hinzugezogenen, spezifischen Quellen.

Die Bildnachweise beziehen sich auf die Fotos im Innenteil des Buchs, auf der Umschlagrückseite und dem Cover.

1 Die Ockerzeichnung von Blombos

»500 000-Year-Old Homo erectus Engraving Discovered«, SciNews (4. Dezember 2014) • Bradshaw Foundation: bradshawfoundation.com • Chutel, Lynsey, »What the Oldest Drawing Found in South Africa Tells Us About Our Human Ancestors«, Quartz Africa (16. September 2018) • D'Errico, Francesco; Henshilwood, Christopher S.; Watts, Ian, »Engraved Ochres from the Middle Stone Age Levels at Blombos Cave, South Africa«, *Journal of Human Evolution* 57(1): S. 27–47, Juli 2009 • Gabbatiss, Josh, »Oldest Drawing Ever Found Discovered in South African Cave, Archaeologists Say«, *The Independent* (12. September 2018) • St. Fleur, Nicholas, »Oldest Known Drawing by Human Hands Discovered in South African Cave«, *The New York Times* (12. September 2018)
Bildnachweis: Image © Craig Foster. Mit freundlicher Genehmigung von Professor Christopher Henshilwood.

2 Die Knochenplatte von Abri Planchard

Cave Script Translation Project: cavescript.org • Feder, Kenneth L., *Encyclopedia of Dubious Archaeology*, 2010, Santa Barbara, CA: Greenwood
Bildnachweis: Schenkung von Elaine F. Marshack, 2005. Mit freundlicher Genehmigung des Peabody Museum of Archaeology and Ethnology, Harvard University.

3 Die ägyptische Sternenuhr

Bryner, Jeanna, »Ancient Egyptian Sundial Discovered at Valley of the Kings«, *LiveScience* (20. März 2013)
Bildnachweis: Wikipedia/Einsamer Schütze. Unter der Lizenz von Creative Commons (CC BY-SA 3.0).

4 Die Himmelsscheibe von Nebra

Bildnachweis: Landesamt für Denkmalpflege und Archäologie Sachsen-Anhalt.

5 Die Venustafeln des Ammi-Saduqa

Khan Academy: khanacademy.org • Novakovic, B., »Senenmut: An Ancient Egyptian Astronomer«, *Publications of the Astronomical Observatory of Belgrade* 85: S. 19–23, 2008 • Radeska, Tijana, »The Royal Library of Ashurbanipal Had Over 30 000 Clay Tablets, Among Them Is the Original ›Epic of Gilgamesh‹«, *The Vintage News* (30. November 2016)
Bildnachweis: Wikipedia/Fæ. Unter der Lizenz von Creative Commons (CC BY-SA 3.0).

6 Die Sternendiagramme von Senenmut

Ancient Egypt Online: ancient-egypt-online.com • Belmonte, Juan Antonio; Shaltout, Mosalam, »The Astronomical Ceiling of Senenmut: A Dream of Mystery and Imagination«, European Society for Astronomy in Culture, 2005 • Belmonte, Juan Antonio; Shaltout, Mosalam, *In Search of Cosmic Order: Selected Essays on Egyptian Archaeoastronomy*, Supreme Council of Antiquities Press, 2009 • Berio, Alessandro, »The Celestial River: Identifying the Ancient Egyptian Constellations«, *Sino-Platonic Papers* 253, 2014 • The Earth Chronicles of Life: earth-chronicles.com • Mills, Thomas O., »Star Maps and the Secrets of Senenmut: Astronomical Ceilings and the Hopi Vision of Earth«, Ancient Origins (18. November 2016)
Bildnachweis: Mit freundlicher Genehmigung des Rogers Fund, 1948.

7 Das Merchet

Ancient Egyptian Astronomy Database: aea.physics.mcmaster.ca • Ancient Pages: ancientpages.com • Louvre Museum: louvre.fr • The Metropolitan Museum of Art: metmuseum.org • Quantum Gaze: quantumgaze.com • WiseGeek: wisegeek.com
Bildnachweis: Wikipedia/Rama. Unter der Lizenz von Creative Commons (CC BY-SA 3.0 France).

8 Die Linse von Nimrud

The British Museum: britishmuseum.org • Holloway, April, »Is the Assyrian Nimrud Lens the Oldest Telescope in the World?«, Ancient Origins (24. Februar 2014) • Whitehouse, David, »World's Oldest Telescope?«, *BBC News* (1. Juli 1999)
Bildnachweis: Mit freundlicher Genehmigung des British Museum.

9 Die griechische Armillarsphäre
https://mathshistory.st-andrews.ac.uk/ • The Metropolitan
Museum of Art
Bildnachweis: Peter Horree/Alamy Stock Photo. *Inset:* Wiki-
pedia/-Merce-. Unter der Lizenz von Creative Commons
(CC BY-SA 3.0).

10 Die Dioptra
Kotsanas Museum of Ancient Greek Technology: kotsanas.com
• Roman Aqueducts: romanaqueducts.info
Bildnachweis: Zeichnung von Jack Dunnington (Rekonstruk-
tion von Herons Dioptra). *Inset:* Rekonstruktion einer Dioptra
durch Jens Kleb, Erfurt 2014.

11 Der Mechanismus von Antikythera
Antikythera Mechanism: antikytheramechanism.com • Euro-
pean Physical Society: epsnews.eu • National Archaeology
Museum: namuseum.gr/en • Trimmis, K. P., »The Forgotten
Pioneer: Valerios Stais and His Research in Kythera, Antikythe-
ra, and Thessaly«, *Bulletin of the History of Archaeology* 26(1),
2016
Bildnachweis: Wikipedia/Tilemahos Efthimiadis. Unter der
Lizenz von Creative Commons (CC BY-SA 2.0). *Inset:* Have
Camera Will Travel | Europe/Alamy Stock Photo.

12 Die Sternkarte des Hipparchos
Burnham, Robert, »Hipparchus's Sky Catalog Found«, *Astro-
nomy* (13. Januar 2005)
Bildnachweis: adam eastland/Alamy Stock Photo. *Inset:*
Mit freundlicher Genehmigung der Architectura-Datenbank
(architectura.cesr.univ-tours.fr).

13 Das Astrolabium
Consortium for History of Science, Technology, and Medicine:
chstm.org • The Mariners' Museum and Park: exploration.
marinersmuseum.org
Bildnachweis: Wikipedia/Sage Ross. Unter der Lizenz von
Creative Commons (CC BY-SA 3.0).

14 Die Dunhuang-Sternkarte
Bonnet-Bidaud, Jean-Marc; Praderie, Françoise; Whitfield,
Susan, »The Dunhuang Chinese Sky: A Comprehensive Study
of the Oldest Known Star Atlas«, *Journal of History and Heri-
tage* 12(1): S. 39–59, 2009 • The Iris: blogs.getty.edu/iris •
Khan Academy
Bildnachweis: Lizenzfrei.

15 Al-Chwarizmis Algebra-Lehrbuch
Today I Found Out: todayifoundout.com • World Digital
Library: wdl.org
Bildnachweis: Lizenzfrei (beide Fotos).

16 Der Dresdner Maya-Codex
Vance, Erik, »Have We Been Misreading a Crucial Maya Codex
for Centuries?«, *National Geographic* (23. August 2016)
Bildnachweis: Wikipedia/Linear77. Unter der Lizenz von
Creative Commons (CC BY-SA 3.0).

17 Der Sonnendolch vom Chaco Canyon
Exploratorium: exploratorium.edu • Imaging Research Center:
irc.umbc.edu
Bildnachweis: Charles Walker Collection/Alamy Stock Photo.

18 Das Astrarium des Giovanni de Dondi
Poulle, E., »Book Review: The De' Dondi Astrarium«, *Journal
for the History of Astronomy* 20, 1989
Bildnachweis: Wikipedia/Pippa Luigi/ Museo nazionale della
scienza e della tecnologia Leonardo da Vinci, Milano. Unter der
Lizenz von Creative Commons (CC BY-SA 4.0).

19 Das Medizinrad von Bighorn
Hill, Pat, »The Mystery of the Big Horn Medicine Wheel«,
Montana Pioneer, Mai 2012 • Stanford Solar Center: solar-
center.stanford.edu • US Department of Agriculture Forest
Service: fs.usda.gov
Bildnachweis: Mit freundlicher Genehmigung von Richard
Collier, Wyoming State Historic Preservation Office. *Inset:*
Zeichnung von Jack Dunnington (nach einem Bild aus dem
scientificodyssey.typepad.com).

20 Der Meteorit von Ensisheim
Garber, Megan, »Thunderstone: What People Thought About
Meteorites Before Modern Astronomy«, *The Atlantic*
(15. Februar 2013) • Horejsi, Martin, »Ensisheim! The King
of Meteorites«, Meteorite Times Magazine (1. November
2010) • Marvin, U. B., »The Meteorite of Ensisheim – 1492 to
1992«, *Meteoritics* 27, S. 28–72, 1992 • Rowland, I. D., »A
Contemporary Account of the Ensisheim Meteorite, 1492«,
Meteoritics 25(1): S. 19, 1990 • Science Photo Library: science
photo.com
Bildnachweis: Wikipedia/Daderot. Unter der Lizenz von
Creative Commons (CC BY-SA 2.0). *Inset:* Lizenzfrei.

21 *De Revolutionibus*
DeMarco, Peter, »Book Quest Took Him Around the Globe«,
Boston Globe (13. April 2004) • Wilford, John Noble, »Chasing
Copernicus«, *The New York Times* (18. Juli 2004) • University of
Glasgow Special Collections: special.lib.gla.ac.uk
Bildnachweis: Lizenzfrei.

22 Tychos Mauerquadrant
Horrocks, Jeremiah, »The Transit of Venus and the ›New
Astronomy‹ in Early Seventeenth-Century England«, *Quar-
terly Journal of the Royal Astronomical Society* 31: S. 333, 1990 •

National Center for Atmospheric Research, High Altitude Observatory: www2.hao.ucar.edu
Bildnachweis: Lizenzfrei.

23 Galileis Teleskop
Kestenholz, Daniel, »The Focal Length Closest to the Human Eye«, Photography Daily Theme (29. September 2012) • Universe Today: universetoday.com
Bildnachweis: Getty Images/Leemage/Contributor. *Inset:* Lizenzfrei.

24 Der Rechenschieber
History-Computer: history-computer.com • Just Collecting, Space Memorabilia: justcollecting.com/space-memorabilia • Space Flown Artifacts: spaceflownartifacts.com
Bildnachweis: NASA. *Inset:* Wikipedia/Joe Haupt.

25 Das Okularmikrometer
Kaler, James B., Professor Emeritus of Astronomy, University of Illinois: stars.astro.illinois.edu • Mayer, Christian, »Directory of All Hitherto Discovered Doubled Stars«, 1781 (aufgerufen unter spider.seds.org) • Niemela, V., »A Short History and Other Stories of Binary Stars«, IX Latin American Regional IAU Meeting: Focal Points in Latin American Astronomy, Tonantzintla, Mexico (9.–13. November 1998)
Bildnachweis: Lizenzfrei (beide Fotos).

26 Der Taktantrieb
Biography: biography.com
Bildnachweis: A. Duro/ESO. *Inset:* Mit freundlicher Genehmigung von Judy Cleland Bergen.

27 Der Meridiankreis
Nielsen, Axel V., »Ole Rømer and his Meridian Circle«, *Vistas in Astronomy* 10 (Arthur Beer, ed.), Pergamon Press
Bildnachweis: Wikipedia/Tsui. *Inset:* Unter der Lizenz von Creative Commons (CC BY-SA 3.0).

28 Die Sternkarte der Skidi Pawnee
Ancient Pages • Gustavus Adolphus College Physics Department: physics.gac.edu • Pasztor, Emilia; Rosland, Curt, »An Interpretation of the Nebra Disc«, *Antiquity* 81(312): S. 267–78, 2007 • Pawnee Nation of Oklahoma: pawneenation.org
Bildnachweis: Heritage Image Partnership Ltd./Alamy Stock Photo.

29 Sonnenbeobachtung durch das Rußglas
Historic New England: historicnewengland.org
Bildnachweis: Lizenzfrei. *Inset:* Wikipedia/Eclipse Glasses. Unter der Lizenz von Creative Commons (CC BY-SA 3.0).

30 Das Gyroskop
Bildnachweis: NASA. *Inset:* Unter der GNU-Lizenz für freie Dokumentation.

31 Die elektrische Batterie
The British Museum • Deffner, Sebastian; Ibrahim, Muhammed, »Static Electricity's Tiny Sparks«, The Conversation (6. Januar 2017; aufgerufen unter phys.org) • Frank, Harvey; Halpert, Gerald; Surampudi, Subbarao, »Batteries and Fuel Cells in Space«, Interface, The Electrochemical Society, Herbst 1999 • Hubble Space Telescope: spacetelescope.org • Meyer, Michal, »Leyden Jar Battery«, Distillations, Science History Institute (18. Mai 2012)
Bildnachweis: Van Leest Antiques, Utrecht (Leidener Flasche). Wikipedia/GuidoB (Batterie von Volta); unter der Lizenz von Creative Commons (CC BY-SA 3.0).

32 Der Ballon von Pilâtre de Rozier und d'Arlandes
Century of Flight: century-of-flight.net • CERN: cern.ch • Linda Hall Library: lindahall.org • Millikan, R.A.; Cameron, G.H., »The Origin of Cosmic Rays«, *Physical Review* 32(533), 1928 • Pfotzer, G., »History of the Use of Balloons in Scientific Experiments«, *Space Science Reviews* 13(2): S. 199–242, 1972 • This Day In Aviation: thisdayinaviation.com
Bildnachweis: Lizenzfrei.

33 Das 40-Fuß-Teleskop des William Herschel
Earth & Sky: earthsky.org • Herschel, William, »Catalogue of One Thousand New Nebulae and Clusters of Stars«, *Philosophical Transactions of the Royal Society*, 1786 (aufgerufen unter royalsocietypublishing.org) • Peterson, Caroline Collins, »Meet William Herschel: Astronomer and Musician«, ThoughtCo (3. Juli 2019) • Science History Institute • Science Museum Group: sciencemuseum.org.uk
Bildnachweis: Lizenzfrei. Mit freundlicher Genehmigung der University of Chicago Library.

34 Das Spektroskop
Fraunhofer-Gesellschaft: fraunhofer.de/en • Hiroshi Sugimoto: sugimotohiroshi.com • Lord Rayleigh, »Newton as an Experimenter«, *Proceedings of the Royal Society of London* 131(864): S. 224–230, 1943 • New World Encyclopedia: newworldencyclopedia.org
Bildnachweis: Lizenzfrei (beide Fotos).

35 Die Daguerreotypie-Kamera
APS News, American Physical Society: aps.org • Hastings Historical Society: hastingshistoricalsociety.blogspot.com • Lights in the Dark by Jason Major: lightsinthedark.com • Taylor, Alan, »The Gift of the Daguerreotype«, *The Atlantic* (19. August 2015) • Trombino, Don, »Dr John William Draper«,

Journal of the British Astronomical Association 90: S.565–571, 1980
Bildnachweis: Lizenzfrei (beide Fotos).

36 Der Sonnenkollektor
Espinoza, Javier, »Private Players Plug In to the Green Energy Revolution«, *Financial Times* (28. November 2018) • Love, Zen, »The First Solar-Powered Watch Was Far Ahead of Its Time«, Gear Patrol (20. Mai 2019) • PV Lighthouse: www2.pvlight house.com.au • Solar Cell Central: solarcellcentral.com
Bildnachweis: NASA. *Inset:* Anthony Skelton.

37 Der Leviathan von Parsonstown
Khan, Amina, »At Mt. Wilson, Scientists Celebrate 100th Birthday of the Telescope that Revealed the Universe«, *Los Angeles Times* (1. November 2017) • Messier Objects: messier-objects.com • Palomar Observatory: astro.caltech.edu
Bildnachweis: Jared Enos. *Inset:* Lizenzfrei.

38 Die Schattenkreuzröhre des William Crookes
Molecular Expressions: micro.magnet.fsu.edu • National High Magnetic Field Laboratory: nationalmaglab.org • North Arizona University Electron Microanalysis: https://microscopy.arizona.edu/learn/microscopy-imaging-resources-www • Sella, Andrea, »Aston's Mass Spectrograph«, Chemistry World (3. Juli 2014) • Thomson, Joseph John, »Rays of Positive Electricity«, *Proceedings of the Royal Society* 89, 1913
Bildnachweis: Wikipedia/D-Kuru. Unter der Lizenz von Creative Commons (CC BY-SA 3.0). *Inset:* Lizenzfrei.

39 Die Triodenröhre
Electronics Notes: electronics-notes.com • Engineering and Technology History: ethw.org
Bildnachweis: Wikipedia/Gregory F. Maxwell. Unter der GNU-Lizenz für freie Dokumentation.

40 Der Ionenantrieb
Google Patents: patents.google.com
Bildnachweis: NASA (beide Fotos).

41 Das Hooker-Teleskop
Amazing Space: history.amazingspace.org • American Society of Mechanical Engineers: asme.org • Mount Wilson Observatory: mtwilson.edu • SpaceWatchtower: spacewatchtower.blogspot.com
Bildnachweis: Wikipedia/Ken Spencer. Unter der Lizenz von Creative Commons (CC BY-SA 3.0).

42 Robert Goddards Rakete
Bildnachweis: NASA. *Inset:* NASA.

43 Der Van-de-Graaff-Generator
Architectural Afterlife: architecturalafterlife.com • Lewis, Tanya, »Incredible Technology: How Atom Smashers Work«, LiveScience (12. August 2013) • Fotos verlassener Orte von Tom Kirsch: opacity.us
Bildnachweis: AIP Emilio Segre Visual Archives. *Inset:* Lizenzfrei.

44 Der Koronagraf
Bildnachweis: ESO. *Inset:* NASA.

45 Janskys Karussell
American Astronomical Society: aas.org • National Radio Astronomy Observatory: nrao.edu
Bildnachweis: NRAO/AUI/NSF.

46 Die V2
Dean, James, »65 Years Ago, Cape Took Flight with Bumper 8«, *Florida Today* (25. Juli 2015) • Evans, Ben, »A Bumper Crop: The Cape's First Roar of Rocket Engines«, AmericaSpace (24. Juni 2012) • Messier, Doug, »Where the Space Age Really Began«, Parabolic Arc (3. Oktober 2016) • This Day In Navigation
Bildnachweis: Wikipedia/NASA/US Army. *Inset:* Wikipedia/Bairuilong.

47 ENIAC
Farrington, Gregory C., »ENIAC: The Birth of the Information Age«, *Popular Science* (März 1996) • IBM: ibm.com • »When Computer Bugs Were Actual Insects«, OpenMind (2. November 2015)
Bildnachweis: Lizenzfrei. *Inset:* Wikipedia/IBM Italia. Unter der Lizenz von Creative Commons (CC BY-SA 4.0).

48 Colossus Mark 2
Oak Ridge National Laboratory: ornl.gov • Stanford University Computer Science: cs.stanford.edu
Bildnachweis: Wikipedia/Ibonzer. Unter der Lizenz von Creative Commons (CC BY-SA 3.0).

49 Das Radio-Interferometer
Abshier, Jim, »Amateur Radio Astronomy: 400 MHz Interferometer«, *Reflections of the University Lowbrow Astronomers*, März 2007 (aufgerufen unter umich.edu) • Bai, Xuening, »Radio Interferometry«, Princeton University Department of Astrophysical Sciences, Mai 2011 (aufgerufen unter web.astro.princeton.edu) • Bemis, Ashley; Braatz, Jim; Pack, Alison, »Introduction to Radio Interferometry«, National Radio Astronomy Observatory (16. März 2015; aufgerufen unter science.nrao.edu)
Bildnachweis: World History Archive/Alamy Stock Photo. *Inset:* ALMA (NRAO/ESO/NAOJ); C. Brogan, B. Saxton (NRAO/AUI/NSF). Unter der Lizenz von Creative Commons (CC BY-SA 3.0).

50 Der Hitzeschild
Freudenrich, Craig, »How Project Mercury Worked«, How StuffWorks.com (4. Mai 2001) • Port, Jake, »How Do Heat Shields on Spacecraft Work?«, *Cosmos* (4. Mai 2016)
Bildnachweis: Smithsonian National Air and Space Museum. *Inset:* NASA.

51 Der integrierte Schaltkreis
Bildnachweis: NASA.

52 Die Atomuhr
Chen, Sophia, »These Super-Precise Clocks Help Weave Together Space and Time«, *Wired* (1. Mai 2019) • Earth & Sky • Horton, J. W., »Precision Determination of Frequency«, *Proceedings of the Institute of Radio Engineers* 16(2): S. 137–154, 1928
Bildnachweis: National Institute of Standards and Technology.

53 Verbindungselemente für die Weltraumfahrt
Bildnachweis: NASA (beide Fotos).

54 Das Wasserstofflinien-Radioteleskop
National Radio Astronomy Observatory: nrao.edu • Van de Hulst, H. C.; Muller, C. A.; Oort, J. H., »The Spiral Structure of the Outer Part of the Galactic System Derived from the Hydrogen Emission at 21 cm Wavelength«, *Bulletin of the Astronomical Institutes of the Netherlands* 12: S. 117, 1954
Bildnachweis: Mit freundlicher Genehmigung des Green Bank Observatory/GBO/AUI/NSF (linke Seite). Gemeinschaftsproduktion von Benjamin Winkel & HI4PI (rechte Seite).

55 Das Röntgenteleskop
Chandra X-Ray Observatory: chandra.harvard.edu
Bildnachweis: NASA. *Inset:* Wikipedia/Lucie Green. Unter der Lizenz von Creative Commons (CC BY-SA 3.0).

56 Die Wasserstoffbombe
Atomic Heritage Foundation: atomicheritage.org • Pappas, Stephanie, »Hydrogen Bomb vs. Atomic Bomb: What's the Difference?«, LiveScience (22. September 2017) • Rathi, Akshat, »Why It's So Difficult to Build a Hydrogen Bomb«, Quartz (7. Januar 2016)
Bildnachweis: US National Nuclear Security Administration/Nevada Site Office.
Inset: Wikipedia/Croquant. Unter der Lizenz von Creative Commons (CC BY-SA 3.0).

57 Der thermoelektrische Isotopengenerator
Jiang, Mason, »An Overview of Radioisotope Thermoelectric Generators«, Stanford University Department of Physics, Winter 2013 (aufgerufen unter physics.stanford.edu) • US Department of Energy: energy.gov
Bildnachweis: Department of Energy (beide Fotos).

58 Der nukleare Raketenantrieb
David Darling: daviddarling.info • National Archives, Pieces of History: prologue.blogs.archives.gov • Taub, J. M., »A Review of Fuel Element Development for Nuclear Rocket Engines«, Los Alamos Scientific Laboratory, 1975
Bildnachweis: NASA. *Inset:* Lizenzfrei.

59 Sputnik
Bildnachweis: NASA.

60 *Vanguard 1*
Hollingham, Richard, »The World's Oldest Scientific Satellite Is Still in Orbit«, *BBC News* (6. Oktober 2017) • Locklear, Mallory, »Vanguard I Has Spent Six Decades in Orbit, More Than Any Other Craft«, Endgadget (16. März 2018)
Bildnachweis: NASA (beide Fotos).

61 *Luna 3*
Long, Tony, »Oct. 7, 1959: Luna 3's Images from the Dark Side«, *Wired* (7. Oktober 2011) • Zarya: zarya.info
Bildnachweis: NASA. *Inset:* Lizenzfrei.

62 Das Endlos-Magnetaufzeichnungsgerät
Engineering and Technology History • History-Computer • Museum of Magnetic Sound Recording: museumofmagnetic soundrecording.org • The National Valve Museum: r-type.org • Newville, Leslie J., »Development of the Phonograph at Alexander Graham Bell's Volta Laboratory«, *Contributions from the Museum of History and Technology, United States National Museum Bulletin* 218, Paper 5: S. 69–79, 1959 • Stark, Kenneth W.; White, Arthur F., »Survey of Continuous-Loop Magnetic Tape Recorders Developed for Meteorological Satellites«, National Aeronautics and Space Administration, 1965
Bildnachweis: Wikipedia/Sanjay Acharya. Unter der Lizenz von Creative Commons (CC BY-SA 4.0). *Inset:* NASA.

63 Der Laser
Maiman, Theodore H., Rede bei einer Pressekonferenz am 7. Juli 1960 (aufgerufen unter hrl.com)
Bildnachweis: ESO/Gerhard Hudepohl. *Inset:* CC0.

64 Weltraumnahrung
Calderone, Julia, »Astronauts Crave Spicy Food in Space – Here's Why«, *Business Insider* (6. Februar 2016) • Mental Floss: mentalfloss.com • Sang-Hun, Choe, »Starship Kimchi: A Bold Taste Goes Where It Has Never Gone Before«, *The New York Times* (24. Februar 2008)
Bildnachweis: NASA (beide Fotos).

65 Der Raumanzug
»From Mercury to Starliner: The Evolution of the Spacesuit«, *NBC News* (20. Februar 2017; aufgerufen unter nbcnews.com) • Hanson, Roger, »The Armstrong Limit«, Stuff (5. August 2016) • Kerrigan, Saoirse, »The Evolution of the Spacesuit: From the Project Mercury Suit to the Aouda.X Human-Machine Interface«, Interesting Engineering (18. Mai 2018) • New Mexico Museum of Space History: nmspacemuseum.org • US Rocket Academy, Citizens in Space: citizensinspace.org
Bildnachweis: NASA.

66 *Syncom 2* (und 3)
John F. Kennedy Presidential Library and Museum: jfklibrary.org • »*Syncom 3* Is Launched into a Preliminary Orbit; Satellite to Be Moved to Point Over the Pacific to Relay Olympic TV From Tokyo«, *The New York Times* (20. August 1964) • Via Satellite: satellitetoday.com
Bildnachweis: NASA (beide Fotos).

67 Die Vidicon-Kamera
Drew Ex Machina: drewexmachina.com • Hungarian Intellectual Property Office: hipo.gov.hu/en • Space Loot: venusianw.tumblr.com • Teletronic: teletronic.co.uk
Bildnachweis: NASA (linke Seite). Wikipedia/Mike Peel (rechte Seite). Unter der Lizenz von Creative Commons (CC BY-SA 4.0).

68 Die Rettungsdecke
Oetken, Nick, »The Benefits of Space Blankets in a Survival Situation«, Outdoor Revival (23. März 2018)
Bildnachweis: Panther Media GmbH/Alamy Stock Photo. *Inset:* NASA.

69 Die Handsteuerung
Drake, Nadia, »First Person to Walk Untethered in Space Gives a Final Interview«, *National Geographic* (7. Februar 2018) • SciHi: scihi.org
Bildnachweis: NASA (beide Fotos).

70 *Apollo 1* – Die Block-I-Luke
Bildnachweis: Smithsonian National Air and Space Museum (linke Seite). NASA (rechte Seite).

71 Der Interface Message Processor
Communications Museum Trust: communicationsmuseum.org.uk • Computer History Museum: computerhistory.org • History-Computer • University of California, Los Angeles, Information Studies Research Lab: islab.gseis.ucla.edu • Internet Hall of Fame: internethalloffame.org • »›Lo‹ and Behold: A Communication Revolution«, *NPR: All Things Considered* (29. Oktober 2009) • World Wide Web Foundation: webfoundation.org • Zakon Group: zakon.org

Bildnachweis: Wikipedia/Steve Jurvetson. Unter der Lizenz von Creative Commons (CC BY-SA 2.0).

72 Die Hasselblad-Kamera
Hasselblad: hasselblad.com • Phillips, Henry, »Hasselblad's History in Space«, Gear Patrol • Savov, Vlad, »This Is How the World's Most Covetable Cameras Get Made«, The Verge (6. Februar 2018)
Bildnachweis: NASA (beide Fotos).

73 *Apollo 11* – Mondgestein
Lunar and Planetary Institute: lpi.usra.edu • Roberts, Sam, »How Moon Dust Languished in a Downing Street Cupboard«, *The New York Times* (13. Januar 2016)
Bildnachweis: Wikipedia/Mitch Ames. Unter der internationalen Lizenz von Creative Commons (CC BY-SA 4.0).

74 Der CCD-Imager
Cakebread, Caroline, »People Will Take 1.2 Trillion Digital Photos This Year – Thanks to Smartphones«, *Business Insider* (31. August 2017) • Large Synoptic Survey Telescope: lsst.org • University of Arizona Department of Astronomy and Steward Observatory: as.arizona.edu
Bildnachweis: NASA (beide Fotos).

75 Lunar Laser Ranging RetroReflector
Lunar and Planetary Institute
Bildnachweis: NASA.

76 Apollo Lunar Television Camera
Smithsonian National Museum of Natural History: naturalhistory.si.edu • Teital, Amy Shira, »How NASA Broadcast Neil Armstrong Live from the Moon«, *Popular Science* (5. Februar 2016)
Bildnachweis: NASA (beide Fotos).

77 Der Neutrino-Detektor in der Goldmine von Homestake
APS News • Brown, Laurie M., »The Idea of the Neutrino«, *Physics Today* 31(9): S. 23, 1978 • INSPIRE, High-Energy Physics Literature Database: inspirehep.net • Kamioka Observatory Institute for Cosmic Ray Research: https://www.icrr.u-tokyo.ac.jp/en/facility/4218/
Bildnachweis: Science History Images/Alamy Stock Photo.

78 *Lunochod 1*
Crane, Lea, »First Photo of Chinese Yutu-2 Rover Exploring Far Side of the Moon«, *New Scientist* (3. Januar 2019) • Zak, Anatoly, »The Day a Soviet Moon Rover Refused to Stop«, *Air & Space* (18. Januar 2018)
Bildnachweis: SPUTNIK/Alamy Stock Photo.

79 Der Skylab-Hometrainer
Pickrell, John, »Timeline: Human Evolution«, *New Scientist*
(4. September 2006) • Power & Speed Training Company:
powerspeed-training.com
Bildnachweis: NASA (beide Fotos).

80 Der Laser Geodynamics Satellite (LAGEOS)
Choi, Charles Q., »Strange But True: Earth Is Not Round«,
Scientific American (12. April 2007) • Lynch, Peter, »That's
Maths: Earth's Shape and Spin Won't Make You Thin«, *Irish
Times* (20. November 2014) • Universe Today: universetoday.
com
Bildnachweis: NASA. *Inset:* Mit freundlicher Genehmigung
des GFZ (Deutsches Geoforschungszentrum am Helmholtz-
Zentrum Potsdam).

81 Differenzielles Mikrowellenradiometer von Smoot
European Space Agency: esa.int • The Nobel Prize: nobelprize.
org • Smoot, George F., »Cosmic Microwave Background Ra-
diation Anisotropies: Their Discovery and Utilization«, Nobel
Lecture (8. Dezember 2006; aufgerufen unter nobelprize.org) •
Smoot Group, Berkeley Lab: aether.lbl.gov • Theodora.com
Bildnachweis: NASA (beide Fotos).

82 Der ferngesteuerte Roboterarm der Viking
The Planetary Society: planetary.org
Bildnachweis: NASA.

83 Der »Gummispiegel«
American Astronomical Society • European Southern Obser-
vatory • Lawrence Berkeley National Laboratory (Berkeley
Lab): lbl.gov • Olivier, Scot, »A New View of the Universe«,
Science & Technology Review, Juli/August 1999 • Max, Claire,
»Introduction to Adaptive Optics and its History«, American
Astronomy Society • Sanders, Robert, »Physicist Frank Craw-
ford, Who Worked on Bubble Chambers, Supernovas and
Adaptive Optics, Has Died at 79«, *UC Berkeley News*, 2003
Bildnachweis: ESO. *Inset:* ESO/P. Weilbacher (AIP).

84 Der Multifaser-Spektrograf
Hill, J. M., »The History of Multiobject Fiber Spectroscopy«,
ASP Conference Series 3 (Fiber Optics in Astronomy): S. 77,
1988 • Ratcliffe, Martin A., State of the Universe 2008: New
Images, Discoveries, and Events, New York: Springer, 2008 •
Sloan Digital Sky Survey: http://www.sdss.jhu.edu
Bildnachweis: Phil Massey, Lowell Obs./NOAO/AURA/NSF.
Inset: ESO.

85 Die Venera Lander
Teitel, Amy Shira, »Yes, We've Seen the Surface of Venus«,
Popular Science (6. Januar 2015)
Bildnachweis: NASA. *Inset:* Lizenzfrei.

86 Die schadhaften O-Ringe der *Challenger*
The Rogers Commission Report (aufgerufen unter er.jsc.nasa.
gov/seh/explode.html) • Than, Ker, »5 Myths About the
Challenger Shuttle Disaster Debunked«, *National Geographic*
(22. Januar 2016) • Wise, George, »O-Ring«, *Invention & Technology* 25(3): Herbst 2010
Bildnachweis: NASA (beide Fotos).

87 COSTAR
Encyclopedia.com • University of Arizona Research, Discovery
& Innovation: research.arizona.edu
Bildnachweis: Image by Eric Long, Smithsonian National Air
and Space Museum. *Inset:* NASA.

88 CMOS-Sensoren
B & H Foto & Electronics Corp.: bhphotovideo.com • De Moor,
Piet, »CMOS, CCDs Invade Space Imagers«, *EE Times* (26. No-
vember 2013) • Pepitone, Julianne, »Chip Hall of Fame: Photo-
bit PB-100«, *IEEE Spectrum* (2. Juli 2018) • Queen Elizabeth
Prize for Engineering: qeprize.org
Bildnachweis: Wikipedia/Weirdmeister. Unter der internatio-
nalen Lizenz von Creative Commons (CC BY-SA 4.0).

89 Der Meteorit von Allan Hills
Lunar and Planetary Institute • National Academies of Scien-
ces, Engineering, Medicine: nap.edu
Bildnachweis: NASA (beide Fotos).

90 *Sojourner*
Bildnachweis: NASA (beide Fotos).

91 Gravity Probe B
Cho, Adrian, »At Long Last, Gravity Probe B Satellite Proves
Einstein Right«, *Science* (4. Mai 2011) • Gugliotta, Guy, »Perse-
verance Is Paying Off for a Test of Relativity in Space«, *The New
York Times* (16. Februar 2009) • European Southern Observa-
tory • Stanford University W. W. Hansen Experimental Physics
Lab, Gravity Probe B: einstein.stanford.edu • Guinness World
Records: guinnessworldrecords.com • Hecht, Jeff, »Gravity
Probe B Scores ›F‹ in NASA Review«, *New Scientist* (20. Mai
2008) • Will, Clifford M., »Viewpoint: Finally, Results from
Gravity Probe B«, *Physics* 4(43), 2011
Bildnachweis: NASA.

92 LIDAR
Bryan, Thomas C.; Howard, Richard T., »The Next Generation
Advanced Video Guidance Sensor: Flight Heritage and Current
Development«, *AIP Conference Proceedings* 1103(615), 2009 •
Carrington, Connie K.; Heaton, Andrew; Howard, Richard T.;
Pinson, Robin M., »Orbital Express Advanced Video Guidance
Sensor, *IEEE Aerospace Conference Proceedings*, 2008 • Chris-
tian, John A.; Cryan, Scott, »A Survey of LIDAR Technology

and its Use in Spacecraft Relative Navigation«, American Institute of Aeronautics and Astronautics: Guidance, Navigation, and Control (GNC) Conference, 2013 • European Space Agency • Frey, Randy W., »LADAR Vision Technology for Automated Rendezvous and Capture«, *NASA Automated Rendezvous and Capture Review,* 1991 • Hillhouse, Jim, »Orion Rendezvous Technology Launches on Next Shuttle Flight«, AmericaSpace (5. April 2010) • Molebny, Vasyl; McManamon, Paul F.; Steinvall, Ove; Kobayashi, Takao; Chen, Weibiao, »Laser Radar: Historical Prospective – from the East to the West«, *Optical Engineering* 56(3), 2016 • Selected Highlights from 25 Years of Missile Defense Technology Development & Transfer: A Technology Applications Report (aufgerufen unter discover.dtic.mil) • Sensors Unlimited: sensorsinc.com • Space Foundation: spacefoundation.org • Szondy, David, »ESA Tests New Rendezvous System as ATV-5 Docks at Space Station«, New Atlas (13. August 2014)

Bildnachweis: NASA (beide Fotos).

93 Das Kepler-Weltraumteleskop

Alonso, Roi; Deeg, Hans J., »Transit Photometry as an Exoplanet Discovery Method«, *Handbook of Exoplanets,* New York: Springer, 2018 • Clery, Daniel, »Kepler, NASA's Planet-Hunting Space Telescope, Is Dead«, *Science* (30. Oktober 2018) • Gary, Dale E., »Astrophysics I: Lecture 10, Search for Extrasolar Planets« (aufgerufen unter web.njit.edu) • Juncher, Diana, »How Do Scientists Find New Planets?«, ScienceNordic (12. Januar 2018) • The Planetary Society • Wehner, Mike, »NASA's Kepler Just Spotted 18 New Earth-Sized Planets, but Only One Is Worth Dreaming About«, BGR (23. Mai 2019)

Bildnachweis: NASA (linke Seite). NASA Ames/SETI Institute/JPL-Caltech (rechte Seite).

94 *Curiosity* Rover

Kerr, Dara, »Viewers Opted for the Web Over TV to Watch Curiosity's Landing«, *CNET* (8. August 2012)

Bildnachweis: NASA. *Inset:* NASA/JPL-Caltech/LANL.

95 Ein Schraubenschlüssel aus dem 3-D-Drucker

SpaceX: spacex.com

Bildnachweis: NASA.

96 Der LIGO Gravitationswellen-Interferometer

Blair, David, »New Detections of Gravitational Waves Brings the Number to 11 – so Far«, The Conversation (3. Dezember 2018) • Brooks, Michael, »Grave Doubts Over LIGO's Discovery Of Gravitational Waves«, *New Scientist* (31. Oktober 2018) • Event Horizon Telescope: eventhorizontelescope.org • Francis, Matthew, »The Dawn of a New Era in Science«, *The Atlantic* (11. Februar 2016) • Gretz, Darrell J., »Early History of Gravitational Wave Astronomy: The Weber Bar Antenna Development«, Forum on the History of Physics Newsletter, Frühling

2018 • LIGO Laboratory: ligo.caltech.edu • Lindley, David, »A Fleeting Detection of Gravitational Waves«, *Physical Review Focus* 16(19), 2005 • O'Neill, Ian, »Gravitational Waves vs. Gravity Waves: Know the Difference!«, LiveScience (11. Februar 2016) • Siegfried, Tom, »Einstein's Genius Changed Science's Perception of Gravity«, ScienceNews (4. Oktober 2015) • Woodford, Chris, »Interferometers«, ExplainThatStuff! (5. November 2018)

Bildnachweis: Christian Offenberg/Alamy Stock Photo. *Inset:* Lizenzfrei.

97 Der Tesla Roadster

»NASA Budgets: US Spending on Space Travel Since 1958«, *Guardian* Data Blog

Bildnachweis: Lizenzfrei.

98 Das Event-Horizon-Teleskop

• European Southern Observatory

Bildnachweis: EHT Collaboration.

99 Double Asteroid Redirect Test (DART) Impactor

NASA Jet Propulsion Laboratory, California Institute of Technology: jpl.nasa.gov • NASA Planetary Defense: nasa.gov/planetarydefense • NASA Science, Solar System Exploration: solarsystem.nasa.gov • Young, Chris, »What is the Probability of a Huge Civilization-Ending Asteroid Impact?«, Interesting Engineering (24. Januar 2020)

Bildnachweis: NASA GSFC/CIL/Adriana Manrique Gutierrez und NASA/Chris Gunn.

100 Das James-Webb-Weltraumteleskop

Canadian Museum of History: historymuseum.ca • Dreier, Casey, »How Much Does the James Webb Space Telescope Cost?«, Planetary Society (25. Oktober 2021) • James Webb Space Telescope, Goddard Space Flight Center: webb.nasa.gov • Northrop Grumman: northropgrumman.com • Smil, Vaclav, »How Many People Did It Take to Build the Great Pyramid?«, IEEE Spectrum (27. Mai 2020) • Wolchover, Natalie, »How Much Would It Cost to Build the Great Pyramid Today?«, *NBC News* (22. Februar 2012)

Bildnachweis: NASA/JHUAPL/Steve Gribben.

DANK

Dieses komplexe Buch wäre ohne die Beratung und Unterstützung von Nicholas Cizek, meinem Chefredakteur bei *The Experiment*, niemals möglich gewesen. Es brauchte mehrere Monate und sage und schreibe vier Entwürfe, bis überhaupt die Liste der Objekte feststand! Mein herzlicher Dank gilt auch dem übrigen Team bei *The Experiment*: Beth Bugler und Jack Dunnington für das Design, Zach Pace und Pamela Schechter für die Abwicklung der komplexen Zusammenstellung und Produktion des Buchs, Nancy Elgin und Allison Dubinsky für erstklassige Arbeit im Lektorat und bei den Faktenchecks sowie Jennifer Hergenroeder und Ashley Yepsen fürs Rühren der Werbetrommel.

Ganz herzlich danke ich auch John Mather für sein Vorwort. Ihm persönlich verdanke ich einige der historischen Beiträge, von denen ich in diesem Buch berichte, und ich schätze mich glücklich, ihn über viele Jahre hinweg, seit sich unsere Wege im Jahr 1991 während der COBE-Mission erstmals kreuzten, als Freund erleben zu dürfen.

Und last, but not least möchte ich meiner Familie für ihre Unterstützung und ihr Verständnis danken, während ich unablässig von diesen 100 Objekten erzählte, mich in den Details verlor, wenn ich an einem der Essays schrieb – und dann das Ganze wieder von vorne anfing, noch weitere 99 Mal.